JN441022

[NCS 구조해석 L5 기반]

ANSYS Workbench를 이용한 구조해석 사례집

심관보 지음

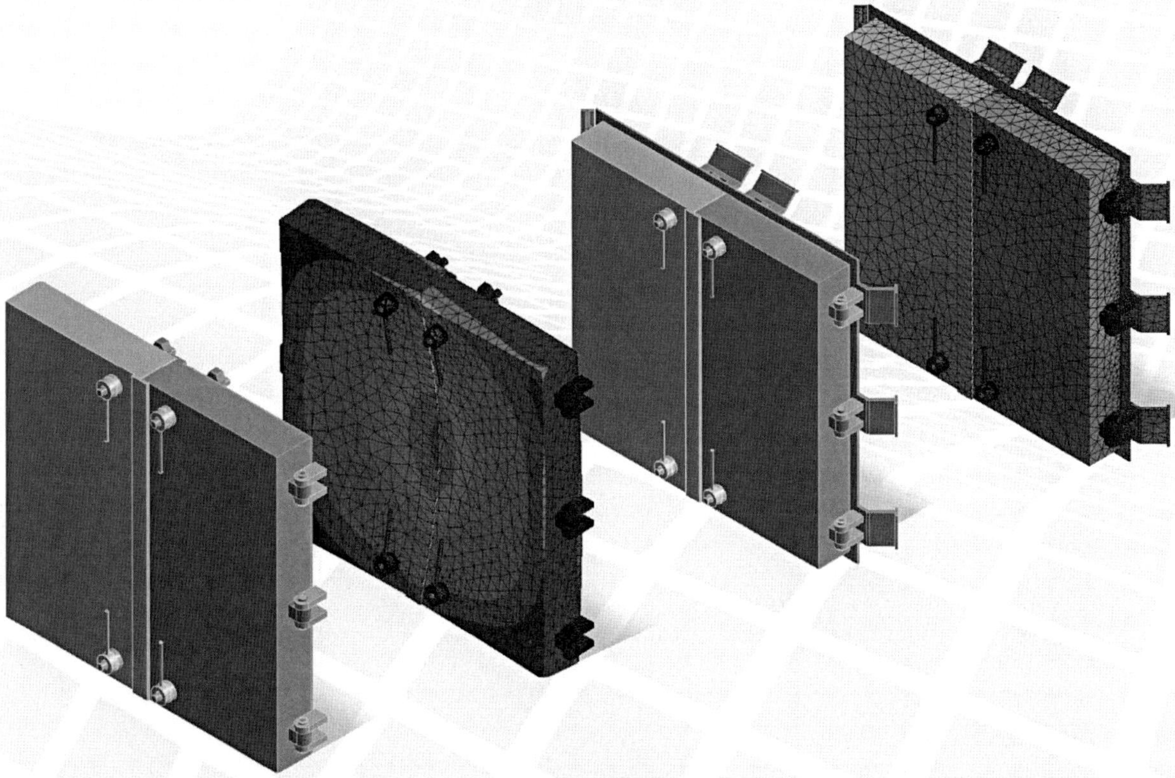

도서출판 홍릉

[NCS 구조해석 L5 기반]

ANSYS Workbench를 이용한

구조해석 사례집 Ⅵ

인 쇄 : 2023년 7월 24일 초판 1쇄
발 행 : 2023년 7월 31일 초판 1쇄

저 자 : 심관보
발행인 : 송 준
발행처 : 도서출판 홍릉
주 소 : 01093 서울시 강북구 인수봉로 50길 10
등 록 : 1976년 10월 21일 제5-66호

전 화 : 02-999-2274~5
팩 스 : 02-905-6729
e-mail : hongpub@hongpub.co.kr
http://www.hongpub.co.kr
ISBN : 979-11-5600-112-6(93550)

정 가 : 16,000원

[NCS 구조해석 L5 기반]

ANSYS Workbench를 이용한

관련도서

구조해석(입문과정)

기계역학해석

정역학해석

Explicit Dynamic

구조해석(심화과정)

구조해석사례집(IV)

구조해석사례집(V)

구조해석사례집(VI)

유체역학해석

저자소개

심관보

현) 한국산업기술대학교 교수
LG전자(주) 근무
㈜유디피 근무
연세대학교 기계공학과 석사
한국산업기술대학교 기계시스템설계 박사
품질관리기술사, 공장관리기술사

논문

(1) Thermal Shock Stress Intensity Factor By Bueckner's Weight Function Method(1990), Engineering Fracture Mechanics, vol37, No4, 1990

(2) 슬라이딩 방폭문의 최대탄성변위 산정, 표준인증안전학회표준인증안전학회지9(2)pp.1~13 2019.06

(3) 하중분배법과 수치해석을 사용한 방폭문의 최대탄성변위 실용 계산법, 대한기계학회 대한기계학회논문집 A43(10)pp.737~745 2019.10

(4) 수치해석 시뮬레이션을 통한 폭발압력을 받는 방폭문 제품인증 표준절차, 표준인증안전학회 표준인증안전학회지9(4)pp.1~17 2019.12

(5) 3면 지지 철근콘크리트 복합구조 방폭문의 최대탄성변위 산정 방법, 한국정밀공학회 한국정밀공학회지36(12)pp.1165~1172 2019.12

(6) 방폭문 실증시험을 반영한 골조형 방폭문 설계, 한국강구조학회 한국강구조학회 논문집32(2)pp.67~74 2020.04

(7) 하중분배법에 실험계획법을 적용한 콘크리트 충진형 강판문의 최적설계, 한국강구조학회 한국강구조학회 논문집 32(6)pp.351~361 2020.12

(8) 하중분배법을 사용한 격자형 방폭문의 최적화 설계, 한국강구조학회한국강구조학회 논문집32(6) pp.397~404 2020.12

(9) 폭발실증시험에서 철근 콘크리트 충전형 강판 방폭문의 성능등급 판정법, 표준인증안전학회 표준인증안전학회지11(4)pp.43~63 2021.12

(10) 가설 컨테이너 부자재를 사용한 단일공간(7mx6.5m)의 복층 컨테이너 구조설계에 대한 연구, 표준인증안전학회 표준인증안전학회지12(4)pp.1~25 2022.12

(10) 외부 충격을 경감시키는 건설 안전모의 영향성 평가, 표준인증안전학회 표준인증안전학회지12(4)pp.1~25 2022.12

(11) 탄약고 슬라이딩 방폭문 설계기준 및 성능평가방법, 표준인증안전학회 표준인증안전학회지13(1)pp.51~78 2022.12

머리말

한국공학대학교 기계설계공학과에서 2023년 1학기 유한요소구조해석 강의를 종강하였다. 유한요소구조해석은 2명의 교수가 강의하는 수업방식을 채택하고 있다. 한 분은 유한요소구조해석에 대한 이론적 접근방법을 중심으로 학문적 관점에서 가르치고, 다른 한분은 유한요소구조해석을 현장에서 어떻게 사용해야하는지를 가르친다. 따라서 한 학기에 유한요소구조해석을 익히는 것은 무척 어렵다고 생각한다.

강의에 대한 평가 방법도 이론적 접근방법 수업은 지필고사 방식으로 하였고, 현장적용방법 수업은 상용 소프트웨어인 엔시스를 사용하여 구조해석을 수행하고 주어진 모델에 대한 해석 요구사항인 변위, 응력, 안전율을 산정하도록 한다. 중간평가 이후에는 수강을 하는 인원들을 랜덤하게 조를 편성하여 구조해석 프로젝트를 수행한다. 이 프로젝트를 통해서 프로젝트의 선정의 어려움을 경험하고, 실용적 모델링하는 방법 등 프로젝트를 수행하면서 단계별로 발생하는 어려움에 대하여 고민하고 해결방법을 찾아가면서 사회에 진출하여 프로젝트를 수행할 때 만나야하는 어려움을 먼저 체험하였다. 프로젝트에 대한 사례는 다음과 같다.

1. 경첩 종류에 따른 문의 안전성 평가 :류지현 조정행
2. 공원 정자 안전성 평가 :김민기 선광원
3. 4가지 가드레일에 차량별 충돌 평가 :이태학 허영수
4. 건축물 설계 시 하중과 재질에 따른 기둥 처짐 분석 :강동훈 황성민
5. Platform truck 구조해석 :김태민 남제현
6. 여름철 고온에 의한 철로의 안전성 평가 :손병욱 정한태
7. 차수문 평가 :김산하 김건도 류환
8. 타워크레인 안전성 평가 :문지환
9. 고소 작업대 구조해석 :정다원 이창용
10. 궤도 차량 기동륜 및 궤도 구조해석 :장훈희 조민우
11. 볼라드 구조해석 :박석희 박건우
12. 비닐하우스 보강대 설치에 따른 적설하중 해석 :김민영 금민섭
13. OUTRIGGER 구조해석 :안승범 이원용
14. 댐 구조해석 :양지훈 정회창
15. 완강기 구조해석 :이근학 감근태

프로젝트에 담긴 열정과 애정의 결과를 여기에 기록하여 다음 학습자들에게 도움이 되기를 바란다. 프로젝트에 참여하였고 기록을 정리하는데 도움을 남제현 학생에게 고마움을 전한다.

주관 집필자 심관보 교수

목 차

Chapter 1. 경첩 종류에 따른 문의 안전성 평가 ············ 1

Chapter 2 공원 정자 안전성 평가 ············ 10

Chapter 3. 4가지 가드레일에 차량별 충돌 평가 ············ 26

Chapter 4. 건축물 설계 시 하중과 재질에 따른 기둥 처짐 분석 ············ 50

Chapter 5. Platform truck 구조해석 ············ 61

Chapter 6 여름철 고온에 의한 철로의 안전성 평가 ············ 73

Chapter 7. 차수문 평가 ············ 85

Chapter 8. 타워크레인 안전성 평가 ············ 96

Chapter 9. 고소 작업대 구조해석 ············ 118

Chapter 10. 궤도 차량 기동륜 및 궤도 구조해석 ············ 130

Chapter 11. 볼라드 구조해석 ············ 140

Chapter 12. 비닐하우스 보강대 설치에 따른 적설하중 해석 ············ 160

Chapter 13. OUTRIGGER 구조해석 ············ 175

Chapter 14. 댐 구조해석 ············ 198

Chapter 15. 완강기 구조해석 ············ 215

1 경첩 종류에 따른 문의 안전성 평가

작성자 : 류지현, 조정행

1. 프로젝트 선정

1-1. 프로젝트 선정배경 및 필요성

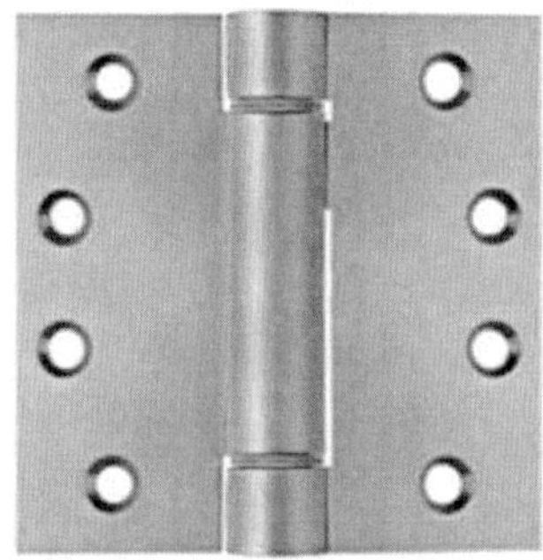
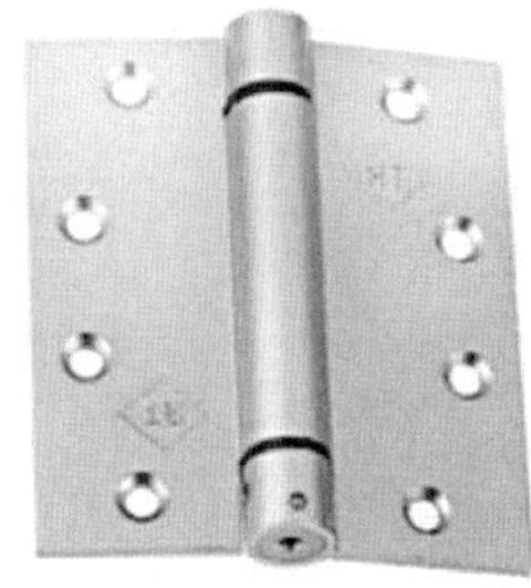
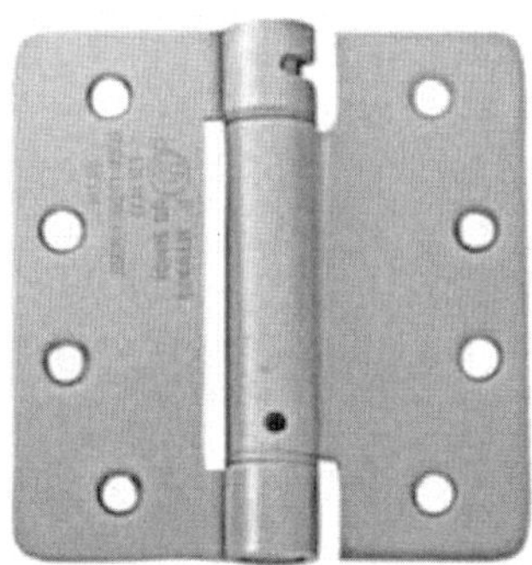

<일반적인 분리형 경첩>

경첩은 여닫이문을 문틀에 따라서 고정할 수 있도록 만든 철물을 말한다. 경첩은 문을 구성하는 아주 중요한 구성 요소이다.

오늘날 경첩은 각각의 고유한 기능과 용도에 따라서 종류가 세분되었다. 이러한 배경 속에서 가장 가까이서 만날 수 있는 일반 가정 속 문부터 많은 사람이 이용하는 공공장소 등의 문까지 종류가 다양한 경첩들이 다양한 하중의 문에 연결되어 사용되고 있다. 문의 크기, 무게 등의 조건으로 사용되는 경첩의 규격이 정해진다.

또한, 경첩이 파손되어 문과의 연결이 끊어져서 파손되거나 문이 열리지 않아서, 인적

피해, 물적 피해를 일으킬 수 있다. 이렇듯 경첩의 적절한 강도 설계는 연결되는 문의 조건에 따른 안전한 설계로 이어진다. 따라서 우리 팀은 문의 조건에 따른 경첩의 응력해석 및 파손해석을 통해서 경첩의 안전성을 평가하고 현재 설계에 대해서 개선할 수 있는 점이 있는지에 대해 파악하고자 본 주제를 선정하였다.

1-2. 프로젝트 해석계획

경첩은 용도와 모양에 따라 여러 가지 종류로 분류할 수 있다.

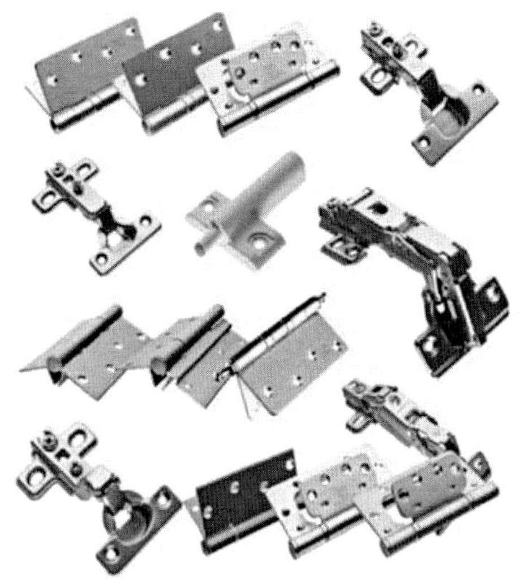

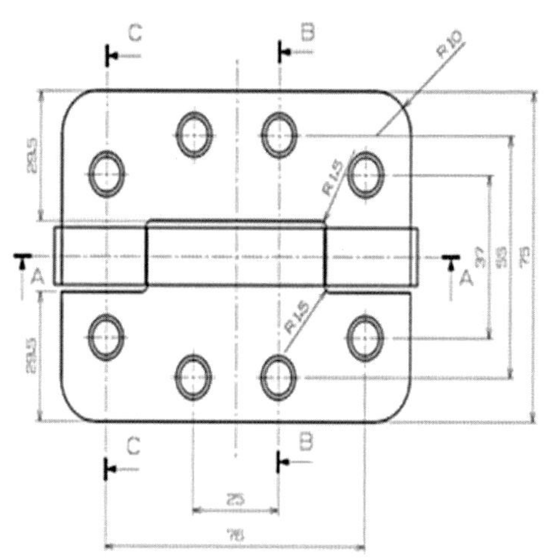

경첩은 수평 경첩, 중심 경첩 등 종류가 매우 다양하다.
이번 프로젝트에서는 문에 따라 정해지는 하중 조건에 따른 경첩의 응력, 안전도를 해석하는 목적이 있다.

따라서 많은 종류의 경첩 중에서 가장 보편적으로 사용되는 분리형 경첩을 연구대상으로 선정하게 되었다.
위 분리형 경첩을 SolidWorks로 모델링하고 ANSYS Workbench를 통해 문의 조건에 따른 하중 조건에 의해 가해지는 응력으로 인한 응력과 안전도를 확인할 계획이다.

2. 모델링

2-1. 재질 선정 및 물성값

일반적으로 경첩의 경우 강이나 알루미늄 등의 소재로 제작되기 때문에 본 프로젝트에서는 시뮬레이션 해석을 수행하는 경첩의 모델들 소재를 구조용 강으로 설정하였다.

Young's modulus(GPa)	200
Poission's ratio	0.3
Density	7850
Yield strength(MPa)	250
Ultimate strength(MPa)	460

2-2. 모델링 과정 및 결과

경첩의 규격은 아래의 도면의 규격을 이용하여 모델링하였다.
문의 y축 길이에 따른 구조해석의 차이는 크지 않아서 해석을 쉽게 하려고 문의 y축 길이는 2,100mm로 고정하였다.

규격 : 경첩 106mm * 75mm(t=4.5mm) 두 경첩 사이 거리 1,700mm
비고 : 문의 조건을 계속 변경하기 위해서 문의 모델링은 제외함

3. 경계조건

3-1. 구속 경계조건

경첩과 문이 연결되는 면을 Fixed Support로 고정한다.

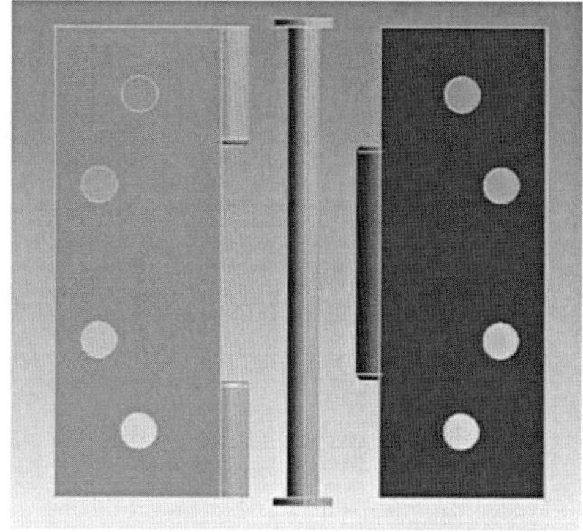

3-2. 경계조건

하중 경계조건으로는 문의 하중을 사용한다.
문의 하중은 고정된 경첩을 제외한 다른 면에 Remote Force를 사용해서 하중 경계조건을 부여한다. 이때 하중 경계조건은 문의 규격과 관련되어 있기 때문에 첫 번째로 y 값과 하중을 각각 850mm와 250N으로 고정하고 x값을 456, 556, 930으로 하중 경계조건을 부여한다. 두 번째로는 x값과 y 값을 고정하고 하중을 350N, 800N, 1,200N으로 하중 경계조건을 부여한다.

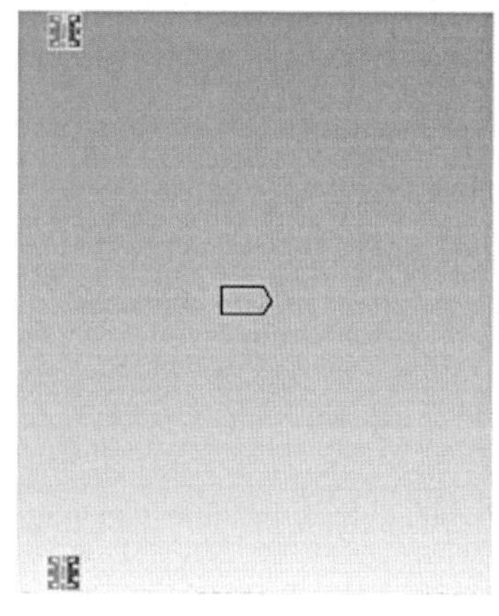

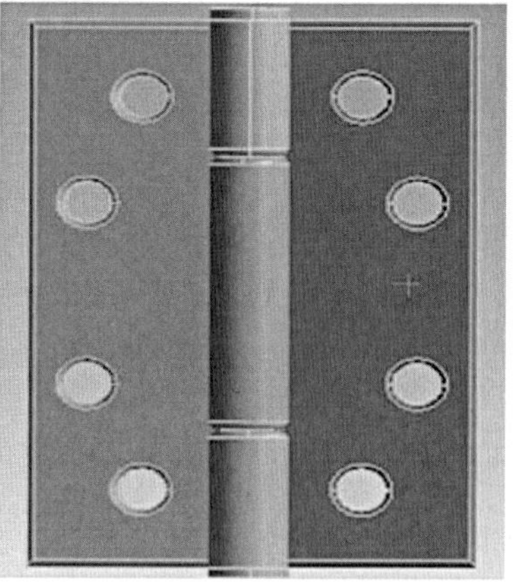

3-2. 최종 Mesh 및 경계조건

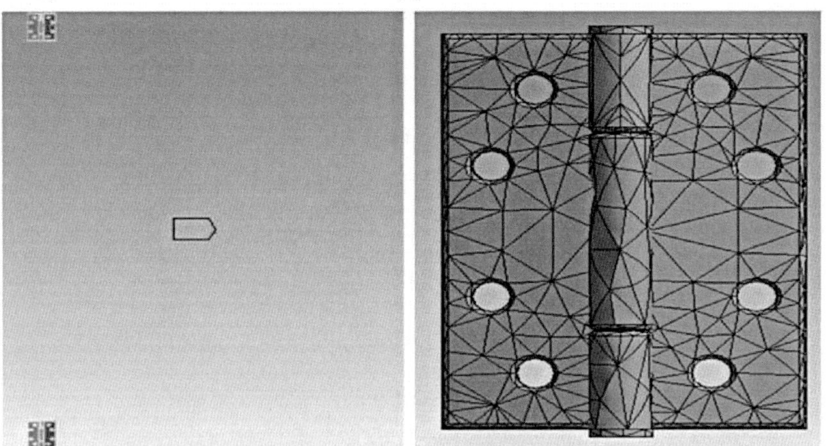

Mesh :

· Statics : Nodes - 11,490개 Elements - 5,296개

경계조건 :

· 모델링 : 왼쪽 면 경첩 Fixed Support, 2 Face

· 모델링 : 오른쪽 면 경첩 Remote Force, 48 Face

4. 해석 및 결론

4-1. 모델 해석 결과

본 프로젝트에서 구조해석을 통해 확인하고자 하는 것은 문의 하중과 크기에 따른 경첩의 안전성이므로 Equivalent Stress와 Safety Factor를 도시하였다.

①-1 Remote Force x=456mm

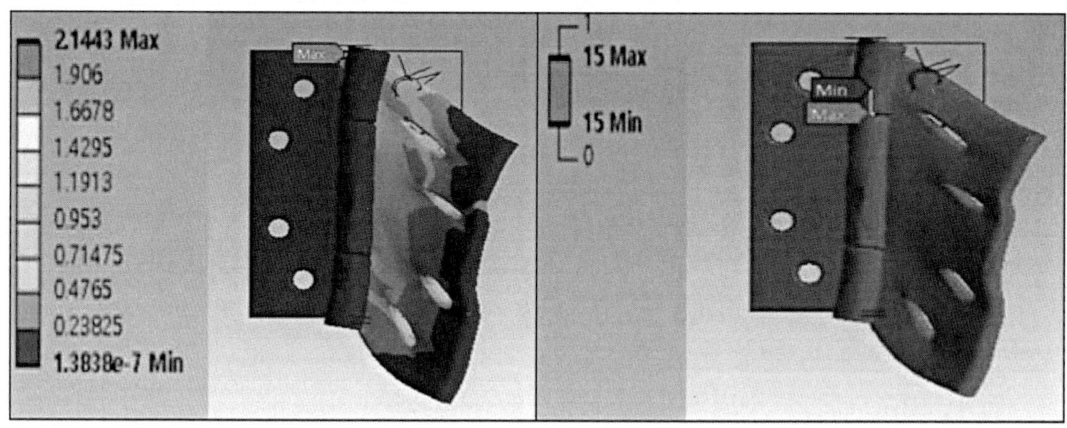

①-2 Remote Force x=556mm

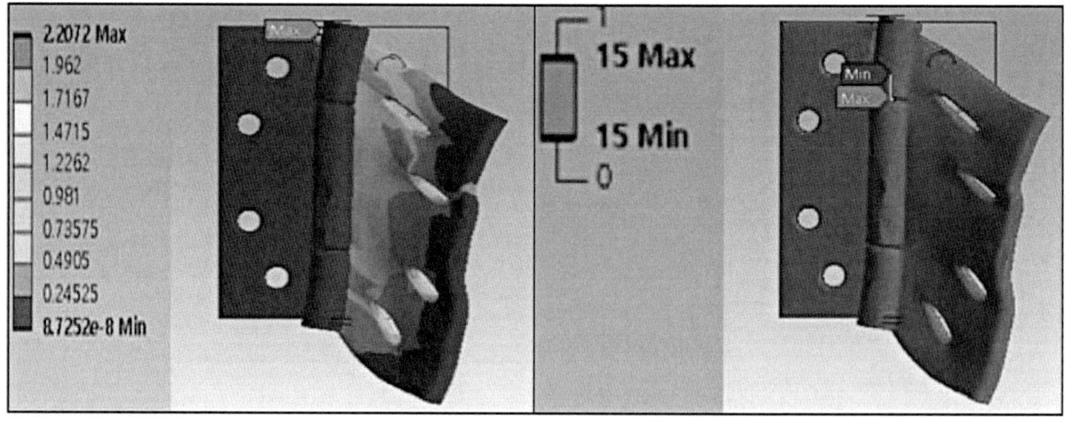

①-3 Remote Force x=930mm

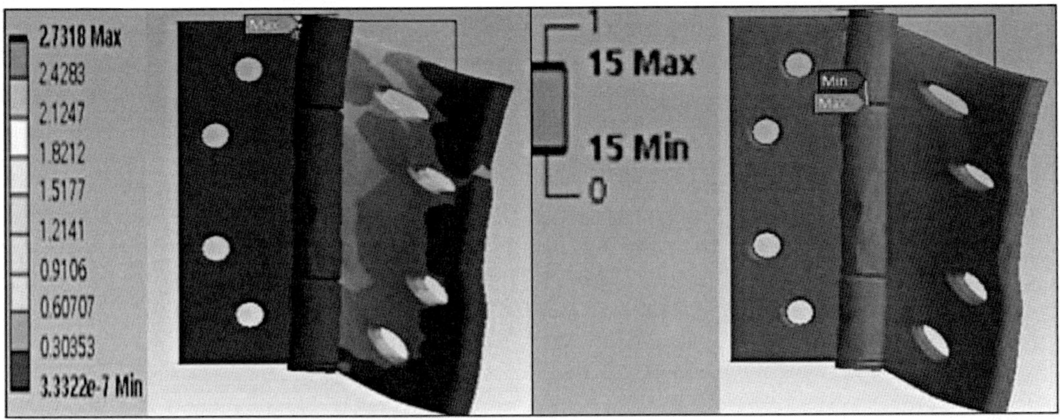

②-1 Remote Force F=350N

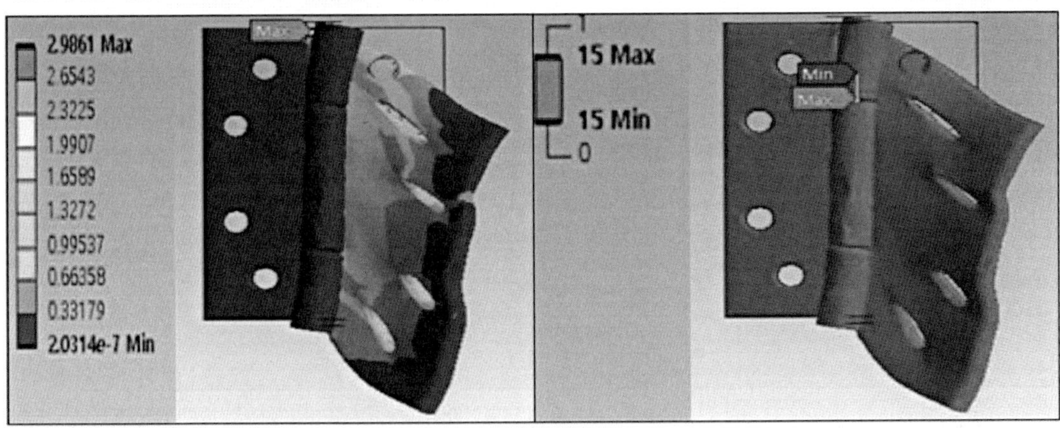

②-2 Remote Force F=800N

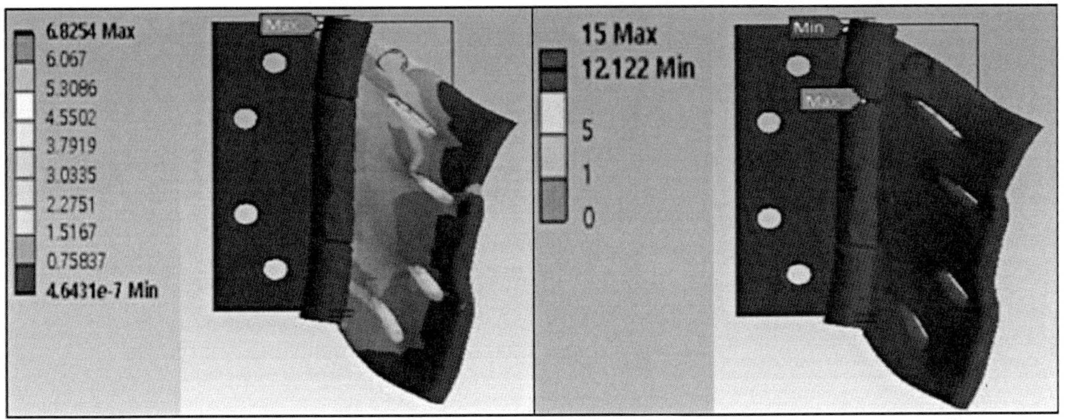

②-3 Remote Force F=1,200N

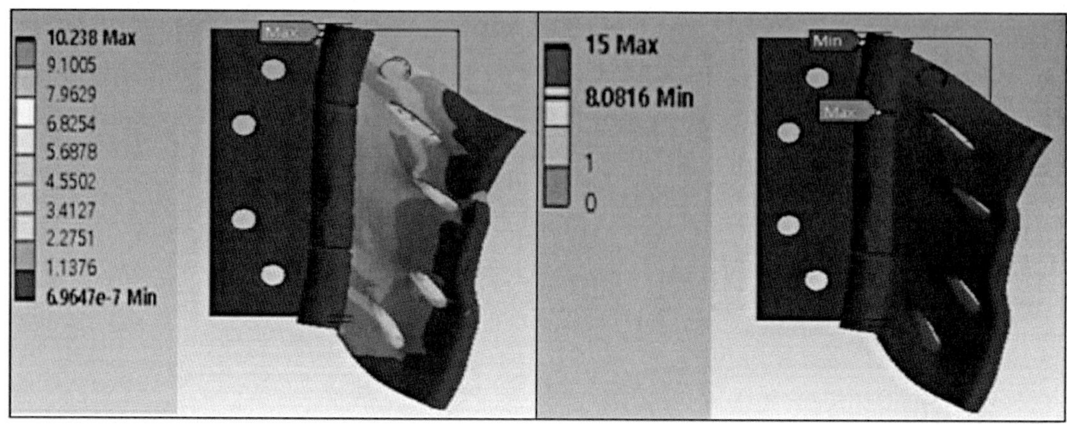

4-2. 해석프로젝트 결론

본 프로젝트에서 사용한 분리형 경첩의 모델의 경우 시도한 모든 경우에서 안전도가 1 이상임을 확인할 수 있었다. 즉 실생활에서 사용하는 모든 문은 저러한 단순한 경첩 2개만으로도 충분히 지탱할 수 있다. 실생활에 쓰이는 문의 길이, 무게 정도는 충분히 안전성을 확보하였다고 할 수 있다. 이는 가로 75mm, 세로 106mm 철제 질로 가장 많이 쓰이는 규격으로 만들어졌고, ②의 가정(문의 무게 변화)에서 문의 무게가 약 1t 이상 되어야 안전도가 1 이하로 떨어졌다.

본 프로젝트에서 수행한 구조해석을 통해 실생활에서 사용되는 문들은 웬만해서는 가장 기본적인 구조를 가진 경첩으로도 지탱할 수 있다는 것을 확인할 수 있었다.

5. 참조 및 출처

(1) 경첩 사진

https://koreascience.kr/article/JAKO201521839156023.pdf

https://m.blog.naver.com/PostView.naver?isHttpsRedirect=true&blogId=sd_jhpark&logNo=221496838707

(2) 경첩 도면

https://blog.naver.com/PostView.naver?blogId=studycadcam&logNo=221793821474

2 공원 정자 안전성 평가

작성자 : 김민기, 선광원

1. 프로젝트 선정

1-1. 프로젝트 선정 배경 및 필요성

우리가 편히 쉬는 공원에 있는 정자, 꼭 공원이 아니더라도 길거리를 거닐다 보면 한 번쯤은 본 적이 있을 것입니다. 많은 사람이 정자에 앉거나 누워도 정자는 끄떡없습니다. 인위적으로 파손시킨 정자는 있어도 자연적으로 파손된 정자는 본 적이 없을 것입니다. 그래서 어느 정도의 하중을 버틸 수 있는지에 대한 고민을 해본 적이 없을 것입니다. 그래서 3팀은 정자가 쉬는 사람들에게 불편함을 주면 안 된다고 생각해서 지붕이 어느 정도의 하중을 견딜 수 있어야 하는지, 재질은 어떤 것을 써야 하는지를 고려해서 만들어야 한다고 생각했습니다. 그래서 주변에 보이는 정자의 형태를 모델링 해서 그것에 대한 의문점을 해결하기 위해 이 주제를 고려했습니다. 그냥 좋은 재질, 두껍게 등등 다다익선이라고 많고 좋은 재질이면 좋은 거 아니냐고 생각할 수 있습니다. 하지만 정자가 만들어지는 것은 세금입니다. 좋은 것을 쓰면 당연히 좋습니다. 하지만 굳이 그 구조물을 사용하지 않더라도 값싸고 효율이 좋은 구조물이 있는데 써야 할 이유가 있을까요? 흔히 가성비라고 얘기합니다. 저희는 이러한 이유 또한 고려하여 가격 면에서도 효율이 높고 안전성에서도 뛰어난 그런 정자를 모델링 해보기 위해 이 주제를 선정했습니다.

1-2. 프로젝트 해석계획

<지붕(가림막)이 없는 정자>

<지붕(가림막)이 있는 정자>

정자의 종류는 많진 않습니다. 3팀은 앉아서 쉴 공간의 해석과 그 지지대가 지지하는 지붕을 해석하기 위해 두 번째 사진을 택했습니다. 지붕이 외란 (자연재해)에 어느 정도 버틸 수 있는지 해석할 예정입니다.

3d 솔리드웍스로 모델링을 한 후 엔씨스로 처짐량, 재질 선택, 파손 여부를 해석할 예정입니다.

2. 모델링

2-1. 재질 선정 및 물성값

저희는 정자를 제작하기 위한 목재를 선정하는 조건이 가격 대비 효율이 좋은 재질을 선택하려 했고 현재 대한민국에서 제일 많이 사용하는 목재는 소나무를 방부 처리한 방부목이라 합니다. 목재에 습기가 차면 썩어서 부서지기 때문에 방부목과 같은 화학작용을 처리합니다. 저희는 화학작용이 목재의 물성값에 관여하지 않는다고 가정을 했습니다.

<표11> 육안등급구조재의 기준허용응력 (MPa)

수종군	등급	휨 F_b	종인장 F_t	종압축 F_c	횡압축 $F_{c\perp}$	전단 F_v	휨탄성계수 E
낙엽송류	1등급	7.8	5.4	8.8	3.5	1.25	12,200
	2등급	5.9	3.9	5.9	3.5	1.25	10,800
	3등급	3.4	2.5	3.4	3.5	1.25	9,300
소나무류	1등급	7.4	4.9	7.4	3.0	1.10	10,300
	2등급	5.9	3.4	4.4	3.0	1.10	8,800
	3등급	3.4	2.0	2.9	3.0	1.10	8,300
잣나무류	1등급	5.9	4.9	6.9	2.5	0.95	8,300
	2등급	4.9	3.4	4.4	2.5	0.95	7,400
	3등급	2.9	2.0	2.9	2.5	0.95	6,900
삼나무류	1등급	4.9	3.9	5.9	2.5	0.90	8,300
	2등급	3.9	2.5	3.9	2.5	0.90	6,900
	3등급	2.5	1.5	2.5	2.5	0.90	5,900

조사하는 과정에 있어 소나무의 물성값 값이 엔시스에서 제공되는 pine wood와 유사하여 pine wood를 선정하였습니다.

2-2 모델링 과정 및 결과

저희가 참고한 모델은 육각 정자입니다.

저희는 정자 지붕에 대해 해석을 할 것이기에 지지대가 지붕을 지지했을 때 응력을 무시합니다. 즉 지붕과 다리가 한 시스템으로 하중을 받는다고 설정했습니다. 정자에 규격은 따로 정해져 있는 게 없기에 정자의 높이는 4000mm로 설정했습니다

-규격 : 5640×4884×4300mm

Density	4.87e-07 kg/mm³
Young's Modulus	9300 MPa
Thermal Conductivity	0.000239 W/mm·°C
Specific Heat	1.68e+06 mJ/kg·°C
Tensile Yield Strength	41 MPa
Tensile Ultimate Strength	66.3 MPa

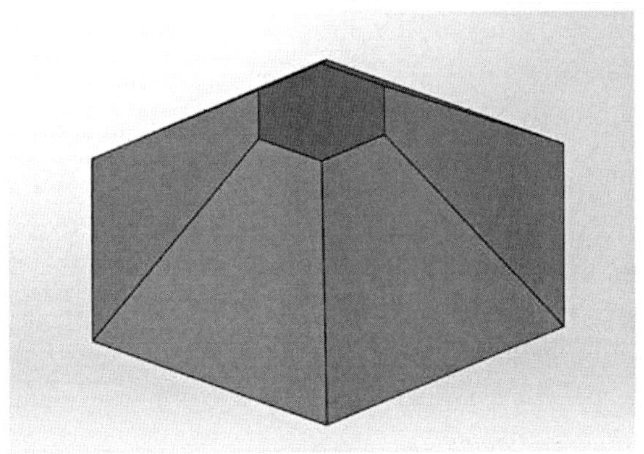

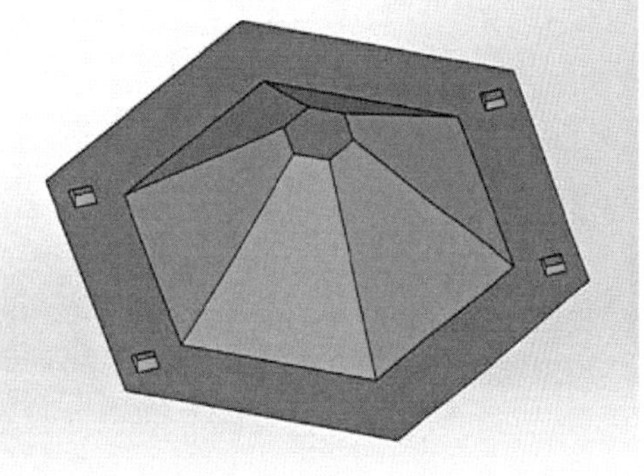

파트1(육각형 지붕)

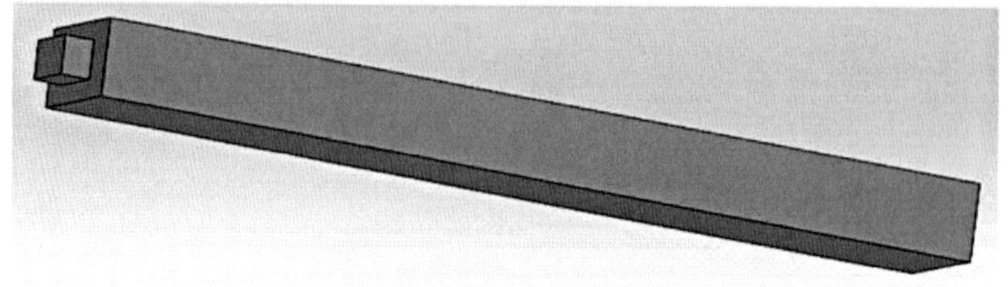

파트2(기둥300*300*3000)

파트3(정자 의자)

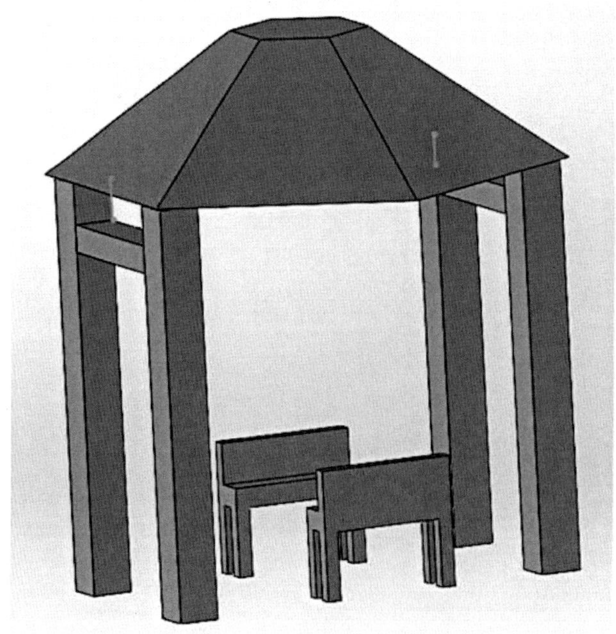

어셈블리 1(정자)

규격

지붕 윗부분 한 변의 길이	1000mm
지붕 아랫부분 한 변의 길이	1876.12mm
지붕 높이	1000mm
지붕 경사면	50°
기둥	300*300*3000

비고

자연재해가 발생 시 지붕에 가해지는 하중을 알아보기 위해 정자 의자에 가해지는 응력은 제외

3. 경계조건

3-1) 하중 경계조건

저희는 하중 경계조건을 적설 하중, 풍하중을 적용해서 해석했습니다.

1. 적설 하중

0304 적설하중

0304.1 일반사항

(1) 지붕에 작용하는 적설하중의 영향이 0303.2(등분포활하중) 및 0303.7(유사활하중)에 규정된 지붕의 최소 활하중보다 클 때에는 이 조항에서 규정한 적설하중을 적용한다.

(2) 적설하중의 작용이 예상되는 벽면이나 기타 구조물의 표면에 대해서는 적설하중의 영향을 고려한다.

(3) 설계용 지붕적설하중은 기본지상적설하중을 기준으로 하여 기본지붕적설하중계수, 노출계수, 온도계수, 중요도계수 및 지붕의 형상계수와 기타 재하분포상태 등을 고려하여 산정한다.

0304.3.1 기본지붕적설하중계수 C_b

기본지붕적설하중계수 C_b는 일반적으로 0.7로 한다.

0304.3.2 노출계수 C_e

노출계수 C_e는 일반적으로 <표 0304.3.1>에 따른다.

<표 0304.3.1> 노출계수 C_e

주 변 환 경	C_e
A. 지형, 높은 구조물, 나무 등 주변환경에 의해 모든 면이 바람막이가 없이 노출된 지붕이 있는 거센바람 부는 지역	0.8
B. 약간의 바람막이가 있는 거센바람 부는 지역	0.9
C. 바람에 의한 눈의 제거가 지형, 높은 구조물 또는 근처의 몇몇 나무들 때문에 지붕 하중의 감소를 기대할 수 없는 위치	1.0
D. 바람의 영향이 많지 않은 지역 및 지형과 높은 구조물 또는 몇몇 나무들에 의하여 지붕에 바람막이가 있는 지역	1.1
E. 바람의 영향이 거의 없는 조밀한 숲 지역으로서, 촘촘한 침엽수 사이에 위치한 지붕	1.2

주) (1) 주변환경은 구조물의 수명기간에 지속되는 환경을 말한다.

(2) $10h_o$(지붕면에서 장애물까지의 높이) 거리 내에 있는 장애물들은 바람막이가 된다.

(3) 겨울에 잎이 떨어지는 낙엽수에 의한 장애물인 경우 C_e는 0.1만큼 저감할 수 있다.

0304.3.3 온도계수 C_t

온도계수 C_t는 일반적으로 <표 0304.3.2>에 따른다.

<표 0304.3.2> 온도계수 C_t

난 방 상 태	C_t
난방구조물(적설하중 제어구조)	1.0
비난방구조물(적설하중 비제어구조)	1.2

0304.3.4 중요도계수 I_s

중요도계수 I_s는 일반적으로 <표 0304.3.3>에 따른다.

<표 0304.3.3> 중요도계수 I_s

중요도	특	1	2	3
중요도계수 I_s	1.2	1.1	1.0	0.8

$$S_f = C_b \cdot C_e \cdot C_t \cdot I_s \cdot S_g \ (\mathrm{kN/m2}) \qquad (0304.3.1)$$

공원에 바람이 많이 불고 나무가 많이 있다는 가정하에 노출 계수를 1.1로 선정하였고
비난방구조이므로 온도계수는 1.2로 선정하였습니다. 중요도 계수는 정자 높이가 그리 크지 않기에 중요도 3인 0.8로 선정했습니다.
마지막으로 s_9는 지상 적설 하중으로 저희가 정자를 설계해서 만들 곳을 경기~서울권이라 가정한다면 자료에서 알 수 있듯이 0.5로 가정할 수 있습니다.
따라서 주어진 값을 계산해보면
$s_f = 0.7 \times 1.1 \times 1.2 \times 1.2 \times 0.5 = 0.462\ [kN/m^2]$
지붕을 설계할 때 적어도 462Pa를 견딜 수 있는 이상의 재질로 선정해야 합니다.
경사지 붕 적설 하중은 지붕 경사도 계수 값을 곱해주면 됩니다.
재질은 소나무로 눈이 잘 미끄러지지 않는다고 가정하고, 경사각은 45도고 비 난방구조에 따라 1.0을 곱해주었습니다. 따라서 평탄한 곳과 값은 같습니다.

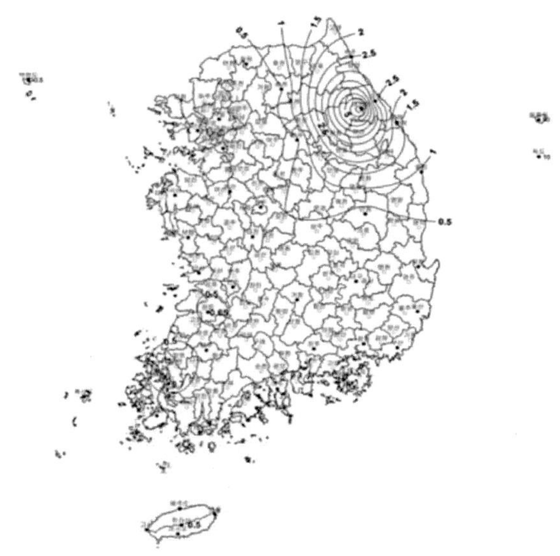
[그림 0304.2.1] 기본지상적설하중 S_g(kN/㎡)

대한민국의 연별 적설량은 적설량 50cm 이하일 땐 1cm당 1kg/m^2 이상일 땐 1.5kg/m^2로 계산한다. 연별 적설량 평균 12.6cm >12.6kg/m^2이므로 하중은 123.66Pa입니다.

2) 풍하중
0305.14.3 주 골조설계용 지붕 풍하중
지붕 풍하중 W_{SFR}은 다음 식에 따라 산정한다.

$$W_{SFR} = 0.25\, V_0^2 H^{0.44} C_e C_R A_R (\mathrm{N})$$

여기서, V_0 : 기본풍속(m/s)
H : 건축물의 기준높이(m)

C_e : 건설지 주변의 지표면 상황에 따라 정하는 환경계수로 통상 1.0을 사용하고, 장애물이 없는 평탄지면 1.5, 해안가면 2.0으로 한다.

$C_R = C_{per} - C_{\pi}$: 풍력 계수

C_{per} : 지붕면 외압계수

C_{π} : 내압 계수

A_R : 지붕보가 부담하는 부분의 유효수압면적(m^2)

서울, 인천, 경기지역 기본풍속 V_0

지 역		V_0 (m/s)
서울특별시 인천광역시 경기도	옹진	30
	인천, 강화, 안산, 시흥, 평택	28
	서울, 김포, 구리, **수원**, 군포, 오산, 화성, 의왕, 부천, 고양, 안양, 과천, 광명, 의정부, **동두천**, 양주, 파주, 포천, 남양주, 가평, 하남, 성남, 광주, **양평**, 용인	26
	안성, 연천, 여주, **이천**	24

정자를 시흥시에 세운다고 하였을 때 V_0는 28(m/s)

정자의 기준높이: 4m

C_e는 1.0으로 기준

<표 0305.14.1> 저층건축물설계용 외압계수 C_{pe}

대 상	구 분	C_{pe}
풍상면 C_{pe1}	$B/H > 1$	0.6
풍하면 C_{pe2}	$D/B = 0 \sim 1$	−0.5
	$D/B \geq 2$	−0.3
지붕면 C_{per}	R_1	−1.0
	R_2	−0.7
	R_3	−0.3

주) R_1 : 풍상측 지붕 끝단에서 풍하측으로 $0.5B$ 거리까지의 지붕

R_2 : 거리 $0.5B$에서 $1.5B$ 거리까지의 지붕

R_3 : 거리 $1.5B$부터 풍하측 끝단까지의 지붕

D/B 및 $R_1 \sim R_3$의 중간값은 직선보간하여 사용한다.

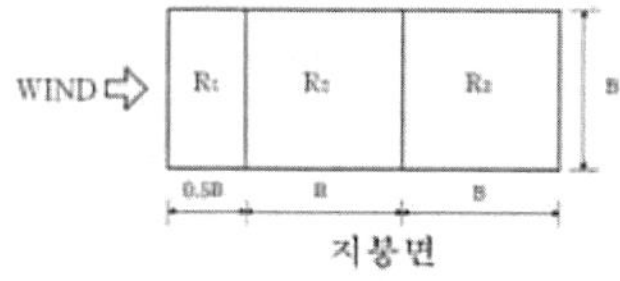

C_{per}는 -1.128

◆ 피크 내압 계수(GCpe)

: 외장재 설계용 풍하중 산정에 필요한 가스트 영향계수와 내압계수를 함께 고려한 순간 최대에 상응하는 값 (유효수압면적 및 높이에 따라 결정)

<표 0305.8.6> 외장재설계용 피크내압계수 GC_{pi}

밀폐의 분류	GC_{pi}
밀폐형 건축물	0.00 또는 -0.52
부분개방형 건축물	+0.83 또는 -0.83
탁월한 개구부가 있는 건축물	+1.40 또는 -1.40
개방형 건축물	0

◆ 유효 수압면적

: 바람을 받는 수직 투영 면적 (앵커와 앵커 높이 x 수직 멀리언 바의 간격)

: 유효수압면적이 작을수록 부재의 진동이 커져 풍압이 큼

C_{π}는 정자는 개방형 건축물 기준으로 하여 내압 계수 0

$C_R = C_{per} + C_{\pi}$ 이므로 -1.128

A_R는 기둥의 바닥 면적은 $0.3^2 \times 4 = 0.36\ (m^2)$

W_{SFR}는 -146.48Pa

즉 기본풍속을 버티려면 146.48Pa 이상인데, 역대 태풍 중 최대 풍속인 매미의 풍속 51.1m/s인데 이 값을 구하면 -487.87Pa 이상 즉, 487.87Pa을 버텨야 한다.

3-2) 최종 Mesh 및 경계조건

적설 하중

Mesh

Statics: Nodes - 387765개 Elements - 262755개

Sizing : 정자 - 50mm

경계조건 : 모델링 하면 : Fixed support, 1 face

정자 전면: Pressure, 1 Faces, 7 face

접촉조건: bonded(정자 to 기둥) bonded(기둥 to 연결대)

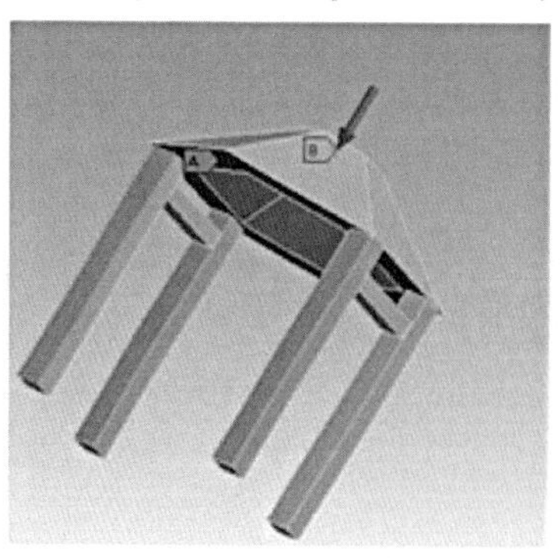

1) 하중 (462Pa)

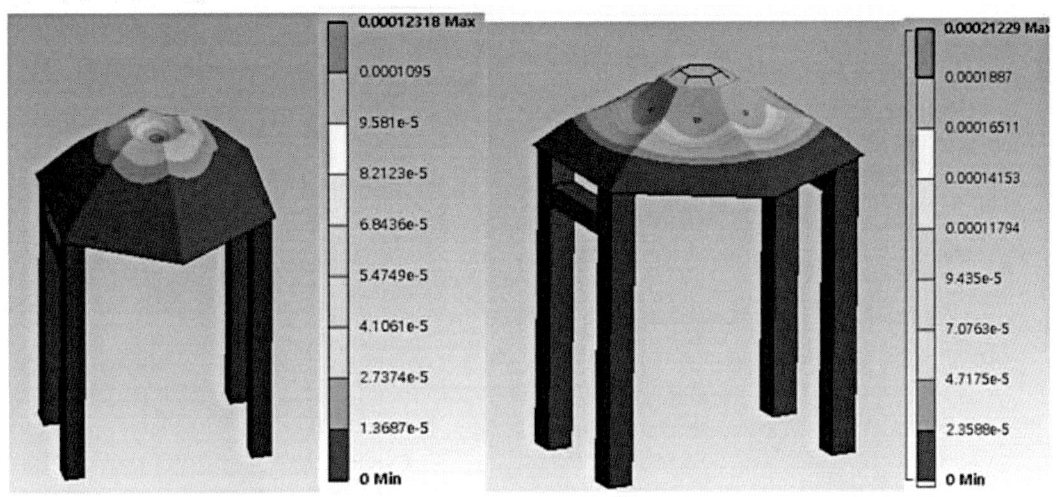

2) 연연평균 적설량 (123.61Pa)

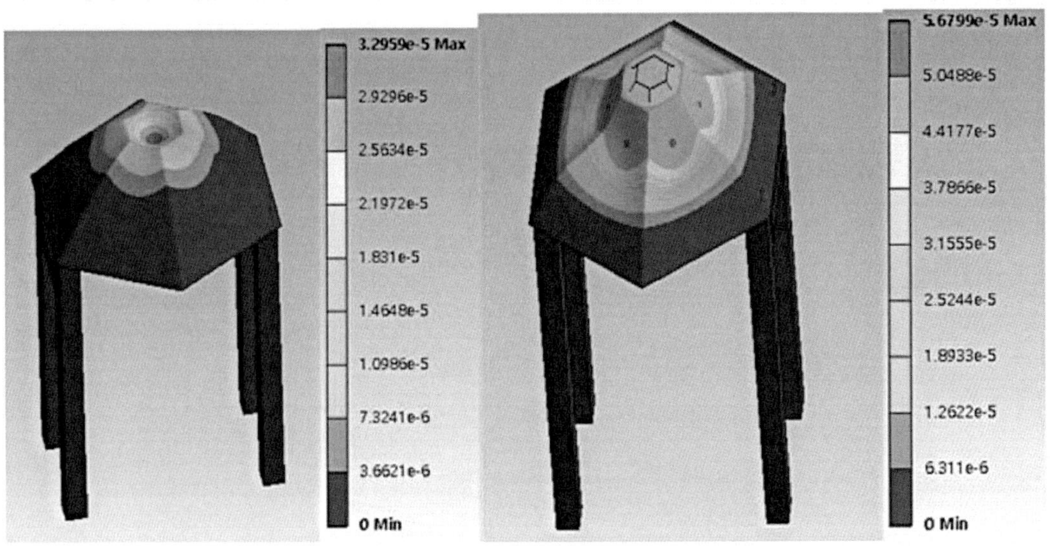

Mesh

Statics: Nodes - 389085개 Elements - 263257개

Sizing : 의자(Default) - 약 318mm 정자 - 50mm

경계조건

모델링 하면 : Fixed support, 12 Faces 정자 전면: Pressure, 4 Faces

접촉조건:

bonded(정자 to 기둥)

bonded(기둥 to 연결대)

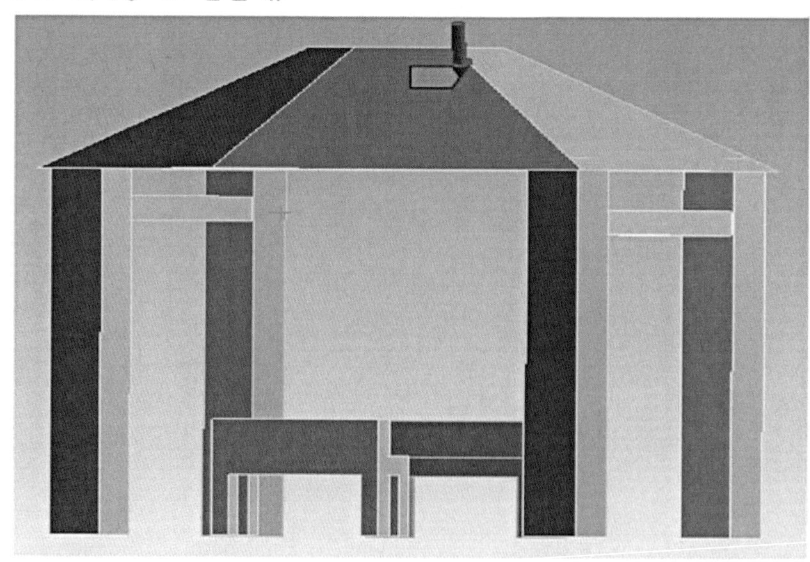

2. 풍하중

① 기본풍속 28m/s일 때.

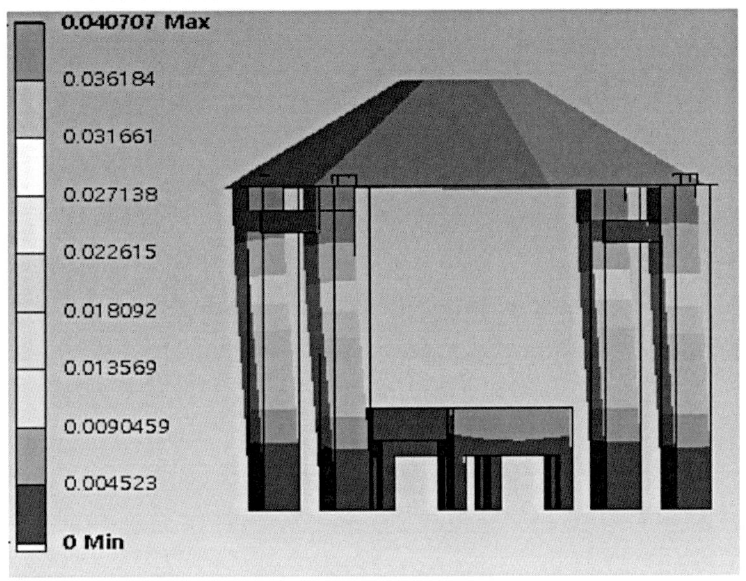

② 태풍 매미 풍속(51.1m/s)

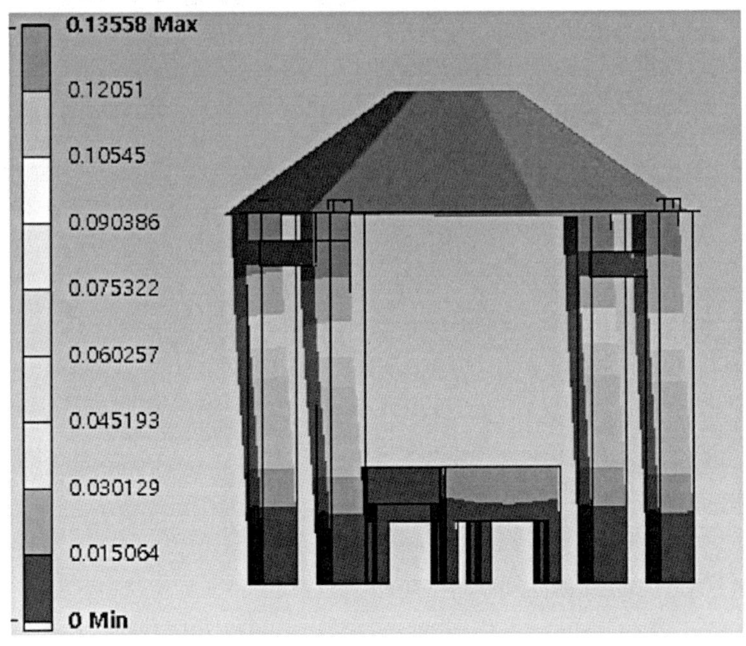

4. 해석 및 결론

4-1) 모델 해석결과

적설 하중

지붕에 초점을 맞췄기 때문에 해석할 때 의자는 빼고 해석했습니다.
2가지 방법을 적용하였습니다. 첫 번째는 건축개정안에서 요구하는 적설 하중에 대한 지붕의 최소수치인 값을 계산하여 462Pa을 적용하였고 평탄한 부분에만 하중을 가했을 때 처짐이랑은 0.0001232mm, 경사진 부분도 포함했을 때는 0.0002123mm의 나왔습니다.
두 번째로는 연평균 적설량을 적용했습니다. 연별 적설량 평균 12.6cm >12.6kg/m^2이므로 하중은 123.66Pa입니다. 그 결과 평탄한 부분에서는 처진 양이 0.0000329mm, 경사진 부분도 포함했을 때는 0.000057mm라는 결과가 나왔습니다.

정자에 풍하중이 적용 시 기본풍속인 28m/s일 때는 처진 양이 0.040707mm가 나오고 태풍 매미 풍속인 51.1m/s일 때는 처진 양이 0.13558mm가 나오는데 결괏값으로 봤을 때는 정자는 태풍에 의한 풍하중에 영향이 없고 정자가 태풍에 의해 파손되는 경우는 정자가 많이 노후가 되어 버티는 힘이 약해졌을 시와 태풍으로 인해 날라오는 가게의 간판들의 충격량이나 주위에 있던 나무가 쓰러져서 받는 충격량이 큰 경우 파손이 되는 것 같습니다.

4-2. 해석프로젝트 결론

적설 하중을 적용했을 때 처짐량이 매우 작아 미미할 정도라고 할 수 있습니다. 해석을 잘못한 거 같아서 찾아보니 적설 하중으로 인해 정자의 지붕이 무너지는 사례는 없다고 합니다. 저희의 재질인 Pinewood 의 항복강도를 허용응력으로 가정하면 41MPa입니다. 대한민국의 최대 적설량이였던 1962년 1월 31일 293.6㎝만큼 쌓였다 하는데 하중으로 환산하면 4311.5Pa입니다.

해석을 돌린 결과 처짐량이 매우 작습니다. 현재 만들어진 정자는 매우 강해서 적설 하중으로는 무너지지 않는다는 걸 확인할 수 있습니다. 저런 미미한 처짐량을 더 줄이거나 없애고 싶다면 지붕 밑에 보강대를 추가 설치해서 더욱 견고하게 만들 수 있기도 합니다만, 최소한의 자재를 사용해서 절약할 수 있는 것도 좋다 생각합니다.

태풍 중 최대 풍속인 매미의 풍속 51.1m/s를 풍하중을 정자에 작용 시 처짐량은

0.13558mm로 매우 작습니다. 이로 인해 태풍에 의해 정자는 처짐이 거의 없습니다. 정자가 태풍에 의해 파손되었다는 결과가 있는지 찾아봤는데 사례는 없었고, 건축물이 태풍에 의해 파손되는 경우는 부실시공으로 인해 건축물이 파손되거나 건물에 있던 간판 등이 날아가면서 건축물에 부딪히게 되어 파손되게 되는 경우들만 있었습니다. 그로 인해 정자가 태풍으로 인해 파손되는 경우는 정자가 노후가 되었거나 부산물충격으로 인해 파손이 일어나는 것 같습니다.

5. 참조 및 출처

자료 없음

3 4가지 가드레일에 차량별 충돌 평가

작성자 : 이태학, 허영수

1. 프로젝트 선정

가드레일은 서울 중심부터 지방까지 도로 위에 어디에서든 볼 수 있는 흔한 구조물이다.

가드레일이 존재하는 목적은 자동차가 도로를 이탈하지 않도록 막아주고, 교통사고 시 추락이나 중앙선 침범 등으로 인한 2차 피해를 방지하고자 함이다.
예를 들어서 논밭, 하수구, 인도, 바닷가 등 여러 가지 지형적 위험 요소나 인명 피해를 최소화시켜줄 수 있는 장치이며, 차량이 가드레일을 들이받았을 때, 가드레일이 충격을 흡수하여 승차자의 부상과 차량의 파손을 최소화할 수 있게 해준다. 또한, 교통사고가 발생하지 않더라도 운전자의 시선을 유도하여 운전의 편의를 돕기 때문에 유용한 기능을 수행한다. 즉, 도로의 안전에 크게 이바지하고 있다.
만약, 가드레일이 없다면 어두운 밤에 차량 운전자가 잘 못 보는 경우 도로 밖으로 이탈할 수 있고, 차량이 인도로 진입 시, 큰 인명 피해로 이어질 수 있다.

앞서 말했듯, 1차로만 이어지는 것이 아니라 2차 피해를 일으킬 수 있으므로 가드레일의 중요성은 더욱 커진다.

하지만 실제로 가드레일의 중요성을 직접 체험해 본 적은 없다. 그래서 우리 조는 가드레일이 각 차량의 무게와 속도에 따라 어떤 변형을 이루는지 응력해석과 파손해석을 통해 알아보고, 안전성 검사를 해볼 것이다. 여기서 끝나는 것이 아닌 팀원과 함께 가드레일의 모양을 바꾸어 보면서 응력해석을 하여 현재 모양에서 개선할 수 있는 부분이 있는지 알아볼 것이다.

1-2 프로젝트 해석 계획

가드레일은 사용 용도에 따라 노측용, 중앙 분리용, 보도용, 교량용 등 여러 종류로 분류된다.

노측용 중앙 분리용

보도용 교량용

그중 우리 조는 차량의 무게와 속도에 따른 가드레일의 변형을 알아보기 위해서, 차량을 탑승했을 때 가장 흔히 볼 수 있는 가드레일을 선택하고자 했고, 팀원과 논의해 본 결과, 사고가 발생했을 때 인명 피해를 줄이는 것이 가장 최우선으로 되어야 한다고 생각하여 한국도로공사와 협약하여 작성한 보도용 가드레일 설치형식을 기준으로 해석을 진행할 예정이다.

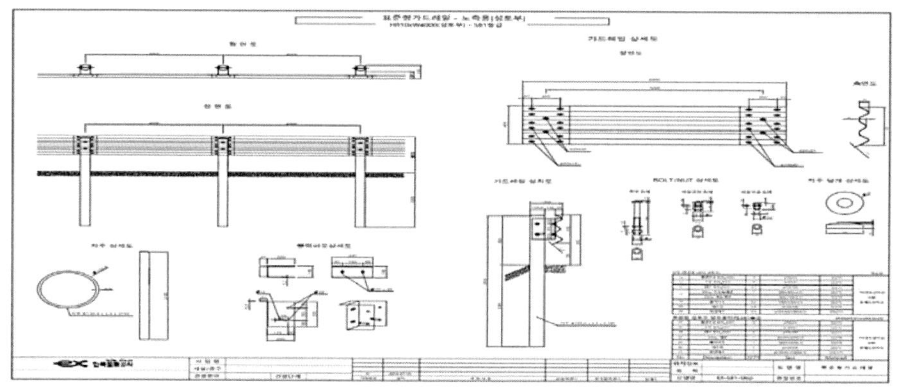

모델명: 표준형 SB1 등급 성토부/ H810 X W4000

2. 모델링

2-1. 재질 선정 및 물성값

실제로 가드레일과 충돌해본 경험이 없으며 제한된 속도 구간에서 실제 충돌을 했다면 차량에 탑승한 나는 안전할 수 있겠냐는 생각을 해보게 된다. 그리고 운전면허가 없는 나는 반대로 이런 생각도 한다. 가드레일을 기준으로 인도를 따라 걷는다면 최악의 경우 차가 옆에서 충돌했을 때 무사할까? 현재까지 상상으로만 해왔던 것들을 이번에 유한요소 구조해석 팀 프로젝트를 통해 해석하여 고민을 해결하게 되었다.
실제 찾아보니 상황에 따른 가드레일의 종류가 있었으며 그 상황 속에서도 용도, 쓰임에 따라 여러 버전이 있었다. 우리 조는 내가 생각했던 궁금증을 해소함과 동시에 실제 분석을 통해 제한된 속도에서 가드레일의 역할을 충실히 해내는지 알아보기 위해 주변에서 흔히 볼 수 있는 시속 60km 제한구역에 사용되는 가드레일을 선정했다. 가드레일을 구성하는 부품은 크게 레일과 이것을 지지하는 원기둥 모양의 지주, 그리고 이를 고정하는 블록 아웃으로 구성되어 있다.

표준형 SB1 등급 성토부/ H810 X W4000의 재료는 정해진 규격이 있다.
명세서를 보게 되면 레일, 블록 아웃의 경우 표준번호 KS D3503를 적합하고 SS275 또는 동등 이상이어야 한다. 우리 조는 가드레일로써 사용될 수 있는 최소한의 조건을 기준으로 해석을 진행할 예정이기 때문에 최소를 기준으로 하는 SS 275를 선택했다.

지주의 재질은 KS D 3566에 적합하고 SGT 275 또는 동등 이상 이여야 한다.
지주의 재료도 마찬가지로 최소한의 조건을 기준으로 해석을 진행할 예정이기 때문에 최소를 기준으로 하는 SGT275를 기준으로 하겠다.

	레일 (SS275)	지주 (SGT275)
탄성계수	191.71GPa	200GPa
푸아송비	0.3	0.3
항복강도	310.99MPa	275MPa
인장강도	480.36MPa	410MPa

2-2 모델링 과정 및 결과

표준형 SB1 등급 성토부/ H810 X W4000의 도면에 따라 분야별로 제작을 진행하였다. 각 분야를 솔리드웍스를 이용하여 모델링 한 후 전체적인 모양으로 만들어 보았다. 지주는 정보에 따라 4m마다 세운다.

	레일 4300mm*460mm*(t=3.2mm)
	지주 ø 1 3 9 . 8 m m (t=4.5mm)*2100mm
	블록 아웃 330mm*220mm*148mm
	지주 덮개 ø140mm*30mm
	어셈블하기

3. 경계조건

3-1 하중 경계조건

우리 조는 가드레일에 충돌하는 차량들에 의해 변화하는 가드레일의 응력해석과 안전도를 확인할 것이다. 따라서 가드레일과 충돌하는 충돌체의 정보를 알 필요가 있다. 차량의 정보는 한국공학 대학교에 주차된 차량을 대상으로 실시하였다. 종류는 대형차부터 소형차까지 8대의 차량 정보를 다양하게 수집하였다.

가드레일의 안전성에 대해 평가하는 검사인 차량 방호 울타리 성능검사가 있다.
차량 방호 울타리 성 성능검사는 트럭과 승용차를 기준으로 진행을 한다. 가드레일에 충돌할 때의 조건은 80km/h의 속도로 15도, 20도에서 충돌했을 때 충격 도와 파손 정도를 확인하는 것이다.

우리 조는 가드레일을 해석할 때 차량 방호 울타리 성능검사와 같이 진행을 하려고 한다. 하지만 해석대상으로 하는 가드레일은 60km/h를 기준에 설치하기 때문에 속도의 기준을 다르게 하고 20도와 15도 중 충돌했을 때의 레일 변화가 큰 20도를 기준으로 알아보겠다.
가드레일과 차량이 충돌할 때 충돌면적은 차량 범퍼면적에서 가로를 cos(20도) 곱한 값으로 하였다. 충돌 높이는 차량마다 다르므로 실제 자동차 범퍼 높이를 고려하여 해석을 진행하겠다. 직접 충격을 받는 부품은 레일에 붙어있는 자동차 범퍼면적이 된다.

x 좌표는 차량 무게*가속도*cos(20도), y 좌표는 차량 무게*가속도*sin(20도)
를 각각 구해볼 것이다.

※60km/h는 16.67m/s이다

3-2 구속경계조건

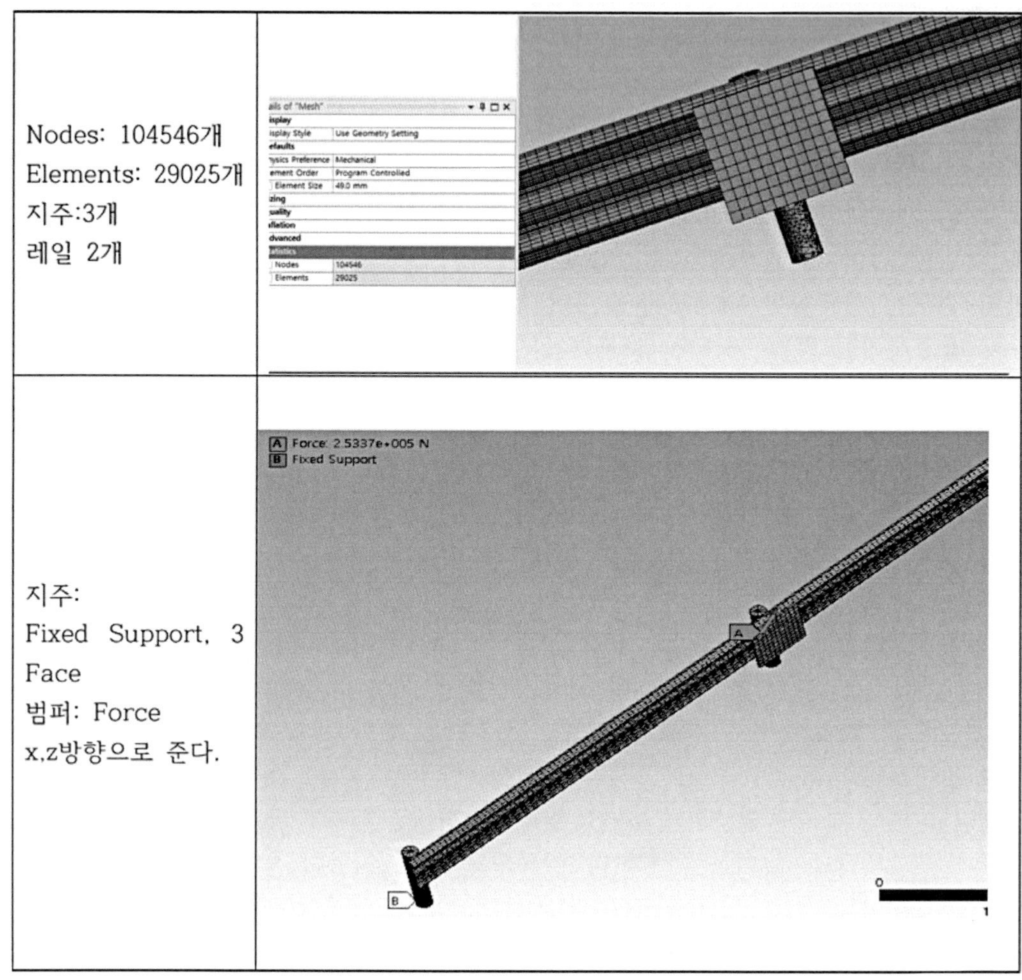

Nodes: 104546개 Elements: 29025개 지주:3개 레일 2개	
지주: Fixed Support, 3 Face 범퍼: Force x,z방향으로 준다.	

Elements size의 선정

기준은 Elements size를 40부터 65까지 범위를 정하고 범위 내에서 평평한 부분을 선택하는 것이며 우리 조는 그래프를 통해 49부분에서 평평함을 찾아 49mm로 선정했다.

F 구하기

힘을 구하기 위해서는 가속도를 알아야 한다.

우리 팀은 우리가 진행하는 해석과 경계조건이 비슷한 가드레일 충돌시험 영상을 찾았고 이를 이용하여 가속도를 구했다.

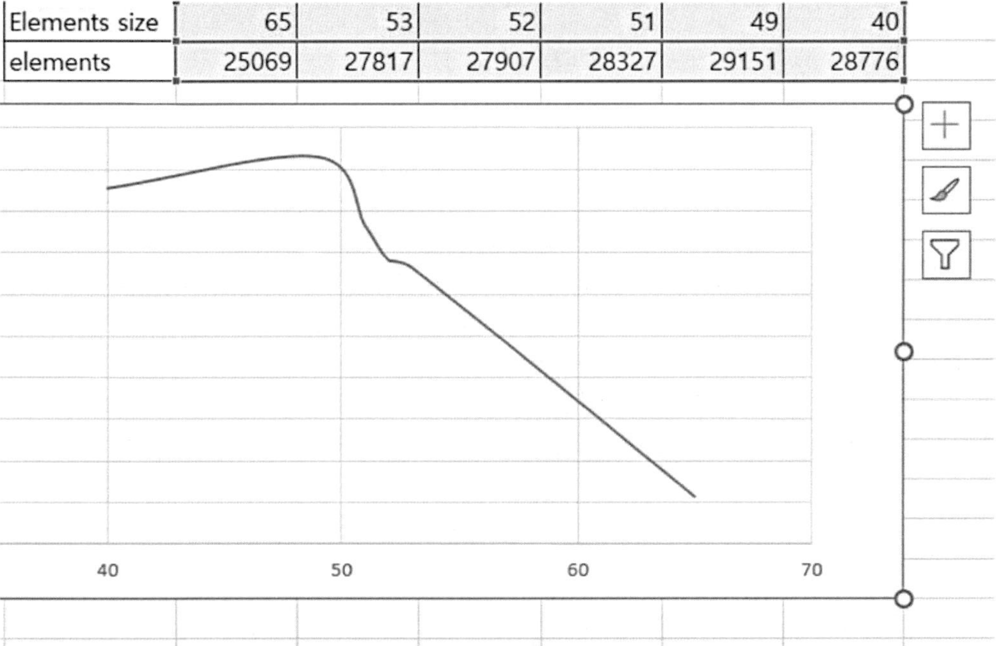

Elements size	65	53	52	51	49	40
elements	25069	27817	27907	28327	29151	28776

가속도를 구하기 위한 준비는 아이패드 에어 5와 줄자, 실이다.

영상에는 프레임 수가 나와 있고 저 배 속으로 움직여주기 때문에 차량이 가드레일과 언제 충돌하고 언제 빠져나오는지 알 수 있다.

가드레일은 4m 간격으로 설치를 하며 아이패드 기준 줄자로 화면을 재보니 정확하게 3cm가 나온 것을 확인할 수 있었다.
따라서 우리 팀은 계산을 효율적으로 하기 위해 줄자가 1.5cm일 때 즉 차량이 가드레일과 충돌하기 2m 전을 기준으로 했다.

동영상 초 단위 기준으로 시간을 정한다.
여기서 우려할 수 있는 부분이 동영상의 1s는 소수점까지 표현하지 않기 때문에 오차가 발생할 수 있다는 것이다. 따라서 우리 팀은 프레임 수를 이용하여 초를 세분화하였고 더욱 정확한 수치를 나타낼 수 있었다.

시작은 동영상 기준 0s이며 181프레임이다.
차량이 충돌할 때는 동영상 기준 1초이며 220프레임이다.
차량이 가드레일과 충돌 후 나올 때는 동영상 기준 4.6초이며 400프레임이다.
비례관계를 이용하여 1초는 39프레임인 것을 확인하여 동영상 기준으로 이동 거리와 속도를 확인할 수 있었고 이를 통해 가드레일 충돌 시 속도가 11.95m/s로 감소한 것을 확인할 수 있었다.

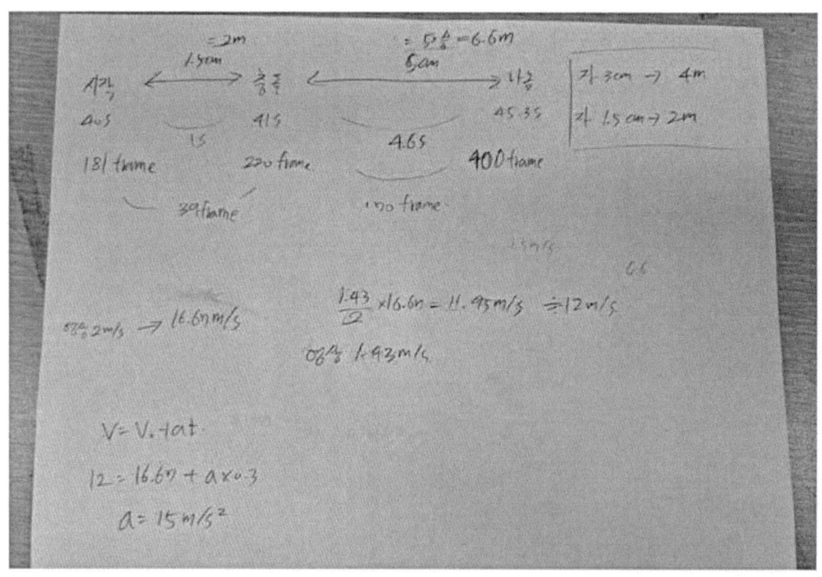

충돌하는데 걸리는 시간은 논문을 참고하여 0.3s로 정하였다.

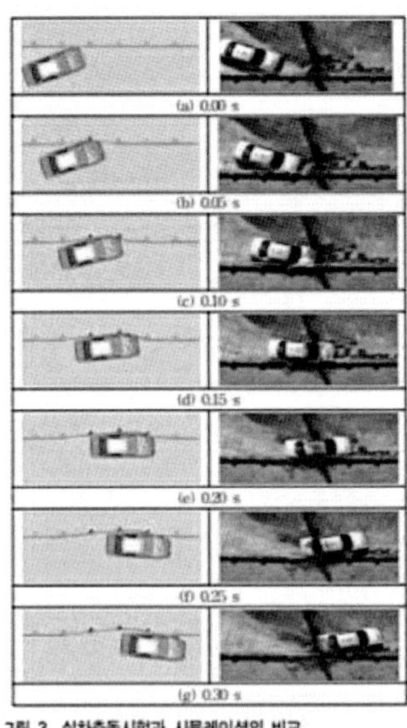

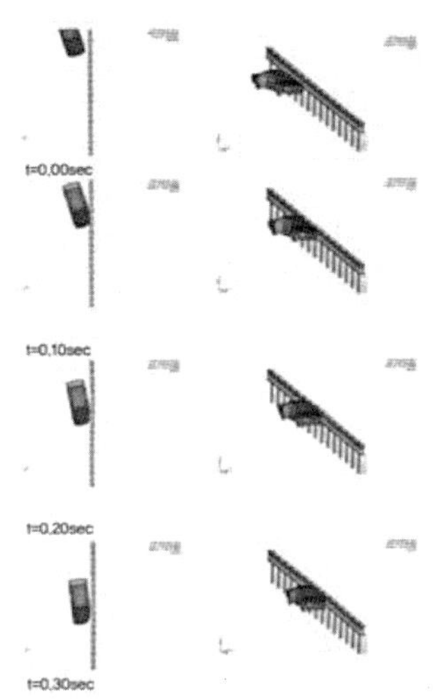

그림 3. 실차충돌시험과 시뮬레이션의 비교

가속도는 a=-15m/s^2 의수 치를 얻을 수 있다.
차량 정보 8대

 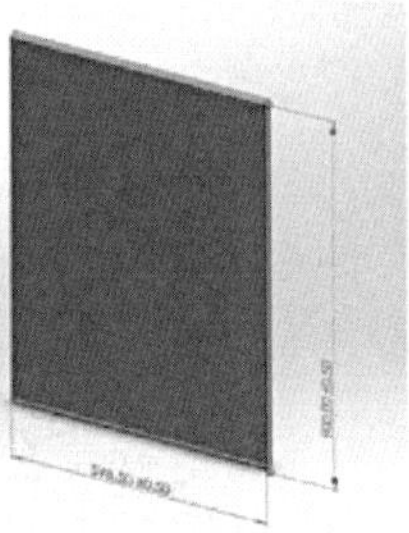	기아 카니발 F/L (3세대) 무게 2170kg 폭 175cm 지면으로부터 높이: 20cm 범퍼 높이: 90cm 레일 해석 시 높이: 46cm F= 32550N
 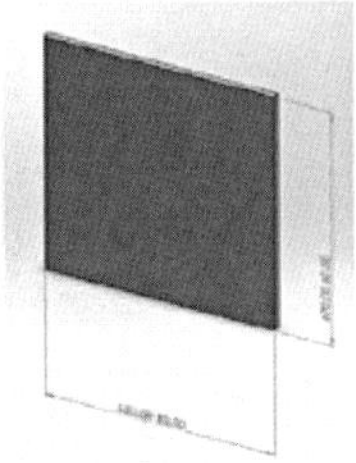	제네시스 gv80 무게 2110kg 폭 185cm 지면으로부터 높이:23cm 범퍼 높이:67cm 레일 해석 시 높이: 46cm F= 31650N
	기아 봉고3 (4세대)

 	무게: 1690kg 폭 156cm 지면으로부터 높이: 32cm 범퍼 높이 80cm 레일 해석 시 높이: 46cm F= 25350N
 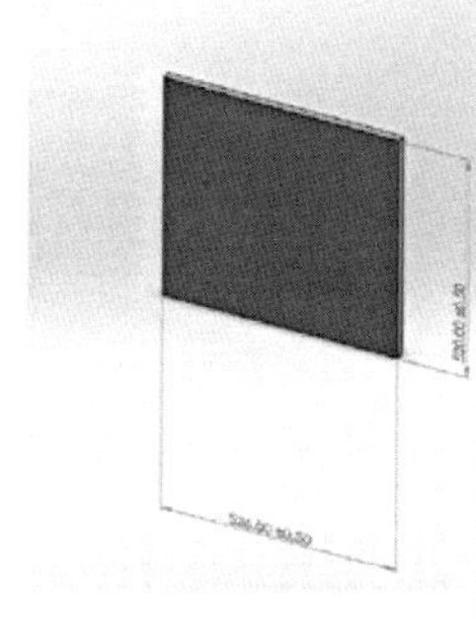	현대 소나타 6세대 무게 1520kg 폭: 157 지면으로부터 높이:23cm 범퍼 높이 52cm 레일 해석 시 높이: 40cm F= 22800N
 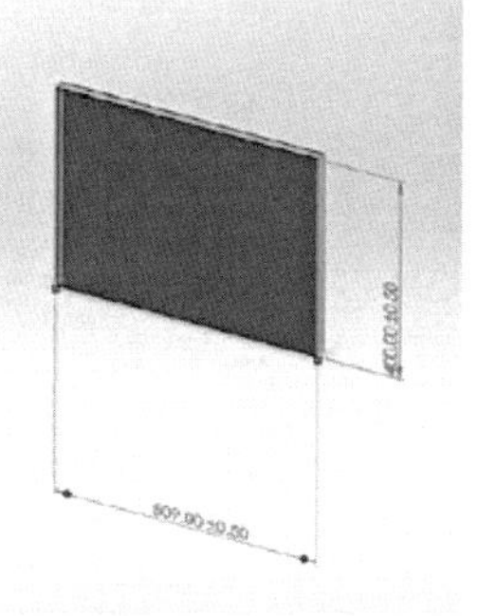	현대 아반떼 6세대 무게 1380kg 폭:149cm 지면으로부터 높이 20cm 범퍼 높이: 40cm 레일 해석 시 높이: 25cm F= 20700N
 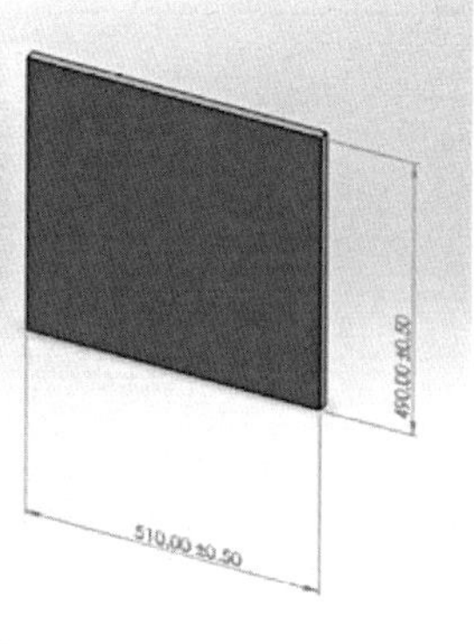	기아 k3 세단 (1세대) 무게: 1191kg 폭 150cm 지면으로부터 높이: 21cm 범퍼 높이: 49cm 레일 해석 시 높이: 35cm F= 17868N
	쉐보레 스파크 (2세대)

 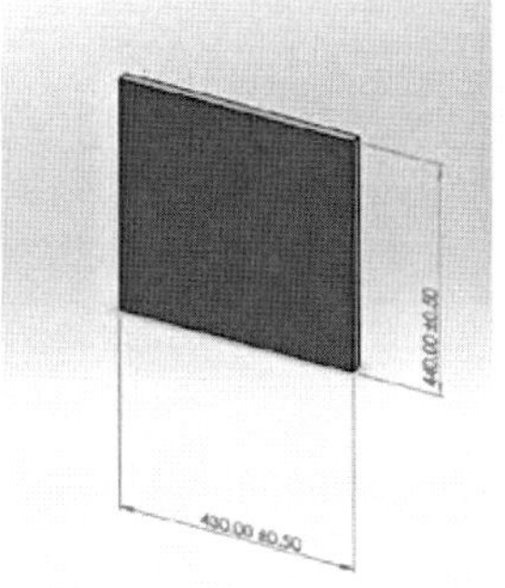	무게:910kg 폭:126cm 지면으로부터 높이: 19cm 범퍼 높이: 44cm 레일 해석 시 높이: 28cm F= 13652N
 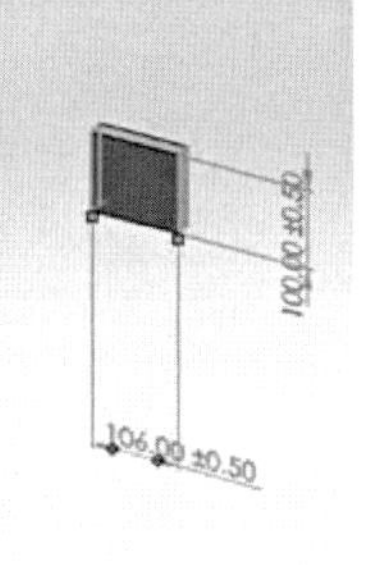	gs 125(오토바이) 무게: 120kg 폭 30cm 지면으로부터 높이: 43cm 범퍼 높이: 10cm 레일 해석 시 높이: 18cm F= 1800N

4. 해석 및 결론

4-1 차량별 해석 결과

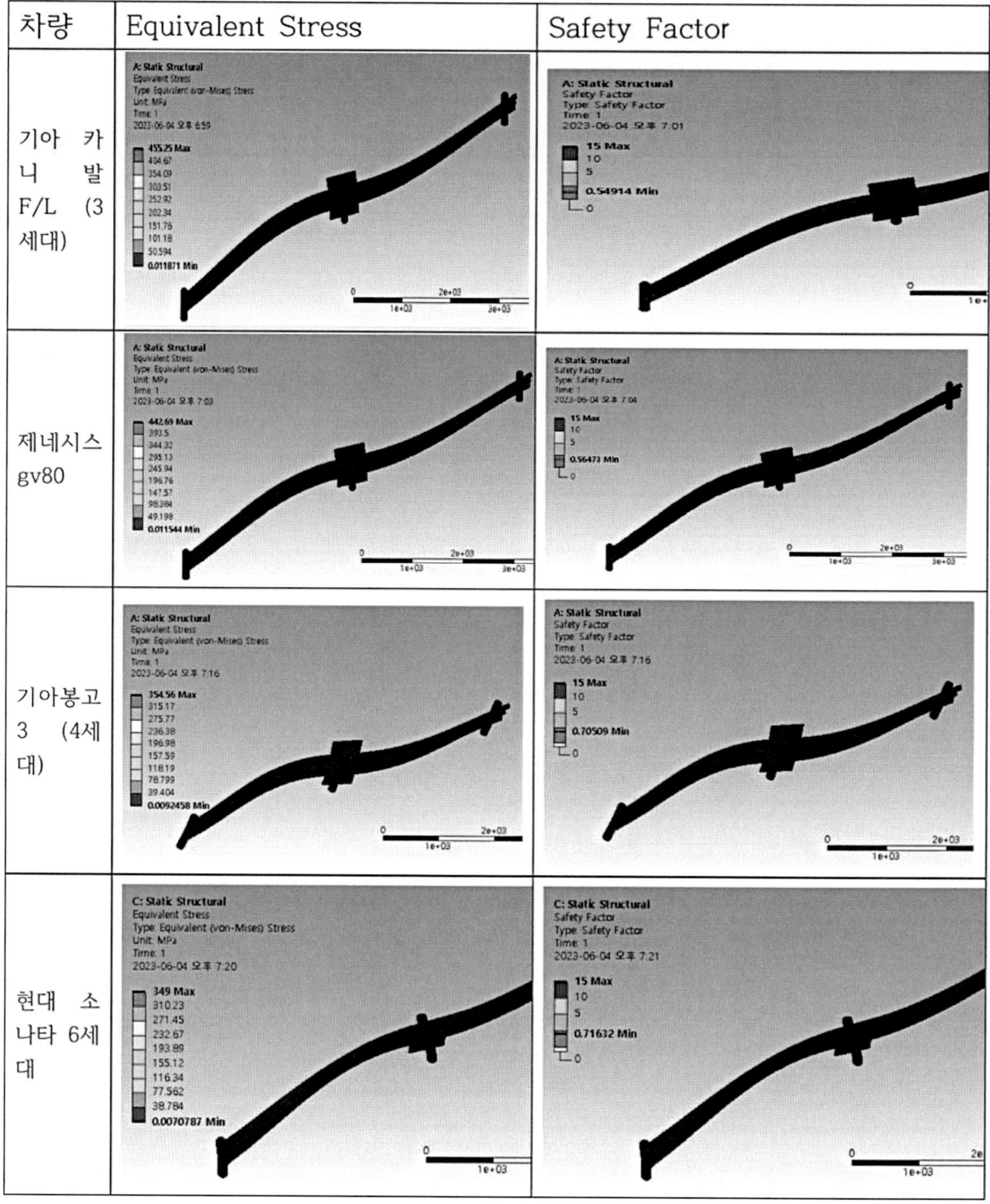

차량	Equivalent Stress	Safety Factor
기아 카니발 F/L (3세대)	A: Static Structural Equivalent Stress Type: Equivalent (von-Mises) Stress Unit: MPa Time: 1 2023-06-04 오후 6:59 455.25 Max 404.67 354.09 303.51 252.92 202.34 151.76 101.18 50.594 0.011871 Min	A: Static Structural Safety Factor Type: Safety Factor Time: 1 2023-06-04 오후 7:01 15 Max 10 5 0.54914 Min 0
제네시스 gv80	A: Static Structural Equivalent Stress Type: Equivalent (von-Mises) Stress Unit: MPa Time: 1 2023-06-04 오후 7:03 442.69 Max 393.5 344.32 295.13 245.94 196.76 147.57 98.384 49.198 0.011544 Min	A: Static Structural Safety Factor Type: Safety Factor Time: 1 2023-06-04 오후 7:04 15 Max 10 5 0.56473 Min 0
기아봉고3 (4세대)	A: Static Structural Equivalent Stress Type: Equivalent (von-Mises) Stress Unit: MPa Time: 1 2023-06-04 오후 7:16 354.56 Max 315.17 275.77 236.38 196.98 157.59 118.19 78.799 39.404 0.0092458 Min	A: Static Structural Safety Factor Type: Safety Factor Time: 1 2023-06-04 오후 7:16 15 Max 10 5 0.70509 Min 0
현대 소나타 6세대	C: Static Structural Equivalent Stress Type: Equivalent (von-Mises) Stress Unit: MPa Time: 1 2023-06-04 오후 7:20 349 Max 310.23 271.45 232.67 193.89 155.12 116.34 77.562 38.784 0.0070787 Min	C: Static Structural Safety Factor Type: Safety Factor Time: 1 2023-06-04 오후 7:21 15 Max 10 5 0.71632 Min 0

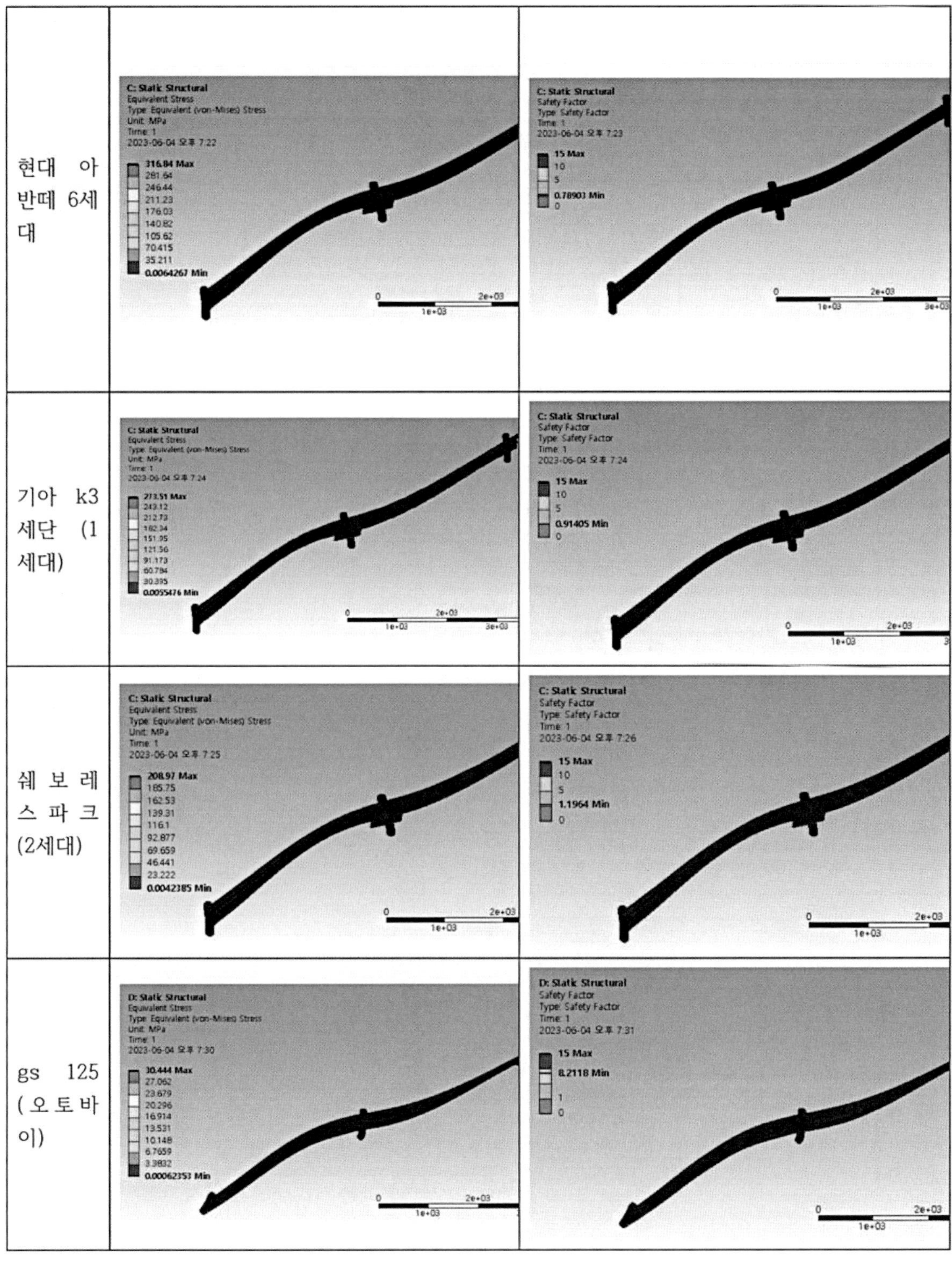

현대 아반떼 6세대
C: Static Structural
Equivalent Stress
Type: Equivalent (von-Mises) Stress
Unit: MPa
Time: 1
2023-06-04 오후 7:22
316.84 Max
281.64
246.44
211.23
176.03
140.82
105.62
70.415
35.211
0.0064267 Min
C: Static Structural
Safety Factor
Type: Safety Factor
Time: 1
2023-06-04 오후 7:23
15 Max
10
5
0.78903 Min
0
기아 k3 세단 (1세대)
C: Static Structural
Equivalent Stress
Type: Equivalent (von-Mises) Stress
Unit: MPa
Time: 1
2023-06-04 오후 7:24
273.51 Max
243.12
212.73
182.34
151.95
121.56
91.173
60.784
30.395
0.0055476 Min
C: Static Structural
Safety Factor
Type: Safety Factor
Time: 1
2023-06-04 오후 7:24
15 Max
10
5
0.91405 Min
0
쉐보레 스파크 (2세대)
C: Static Structural
Equivalent Stress
Type: Equivalent (von-Mises) Stress
Unit: MPa
Time: 1
2023-06-04 오후 7:25
208.97 Max
185.75
162.53
139.31
116.1
92.877
69.659
46.441
23.222
0.0042385 Min
C: Static Structural
Safety Factor
Type: Safety Factor
Time: 1
2023-06-04 오후 7:26
15 Max
10
5
1.1964 Min
0
gs 125 (오토바이)
D: Static Structural
Equivalent Stress
Type: Equivalent (von-Mises) Stress
Unit: MPa
Time: 1
2023-06-04 오후 7:30
30.444 Max
27.062
23.679
20.296
16.914
13.531
10.148
6.7659
3.3832
0.00062353 Min
D: Static Structural
Safety Factor
Type: Safety Factor
Time: 1
2023-06-04 오후 7:31
15 Max
8.2118 Min
1
0

KDS41 10 15:2019 건축구조기준 설계하중 기준에 따른 해석

3.8 차량방호하중

3.8.1 승용차 방호하중

승용차용 방호시스템은 임의의 수평방향으로 30 kN의 집중하중에 저항하도록 설계하여야 한다. 이 집중하중은 바닥면으로부터 0.45 m와 0.70 m 사이에서 가장 큰 하중효과를 일으키는 높이에 적용하며 하중접촉면은 0.3 m×0.3 m 이하로 하여야 한다.

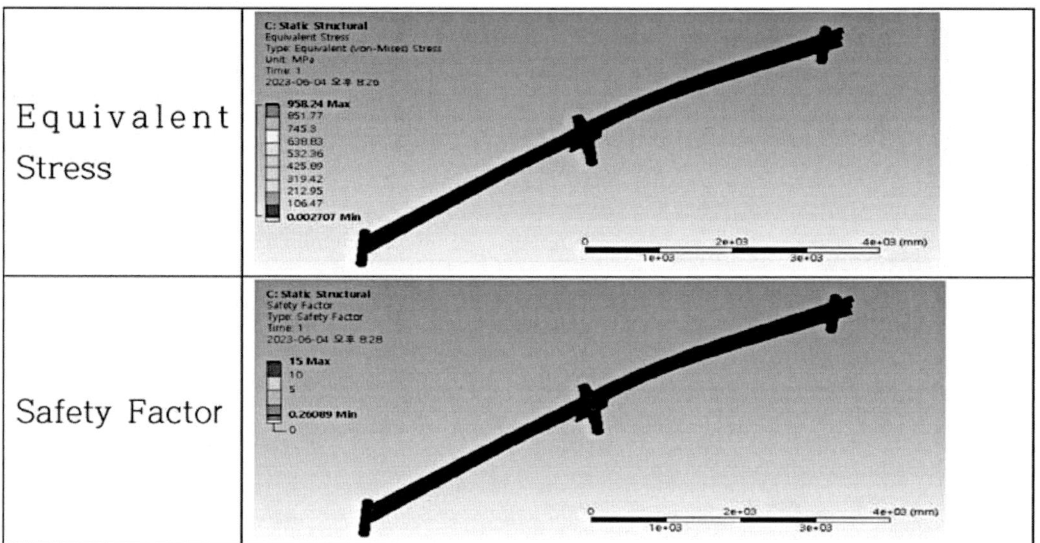

60km 구간에서 사용되는 가드레일은 건축구조기준 설계하중 기준에 부합하지 않는 거로 보인다.

분석

가드레일 중공축 해석 결과 및 계산

가드레일을 고정해주는 중공축을 기준으로 카니발이 충돌했을 때 응력이 얼마 나오는지 확인하고 실제 계산과 비교해보았다.

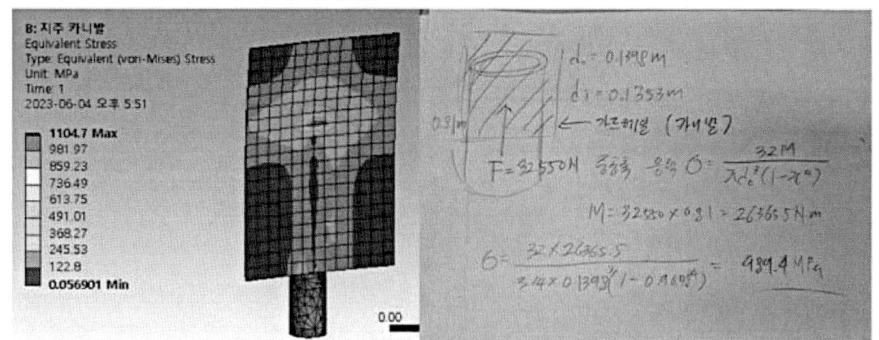

실험과 실제 오차는 10.4% 차이가 나는 것을 확인했으며 해석 데이터의 정확도가 높은 것을 직접 확인했다.

가드레일의 지주만 있을 때와 똑같은 조건이며 레일만 추가가 된 상황이다. 해석 결과 1104.7MPa의 힘을 받던 지주는 479.02MPa의 힘을 받게 되었다. 즉 레일의 W 부분이 지주에 가해지는 충격량을 흡수한 것이다.

	표준가드레일	
	Equivalent Stress max	Safety Factor
기아 카니발 F/L (3세대)	455.25MPa	0.5491
제네시스 gv80	442.69MPa	0.5647
기아봉고3 (4세대)	354.56MPa	0.7050
현대 소나타 6세대	349MPa	0.7163
현대 아반떼 6세대	316.84MPa	0.7890
기아 k3세단 (1세대)	273.51MPa	0.9140
쉐보레 스파크 (2세대)	208.97MPa	1.1964
gs 125(오토바이)	30.444MPa	8.2118

시속 60km로 다닐 수 있는 도로에서 표준형 SB1 등급 성토 부/ H810 X W4000 가드레일은 무게가 가장 큰 카니발을 기준으로 최대 응력은 455.25MPa이다. 지주의 경우 인장강도가 410MPa이기 때문에 파손될 수 있다는 것을 알 수 있다.

한국인이 가장 많이 타는 중형자동차 중 하나인 소나타는 최대 응력이 349MPa이기 때문에 가드레일은 항복강도 이상이므로 변형은 일어나지만 버틸 수 있다.

우리는 주변에는 가드레일이 있고 안전을 지켜준다는 것을 알고 있지만 얼마나 안전한지 그리고 구체적인 수치는 어느 정도인지 모르고 있다. 엔시스를 통한 구조해석을 통해 차량별 가드레일과 충돌했을 때 어느 무게까지 안전한지와 그에 대한 정확한 수치를 알 수 있었다.

우리 팀은 여기에서 끝나는 것이 아니라 가드레일의 모양을 바꾸어 보며 제한된 속도에서 더욱 안전한 가드레일을 만들 수 있는지 생각을 해보았다. 목표는 가장 무거운 카니발의 안전도를 1 이상으로 만드는 것이다.

5. 개선

5-1. 현재 가드레일의 모양 변화 및 가격분석

가드레일의 W 모 양은 차량 충돌 시 충격량을 흡수하기 위한 모양이다.
이러한 원리를 이용하여 우리 팀은 가드레일의 모양 변형을 총 3가지로 분류하였다.

1. 표준형 가드레일의 진폭을 2배로 늘리기
2. 표준형 가드레일의 W 모 양을 2배로 늘리기
3. 표준형과 같은 재료량으로 아치형을 만들기

1번과 2번의 경우 제작을 하고 사용을 하게 되었을 때 기존재료에 추가되는 비용이 있을 것이다.
3번의 경우 표준형과 같은 재료량으로 생산하기 때문에 추가 비용은 발생하지 않는다.

가격 비교해보기

일위대가표는 공사를 수행할 때 일정한 단위당 소요되는 자재, 물량, 가격 따위를 나타낸 표이다. 표준가드레일의 일위대가표를 보게 되면 금액적인 측면에서 가장 큰 비율을 차지하는 것은 지주: 104700원, W 레일(460*3.2*4300): 231000원이다.

일 위 대 가 표

표 준 형 가 드 레 일 [3WAY] - 성토부 노측용

공 종	규격	수량	단위	재료비		노무비		경 비		합 계		비 고
				단 가	금 액	단 가	금 액	단 가	금 액	단 가	금 액	
[illegible]구간)												
지 주	Φ139.8X4.5X2100	1	본	104,700	104,700					104,700	104,700	
3Way레일	460×3.2t×4330	1	장	231,000	231,000					231,000	231,000	[illegible]
블럭아웃	148x330x4.3T	1	개	25,600	25,600					25,600	25,600	
지주캡	140×2t ×20	1	개	2,400	2,400					2,400	2,400	
연결대고정볼트	[illegible]	2	셋트	1,600	3,200					1,600	3,200	
고정볼트	[illegible]	2	셋트	700	1,400					700	1,400	
레일연결볼트	[illegible]	12	셋트	400	4,800					400	4,800	
소계(재료비)					373,100		-		-		373,100	[illegible]
지주설치비	특별인부	0.038	인			197,450	7,521			197,450	7,521	수량산출서1
	보통인부	0.019	인			157,068	2,991			157,068	2,991	수량산출서1
레일설치비	특별인부	0.114	인			197,450	22,565			197,450	22,565	수량산출서2
	보통인부	0.057	인			157,068	8,975			157,068	8,975	수량산출서2
백호(브레이커 포함)	0.6m³	0.038	hr	25,904	984	50,686	1,926	33,720	1,281	110,310	4,191	[illegible]
덤프트럭	2.5ton	0.095	hr	7,206	684	43,526	4,135	6,033	573	56,765	5,392	[illegible]
공구손료	인력품의 5%	1	식	2,102	2,102					2,102	2,102	
소계(설치비)					3,770		48,113		1,854		53,737	
계					376,870		48,113		1,854		426,837	
	* "m"당 단가 :	426,837	/ 4m =		106,710							

5-2 가드레일 구조해석

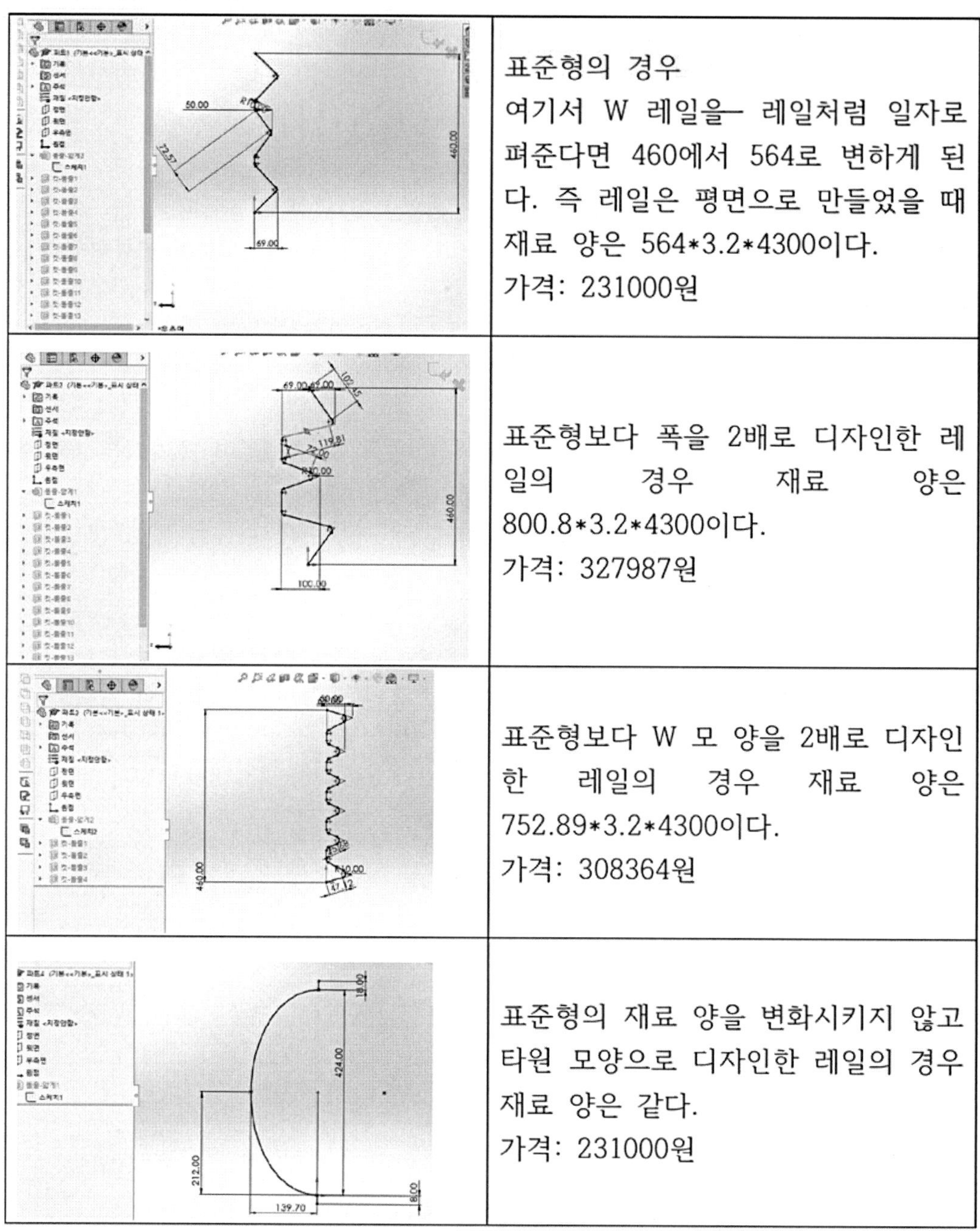

	표준형의 경우 여기서 W 레일을 레일처럼 일자로 펴준다면 460에서 564로 변하게 된다. 즉 레일은 평면으로 만들었을 때 재료 양은 564*3.2*4300이다. 가격: 231000원
	표준형보다 폭을 2배로 디자인한 레일의 경우 재료 양은 800.8*3.2*4300이다. 가격: 327987원
	표준형보다 W 모 양을 2배로 디자인한 레일의 경우 재료 양은 752.89*3.2*4300이다. 가격: 308364원
	표준형의 재료 양을 변화시키지 않고 타원 모양으로 디자인한 레일의 경우 재료 양은 같다. 가격: 231000원

표준형과 3가지의 가드레일을 비교하여 가격대비 어떤 가드레일이 안전한지 알아볼 것이다.

Element size 49.0mm로 통일

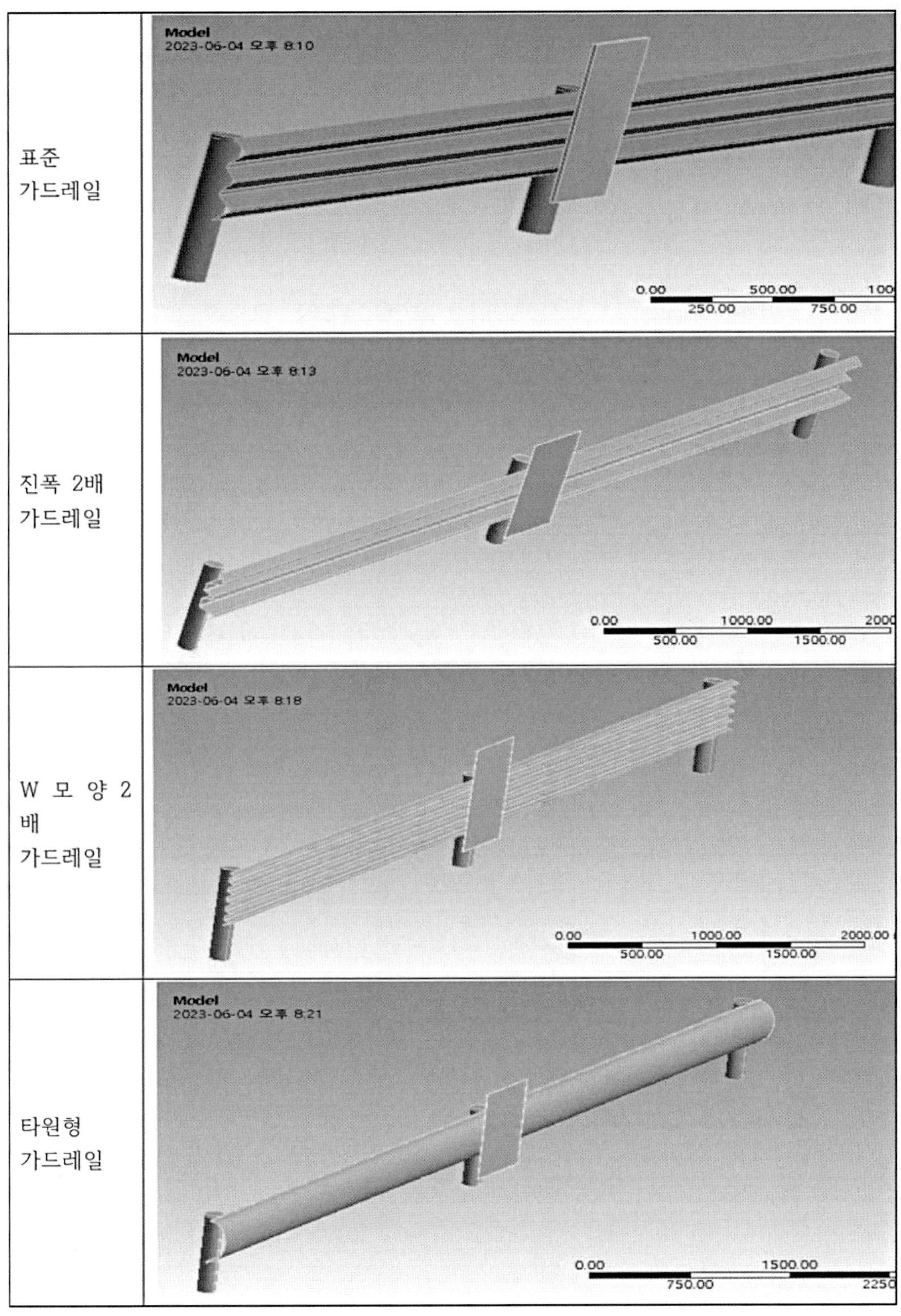

결과

	표준가드레일		진폭 2배 가드레일		W 모 양 2배 가드레일		타원 가드레일	
	Equivalent Stress max	Safety Factor	Equivalent Stress	Safety Factor	Equivalent Stress	Safety Factor	Equivalent Stress	Safety Factor
기아 카니발 F/L (3세대)	455.25 MPa	0.5491	1227.66 MPa	0.203091	532.68 MPa	0.468141	641.86 MPa	0.388512
제네시스 gv80	442.69 MPa	0.5647	1193.71 MPa	0.208905	517.95 MPa	0.4814733	622.37 MPa	0.3995586
기아봉고3 (4세대)	354.56 MPa	0.7050	956.14 MPa	0.260892	466.18 MPa	0.5349336	499.9 MPa	0.4988412
현대 소나타 6세대	349MPa	0.7163	845.81 MPa	0.2943309	372.47 MPa	0.668325	448.83 MPa	0.5546442
현대 아반떼 6세대	316.84 MPa	0.7890	779.45 MPa	0.319371	360.03 MPa	0.69141	407.48 MPa	0.610926
기아 k3세단 (1세대)	273.51 MPa	0.9140	735.42 MPa	0.3700896	319.08 MPa	0.853005	405.19 MPa	0.671745
쉐보레 스파크 (2세대)	208.97 MPa	1.1964	564.86 MPa	0.4843689	245.07 MPa	1.116402	297.24 MPa	0.926478
gs 125(오토바이)	30.444 MPa	8.2118	82.232 MPa	3.5257979	31.49MPa	8.2118	42.987 MPa	6.743963

분석을 하기 전까지 우리조는 W모양을 2배로 한 가드레일이 가장 안전성이 높다고 평가를 했다. 하지만 실제 분석을 해보니 안전순위는

1. 표준형 가드레일
2. W모양을 2배로 한 가드레일
3. 세 번째로 타원형 가드레일
4. 폭을 2배 가드레일

가격의 경우 표준가드레일과 타원형 가드레일이 가정 저렴한 것을 확인할 수 있었고 다음으로 W 모 양이 2배인 가드레일 마지막으로 폭이 2배인 가드레일이다.
따라서 시속 60km 구간에서 가장 효율적인 가드레일은 표준형이며 가장 비효율적인 가드레일은 폭이 2배인 가드레일이다.

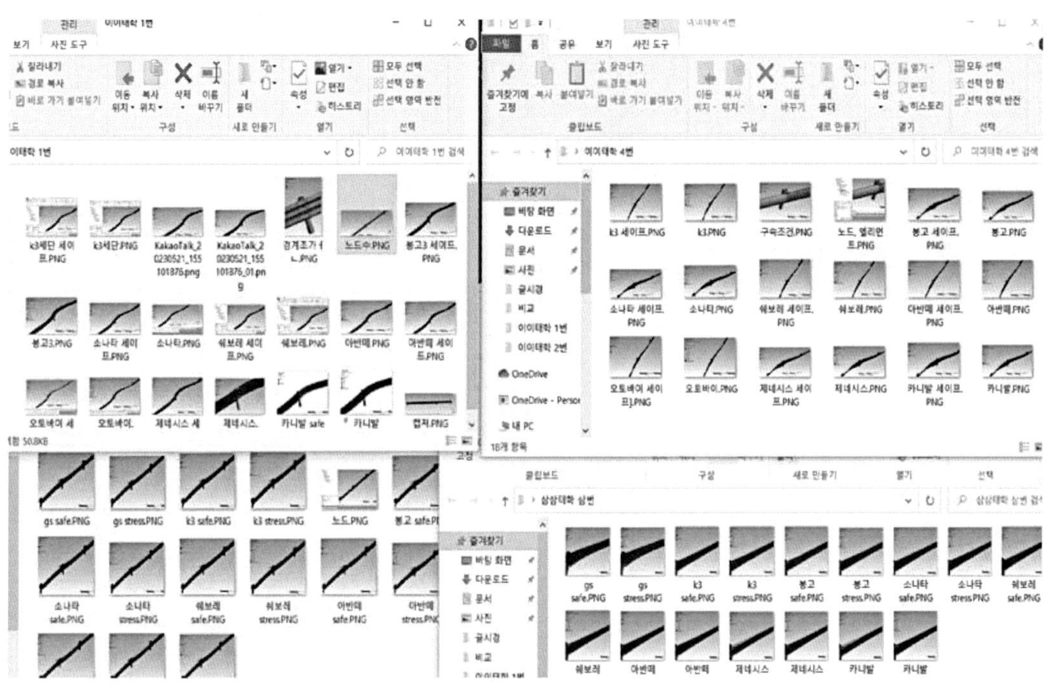

5-3. 사고분석 원인 분석

가드레일에서 사고들이 나는 이유가 무엇일까?
뉴스 혹은 신문에서 보도되는 가드레일 사고는 직접 해석을 해본 결과 제한속도 구간에서의 가드레일 규격문제라고 보기 어렵다는 결과가 나왔다.
규격은 명확하게 나와 있고 준수를 한다면 안전하다.
그런데도 사고가 일어나는 원인을 분석해 보았다.

1. 설치하는 분들이 재료비 절감을 위해 정해진 규격을 따르지 않은 것
2. 가드레일이 시간에 따른 부식으로 성능이 점점 떨어지는 것
3. 운전자가 제한된 속도를 지키지 않고 달리는 경우
4. 10ton 트럭과 같이 매우 무거운 차량의 경우

	레일 (SS275)	지주 (SGT275)
탄성계수	191.71GPa	200GPa
푸아송비	0.3	0.3
항복강도	310.99MPa	275MPa
인장강도	480.36MPa	410MPa

가드레일을 설치하는 사람은
위와 같이 최소한의 재료를 선정하여 진행해야 한다.

5-4 프로젝트 결론

이번 프로젝트를 진행하면서 우리가 흔히 보는 60km 구간 가드레일을 분석해 보았다. 모든 차량을 기준으로 안전도 1이 넘도록 하기 위해 가드레일의 모양을 바꾸어 보고 바꾼 디자인의 견적을 뽑아 가격 비교 또한 진행해 보았다. 결론적으로 표준형이 가장 안전함을 알게 되었다.

속도제한을 기준으로 8차량에 따른 구조해석을 진행하였을 때 가장 충격량이 강한 카니발은 가드레일이 파손되지만 봉고 트럭이 하의 무게를 가진 차량의 경우는 가드레일로부터 안전하다는 것을 확인했다.

우리가 직접 체험해 보거나 눈으로 볼 수 없던 상황이었지만 엔시스를 통해 직접 해석을 해보면서 다른 분야에도 많이 응용할 수 있는 능력임을 깨달았다.

6. 참조 및 출처

(1) 트럭, 차량 충돌실험영상
https://www.youtube.com/watch?v=0-768bQpTQ8

(2) 차량낙하사진
https://www.chosun.com/site/data/html_dir/2020/04/25/2020042500381.html

(3) 가드레일규격
https://www.codil.or.kr/viewDtlCostSave.do?gubun=costsave&pMetaCode=EDGCODA00512

(4) 가드레일 이미지
http://www.swdoro.com/product/product_list.htm?product_category=01020000

(5) 가드레일 정보
https://www.jdind.co.kr/?page_id=16045

(6) 한국도로공사 가드레일 충돌실험영상
https://www.youtube.com/watch?v=VRhpEBYdKoo

(7) 연합뉴스 가드레일 부실로 인한 사고
https://www.youtube.com/watch?v=EMxR5NM8IeA

(8) 가드레일 논문
http://www.koreascience.or.kr/article/JAKO201621650492674.pdf

https://koreascience.kr/article/JAKO201307364423157.pdf

https://koreascience.kr/article/JAKO201106654860944.pdf

4 건축물 설계 시 하중과 재질에 따른 기둥 처짐 분석

작성자 : 강동훈, 황성민

1. 프로젝트 선정

1. 프로젝트 선정배경 및 필요성

<삼풍백화점 붕괴사고>

위 사진은 1995년에 있었던 삼풍백화점이 붕괴한 사고의 사진이다. 삼풍백화점은 부실공사 등의 원인으로 일어난 사고이다. 초기 삼풍백화점 위치에는 대단지 상가가 설계되었으나 정밀한 구조진단, 구조해석 없이 백화점을 설계하였다. 이 과정에서 설계도면에 따른 건축을 하지 않고 기둥 굵기와 개수를 줄이고, 천장과 기둥을 연결하고 하중을 전달하는 중요 부위인 지판의 두께도 줄여서 건축을 진행하였다. 또한, 5층에 건축 예정이었던 롤러장을 식당으로 변경하였다. 5층의 용도가 롤러장에서 식당으로 달라지면서 건물에 가해지는 하중이 달라지나, 설계 시에는 그 점을 고려하지 않고 안전성 설계를 진행하였다. 그 이후에도 잦은 확장공사를 진행하였다.
건물이 완공된 이후에는 소음에 의한 민원이 있어서 옥상에 있는 냉각탑의 위치를 옮기는 공사가 진행되었다. 일반적인 방법으로는 크레인으로 냉각탑을 옮겨야 하나 삼풍백화점은 137t이나 되는 냉각탑을 롤러에 실어서 옮기는 방법을 선택하였다. 이 과

정에서 건물 기둥과 지판 등에 엄청난 하중이 가해져 균열이 시작되었다. 안전 하중을 넘어간 하중이 가해짐에 따라서 건물에는 붕괴 전조증상이 나타나기 시작했다. 그 전조증상으로는 옥상 바닥에서 일어난 펀칭 현상이다. 펀칭 현상은 바닥과 기둥이 분리되며 바닥이 가라앉고 기둥이 바닥을 뚫고 올라갈 때 생기는 현상이다.

<붕괴 전조증상>

이후에도 건물이 기우는 등의 여러 전조증상이 있었으나 긴급 보수를 하지 않고 방치한 결과 옥상 붕괴를 기점으로 건물이 무너져 내렸고, 수많은 인명 피해를 이야기시켰다. 즉, 삼풍백화점은 기둥과 지판 설계 시에 안전성을 고려하지 않았고, 정밀한 구조해석 없이 건축을 진행하였으며 설계 허용 하중 이상의 하중을 가하여 건물 내부에 균열이 생겨서 무너진 것이다.

<광주아파트 붕괴>

위 사진은 2022년 1월 광주 동구 화정 아이파크 아파트 콘크리트 타설 작업 중에 건물이 붕괴한 사고이다. 위 사고원인은 설계 시 예상한 하중보다 많은 하중이 가해졌고, 콘크리트 작업을 하며 지지대를 미설치한 것으로 밝혀졌다. 특히 붕괴에 중요하게 작용한 부분은 콘크리트 강도가 기준강도의 60~85%에 미달한 부분이다.
이를 통해 건물 설계에서 구조해석의 중요성을 알고, 보다 안전성 높은 건물의 설계 시에 어떠한 부분에서 변화를 주어야 할지 분석하며 건물의 안전성에 가장 직접 작용하는 요인이 무엇인지 측정하고자 본 주제를 선정하였다.

2. 프로젝트 해석 계획

삼풍 백화점을 예시로 하여 접근을 해보았을 때, 건물이 붕괴하였을 시 가장 큰 영향을 준 요인이 기둥의 굵기와 개수, 철근의 개수, 재료의 종류 그리고 가해진 하중에 따른 응력의 영향이라고 생각을 하였다.

<기둥 설계> <지판 설계>

당시 삼풍백화점 층별 구성[17]				
층	A동(백화점)(붕괴 된 동)		B동(근린시설)(붕괴가 되지 않은 동)	층
5F	전문식당가	아트홀	삼풍스포츠맥스(수영장, 헬스클럽, 실내골프장)	5F
4F	문화, 가정용품, 혼수용품		삼풍스포츠맥스(사우나, 이발소, 미용실)	4F
3F	남성의류, 캐주얼, 스포츠	중앙광장	문화센터, 갤러리, 업무시설[18], 내과, 치과, 미술관	3F
2F	여성의류		업무시설(증권사)[19], 상가	2F
1F	잡화, 해외수입브랜드, 화장품		업무시설(은행)[20], 약국, 상가, 고객휴게실, 사진관, 커피 전문점(아로마), 한일투자신탁	1F
B1	식품관, 주방용품[A], 가전제품[A], 유아용품[A], 수퍼마켓(A동), 서점(A동)[B]			B1
B2	지하주차장 입구(B동), 창고, 임대매장			B2
B3	지하주차장, 직원식당, 미화원 대기실			B3
B4	기계실			B4

삼풍백화점은 A, B동과 아트홀로 나누어져 있는데, 이 중에서 전문식당가가 있는 A동을 해석할 계획이다. 또한, 건축구조물에서는 활하중이 작용하는데 백화점의 경우에는 백화점(1층) 기준으로 5.0kN/m^2의 등 분포 활하중이 들어가고 백화점(2층 이상) 4.0kN/m^2이 들어간다. 본 프로젝트에는 삼풍백화점의 4층을 기준으로 해석을 하기 위해서 4.0kN/m^2의 등분포 활하중을 사용할 계획이다.

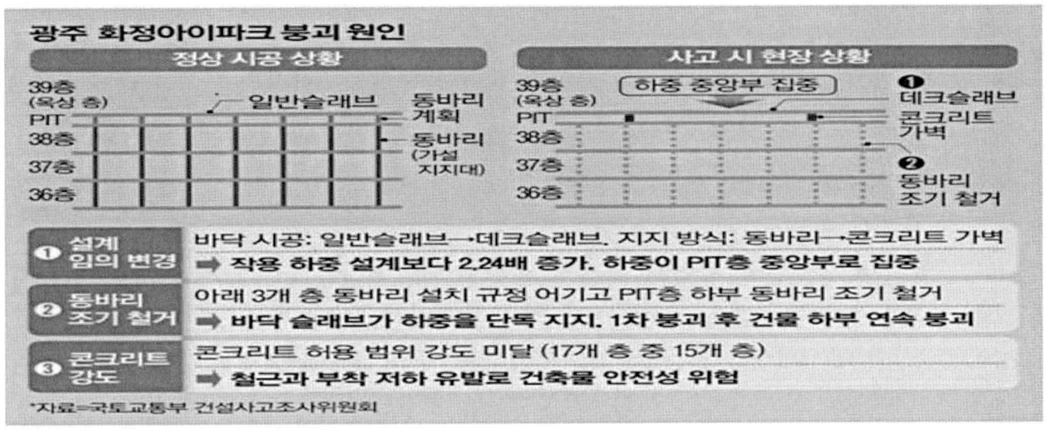

또한, 광주아파트 붕괴사건을 예시로 하여 접근을 하였을 때, 안전 하중과 재료 선정의 영향이 가장 중요한 요인이었다고 생각한다.
따라서 본 프로젝트는 건물의 기본 규격과 하중을 원래 기본 규격을 비례로 규격과 하중을 결정하고 콘크리트 재질의 강도를 임의로 설정하여 기둥의 굵기에 따른 응력 및 안전성 계산을 통해 설계에 주어진 하중을 안전하게 버틸 수 있는 건물을 최종적으로 SolidWarks를 통하여 모델링하고 Workbench를 통하여 설계한 건물이 과연 안전한가에 대하여 응력과 파손을 측정할 계획이다.

2. 모델링

1. 재질 선정 및 치수 설정

삼풍백화점의 경우 5층의 실외기가 붕괴의 주요 원인이라고 판단하여 하중을 버티지 못하고 균열이 발생한 4층을 모델링 한다. 삼풍백화점은 4층의 20개 기둥은 지름이 800mm로 그 안에 고장력 철근 16개를 설치하게 되어있었으나, 이 기둥이 설계 과정을 거치면서 지름은 600mm로 가늘어지고 철근 숫자도 8개로 줄였다. 또한, 삼풍백화점은 넓은 매장공간을 확보하기 위해 상가건물의 벽을 없앴다. 삼풍백화점 건물의 기둥 배치는 양방향 10.8×10.8m로 비교적 큰 간격이며 바닥 슬래브의 두께는 30㎝이고 기둥이 지지가 되는 곳에는 두께 15㎝, 크기 4×4m의 지판이 설치되었다. 이를 통해 초기에 설계되었던 규격은 안전이 확보되었음을 가정하고 기둥의 치수를 초기에 설계하기로 예정되었던 지름 800mm로 설정, 기둥 안에 고장력 철근 16개를 설치한다. 고장력 철근은 SD 400으로 항복강도가 400MPa인 규격을 사용한다. 이번 해석은 하중을 기준으로 해서 슬래브로 인한 펀칭 현상, 슬래브의 고정하중 등을 고려하지 않고 자연에 의한 하중을 고려하지 않을 계획이다

종류기호	규정항복강도	허용최대값 (MPa)	규정항복강도+ 허용최대값(MPa)	규정항복강도의 비
SD 300	300	120	420	1.40
SD 400	400		520	1.30
SD 500	500		620	1.24
SD 600	600		720	1.20
SD 600	700		820	1.17

광주아파트 붕괴사건의 경우 콘크리트의 강도에 의한 붕괴가 주요 원인이라고 판단하여 콘크리트의 강도를 따르게 하여 기준하중을 가한다. 건물 규격은 삼풍백화점의 규격을 이용한다. 콘크리트는 기준강도에 따라 고강도 콘크리트, 포장 콘크리트, 경량 콘크리트, 저탄소 콘크리트, 보통 콘크리트 총 5가지로 많은 콘크리트의 종류가 있지만, 삼풍백화점 광주 아이파크 아파트 붕괴 모두 보통 콘크리트 기준 60%만 충족하기 때문에, 보통 콘크리트(24MPa)의 60% 충족하는 콘크리트만 해석할 계획이다.

2. 모델링 과정 및 결과

1. 기둥 내부 철근의 개수를 16개로 설정

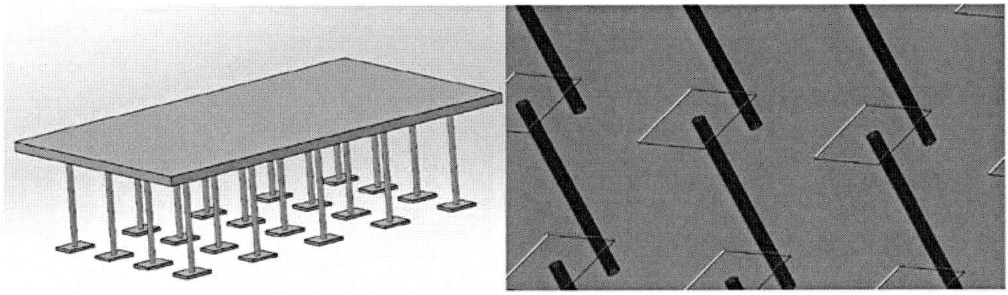

2. 기둥 내부 철근의 개수를 8개로 설정

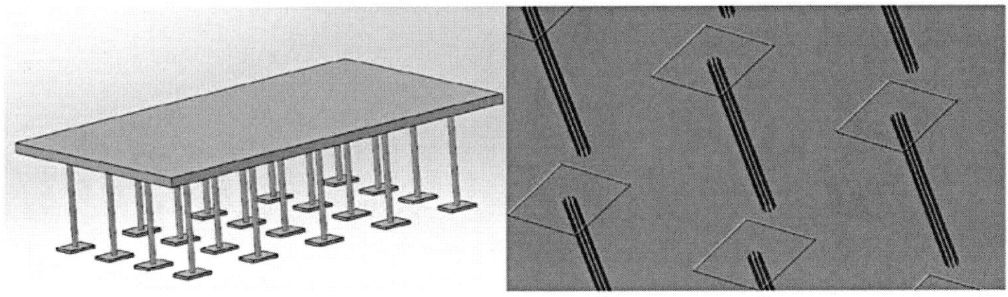

3. 내부 철근의 개수는 16개로 고정, 기둥의 지름을 800mm에서 600mm로 축소

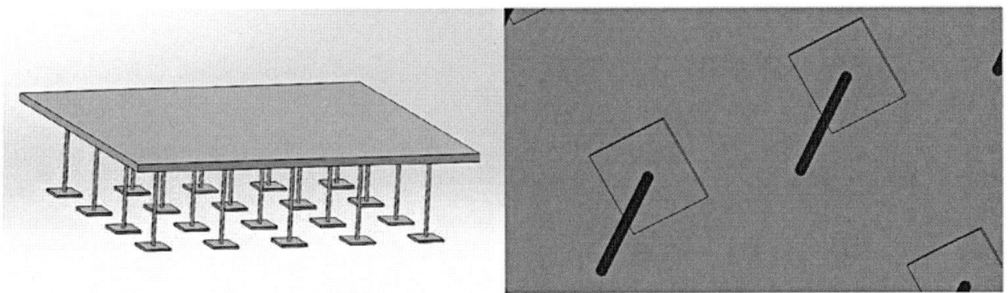

4. 내부 철근의 개수는 16개, 기둥의 지름은 800mm로 고정, 기둥의 개수를 20개에서 15개로 축소

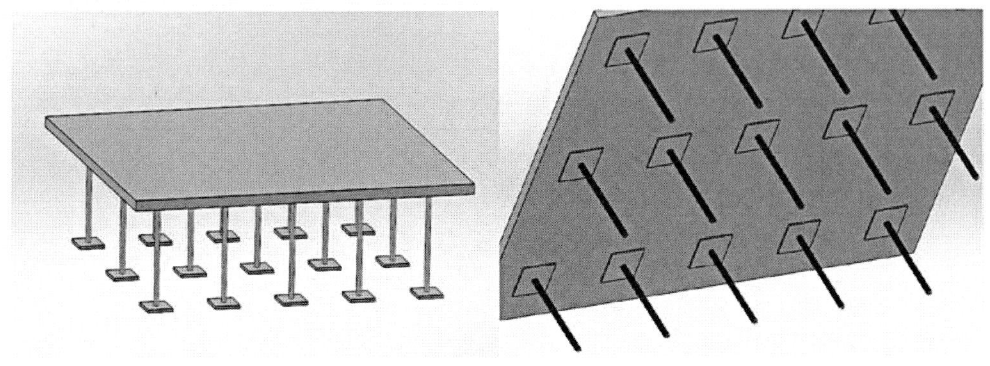

3. 경계조건

1.경계조건 부여

- **초기 면적 : 6710m^2**
- **하중 : 2552톤 (냉각탑 137톤)**

→총면적 47.2 × 36.2m^2

→하중 : 649.84톤(면적 비율 당 하중 계산)=6.4MPa

→등 분포 활 하중 : 4.0kN/m^2

→총 기둥 개수 : 20개

→철근 간격 : 10cm

→기둥 당 간격 : 10.8m

→철근 굵기 : 25mm

→기둥 굵기 : 800mm

→콘크리트 24MPa의 60% 충족(20.4MPa)

$$\begin{aligned} Ec &= 8500\sqrt[3]{f_{cu}} \\ &= 8500\sqrt[3]{f_{ck}+\Delta f}\ (f_{ck}=24Mpa \le 40Mpa\text{이므로 } \Delta f = 4) \\ &= 8500\sqrt[3]{24+4} \\ &= 25,811.006Mpa \end{aligned}$$

1) 콘크리트 탄성계수 : 25811MPa

2) 콘크리트 푸아송비 : 0.167

→L자형 철근 대신에 l 자형 철근을 사용하였다.

4. 해석 및 결론

1. 조건별 해석결과

1) 기존 규격 등 분포 활 하중(기본 규격) 4.0kN/m^2, 철근 16개, 기둥 20개,
철근 간격 : 10cm, 철근 굵기 : 25mm
최대 처짐 : 5.2595mm 최대 응력 : 1160.6MPa

2) 기존 규격 등 분포 활 하중(기본 규격) 5.0kN/m^2, 철근 16개, 기둥 20개,

철근 간격 : 10cm, 철근 굵기 : 25mm

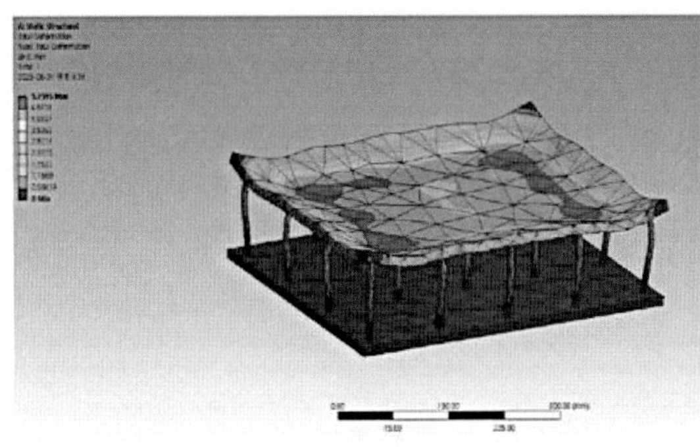

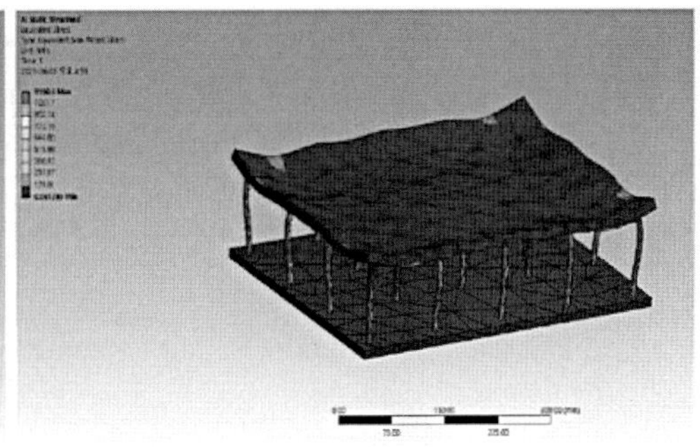

최대 처짐 : 6.5743mm 최대 응력 : 1450.8MPa

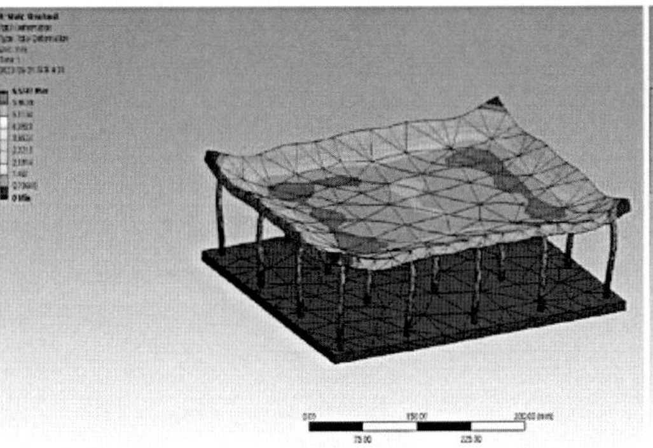

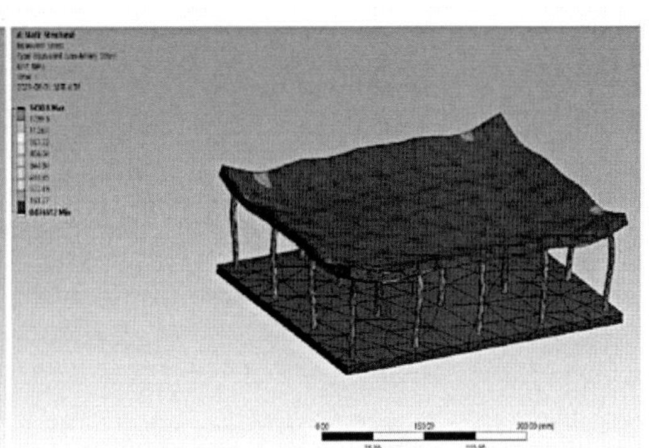

2-1) 기존 규격 등분포 활하중(기본 규격) 5.0kN/m^2, 철근 16개, 기둥 20개, 철근 간격 : 10cm, 철근 굵기 : 25mm, 콘크리트 24MPa의 60% 충족(14.4MPa)

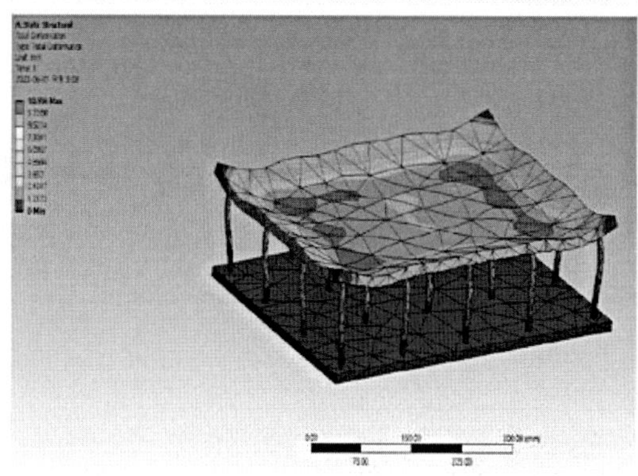

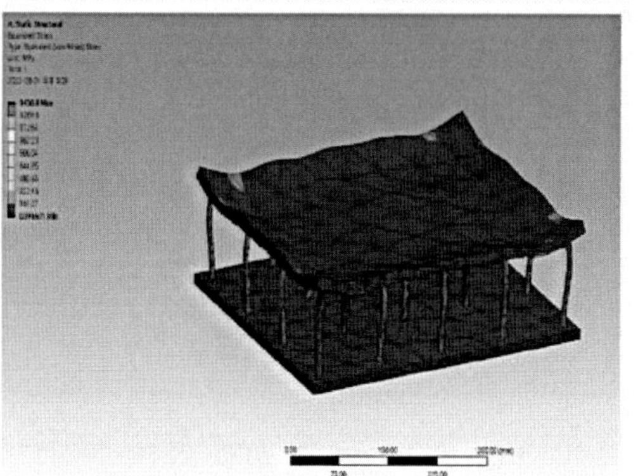

최대 처짐 : 10.956mm 최대 응력 : 1450.8MPa

3) 철근 16개, 기둥 20개, 철근 간격 : 10cm, 굵기 : 25mm, 하중 : 6.4MPa

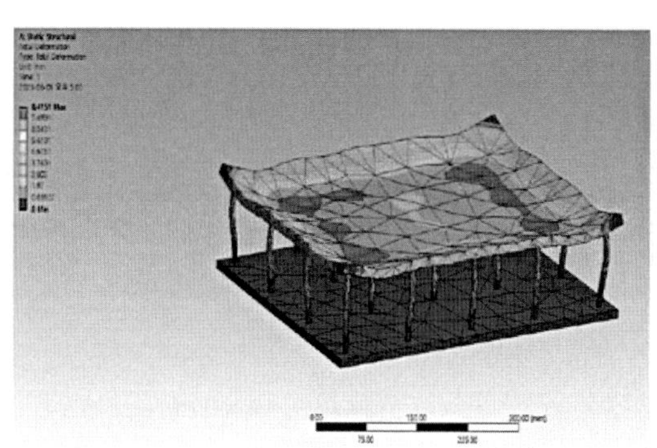

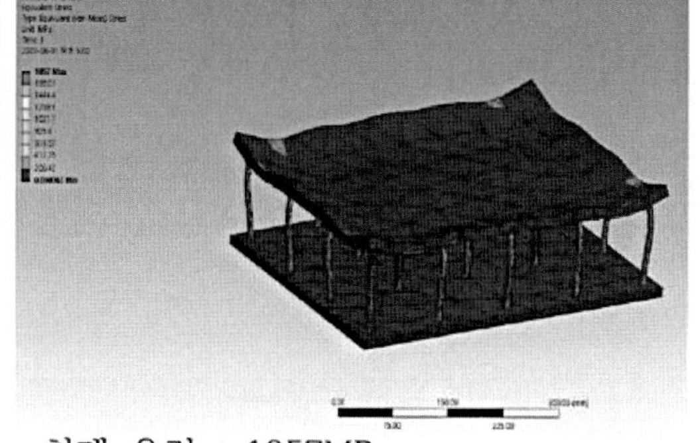

최대 처짐 : 8.4151mm 최대 응력 : 1857MPa

3-1) 철근 16개, 기둥 20개, 철근 간격 : 10cm, 굵기 : 25mm, 하중 : 6.4MPa 콘크리트 24MPa의 60% 충족(14.4MPa)

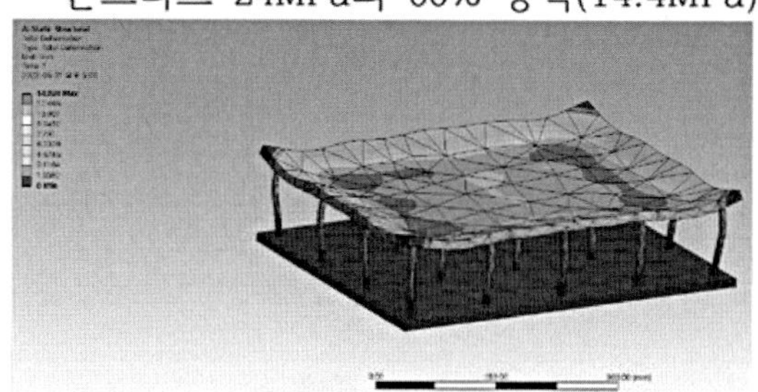

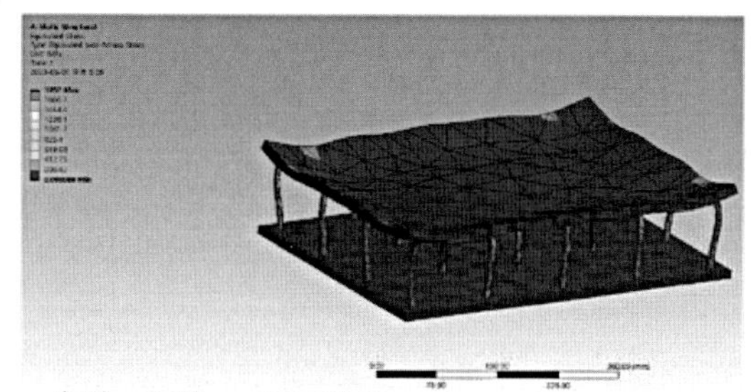

최대 처짐 : 14.024mm 최대 응력 : 1857MPa

4) 철근 8개, 기둥 20개, 철근 간격 : 20cm, 굵기 : 15mm

최대 처짐 : 8.4455mm 최대 응력 : 1825.7MPa

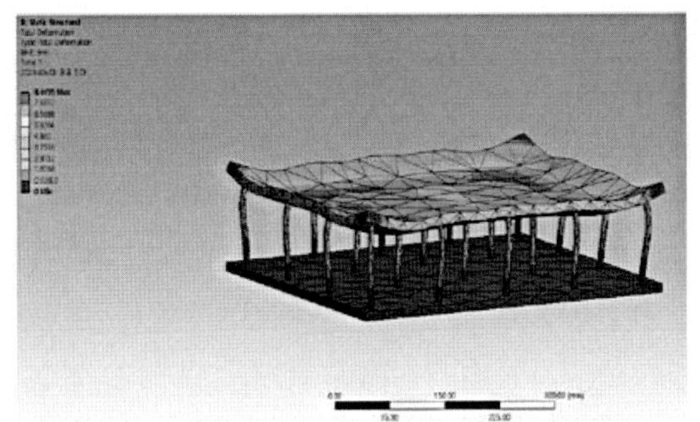

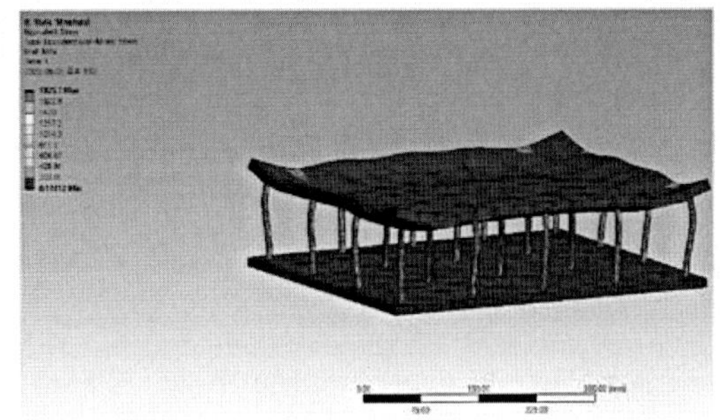

5) 철근 8개, 기둥 20개, 철근 간격 : 20cm, 굵기 : 15mm, 기둥 굵기(800-600 감소)

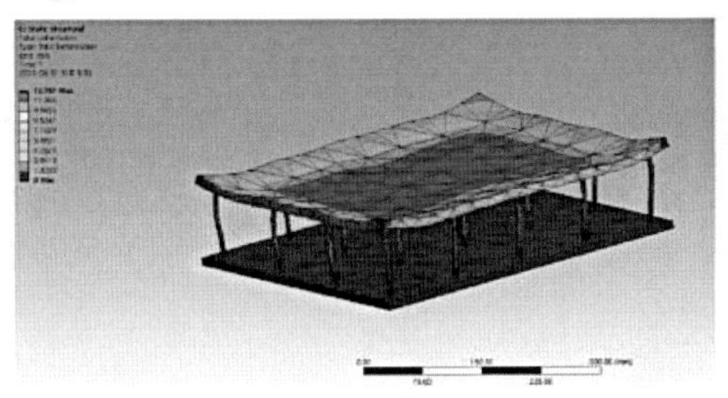

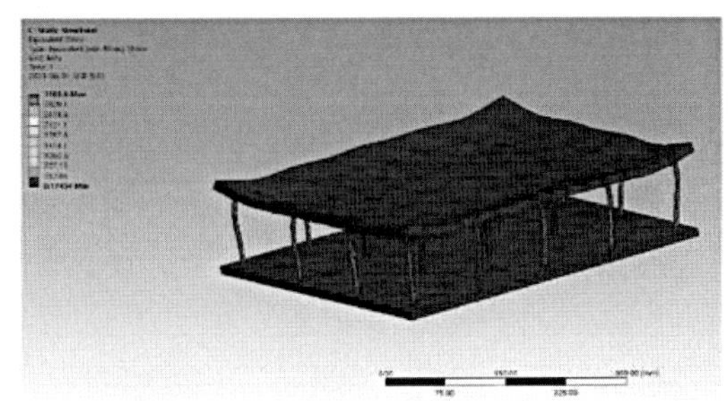

최대 처짐 : 12.787mm　　　　　　　　최대 응력 : 3181.6MPa

6) 철근 8개, 철근 간격 : 20cm, 굵기 : 15mm, 기둥 굵기(800-600 감소), 기둥 개수 : 20-15 감소

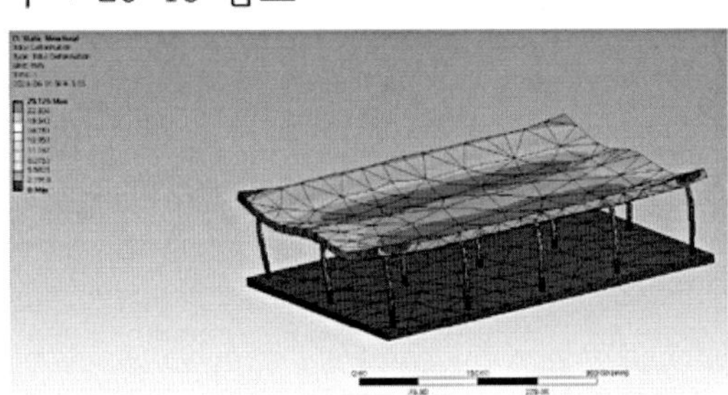

최대 처짐 : 25.125mm　　　　　　　　최대 응력 : 5394.7MPa

7) 철근 8개, 철근 간격 : 20cm, 굵기 : 15mm, 기둥 굵기(800-600 감소), 기둥 개수 : 20-15 감소, 콘크리트 24MPa의 60% 충족(14.4MPa)

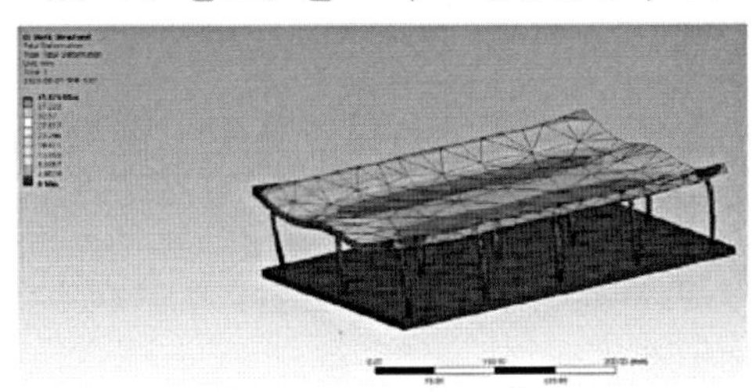

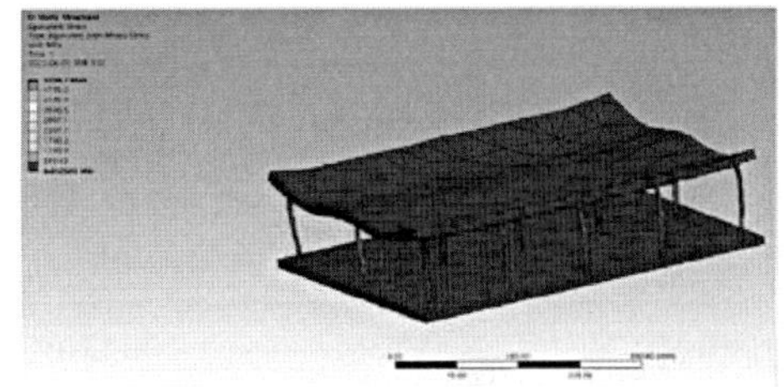

최대 처짐 : 41.876mm　　　　　　　　최대 응력 : 5394.7MPa

2. 해석프로젝트 결론 및 고찰

삼풍백화점의 설계 도면과 근사하게 모델링 및 구조해석을 해본 결과, 예상한 바와 같이 기둥이 건물의 하중을 버티지 못한 것으로 추측된다. 하지만 예상한 것에 비해 그 처짐의 결과값이 극단적으로 나타난 것으로 보인다. 결과값이 이질적인 이유는 건축물을 모델링 할 때, 기둥만 설계하는 것이 아니라 지판을 지지하는 지지 벽들 또한 설계해야 했기 때문이다. 하지만 본 프로젝트에서는 기둥의 개수와 굵기, 철근의 개수와 굵기 그리고 재질에 따른 하중 분석에 목적을 두었기 때문에, 지지 벽의 개수는 정확하게 기재된 바가 없어, 지지 벽의 유무는 크게 고려하지 않았다.

또한, 윗 바닥 면 설계 시, 바닥을 고정하는 철근을 고려하지 않아 하중이 온전히 기둥에 전달되지 않아 기둥에 가해지는 처짐에 대한 오차 값이 존재한다. 하지만 기사에서 찾아보면 5층은 원래 설계프로젝트에 없었는데 불법적으로 지어서 5층 바닥에서는 철근을 발견하지 못했다고 하는 전문가의 소견이 있었다.

그런데도 프로젝트의 결과를 통해 조건마다 처짐이 달라지는 것을 확인할 수 있다. 그중에서도 기둥의 개수감소, 콘크리트 항복강도의 변화가 처짐에 가장 크게 작용한 요인으로 볼 수 있다. 따라서 더욱 안전성 높은 건축물을 설계할 목적을 가진다면 적절한 기둥의 개수와 재질 선정이 중요하다는 결론을 도출할 수 있다.

모델링 하면서 어려웠던 점은 모델을 만들 때 철근을 기둥 안에 넣고 엔시스에 돌릴 때, 기둥 안의 철근 해석이 상당히 오래 걸리거나 해석되지 않았다. 그래서 밑의 판에 철근을 같이 모델링하고 거기에다가 기둥을 세웠다. 그 점이 가장 어려웠던 점인 것 같다.

5 Platform truck 구조해석

작성자 : 김태민, 남제현

1. 프로젝트 선정

1-1 프로젝트 선정 배경 및 필요성

택배 기사님들에게 무거운 짐을 편하게 이동하게 해주는 수단이자 건설 현장 등 산업현장에서도 짐을 옮길 수 있는 수레를 Platform truck(이하 '구루마')이라고 한다. 일상 속에서 보통 '구루마' 또는 'L 카트'라 불리기도 한다.

<Platform truck>

구루마는 무거운 짐을 싣는 용도이다. 따라서 무거운 짐을 싣고 손잡이를 잡고 끌고 다닐 때 하중에 따른 파손이 존재할 것이다.

구루마의 판매사이트 대부분에선 최대하중을 표기하지 않고 있다.

<최대하중 이상의 하중으로 인한 손수레 파손의 예>

위 사진과 같이 최대하중 이상의 무게의 짐을 싣고 이동하다 손수레의 손잡이와 데크의 연결부 위(이하 '브래킷')가 파손되어 싣고 있는 물체의 손상 및 브래킷 파손으로 인한 달구지 놓친 사고로 주변 사람들의 2차 피해로 이어지는 경우가 많다. 따라서 달구지 사용자의 안전과 주변 사람들의 안전을 위해 손수레 브래킷의 설계에 대해 개선할 점이 있는지에 대해 파악하고자 위 주제를 선정했다.

1-2 프로젝트 해석계획

손수레 종류는 보통 재질에 따라 분류되며, 크게 스테인리스, 플라스틱 등의 여러 재질의 형태로 분류된다.

<스테인리스 손수레>

<플라스틱 손수레>

위와 같이 여러 가지의 형태의 손수레가 존재하지만, 이번 프로젝트의 목적에 맞게 일상생활 속 자주 볼 수 있는 손수레의 형태인 플라스틱 손수레를 선택했다. 플라스틱 손수레를 SolidWorks를 통해 Modeling하고 Ansys를 통해 물건의 하중과 사람의 끄는 힘에 의한 응력 및 변형, 파손을 해석할 계획이다.

2. 모델링

2-1 재질 선정 및 물성값

손수레의 부품 구조는 크게 바퀴, 데크, 브래킷, 손잡이, 핀으로 구성된다. 바퀴는 PVC(폴리비닐 수지) 재질, 데크는 PP(폴리프로필렌) 재질, 손잡이는 스테인리스 재질, 브래킷은 알루미늄 재질, 핀은 스테인리스 재질로 구성되어 있다. 본 프로젝트에서는 데크와 바퀴에 대한 안전성은 확보되어있음을 가정하고 브래킷에 대한 안전성을 해석하고자 한다.

부품별 재질은 손수레 판매회사의 사이트에 기재되어있는 상품의 상세정보에서 확인할 수 있었다. 하지만 회사별 사용하는 재질의 정확한 물성값은 각각 다르고 그에 따른 정확한 물성값을 파악하기 힘들어 Ansys에 포함된 General Materials의 물성값을 적용하기로 했다.

분류	Aluminum Alloy	Stainless Steel
항복강도(σ_Y)	280MPa	207 MPa
인장강도(σ_u)	280MPa	207MPa
탄성계수(E)	71GPa	193GPa
푸아송비(ν)	0.33	0.31

2-2 모델링 과정 및 결과

손수레의 부품별 치수는 일반인들이 필요한 물품을 구매할 때 가장 자주 사용하는 온라인 쇼핑몰 '쿠팡'의 손수레 판매량 1위 제품의 치수를 택하였다.

밑판 넓이	손잡이 길이	데크와 손잡이 각	브래킷 핀 지름
550 X 850	635	90°	5

*미표기 단위(mm)

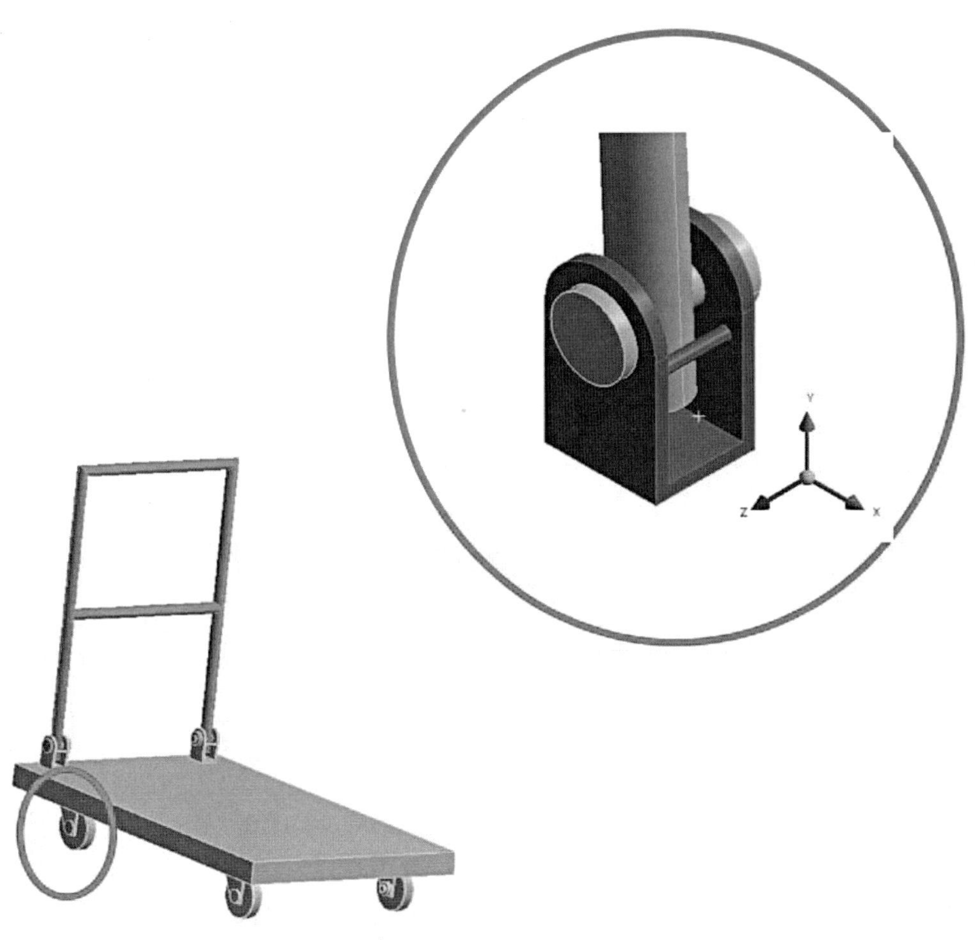

3. 경계조건

3-1 구속 경계조건

Contact 경계조건

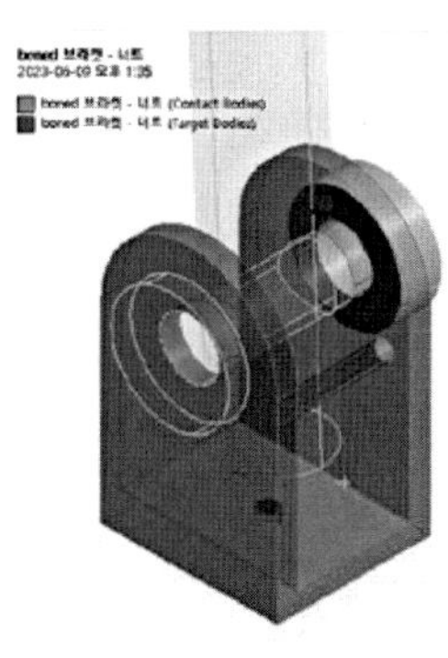
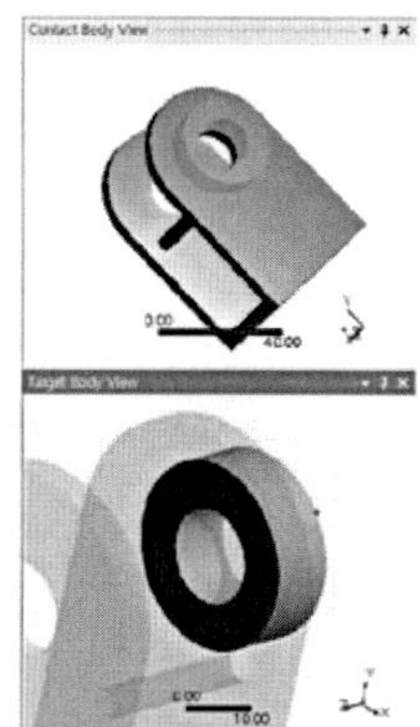

<암나사 - 브래킷 : Bonded>

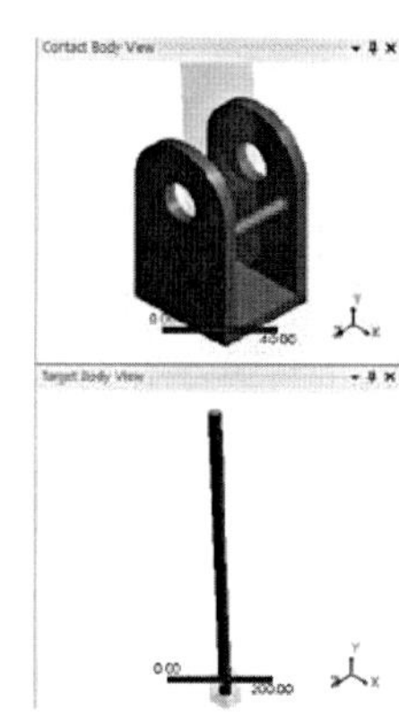

<브래킷 - 손잡이 : Frictionless>

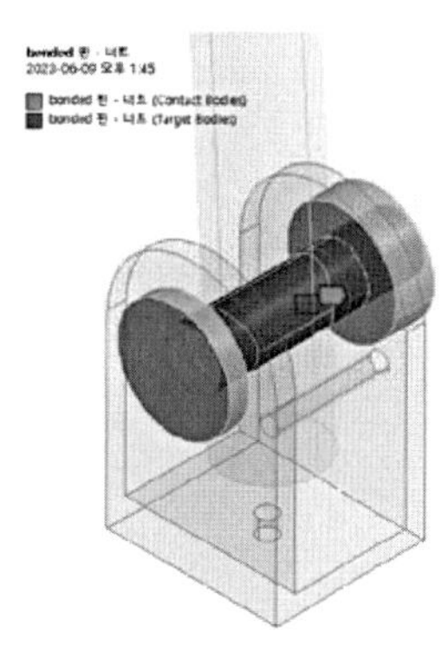
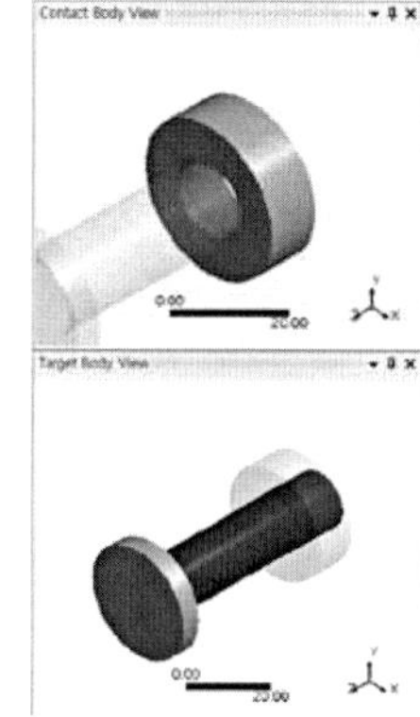

<핀 - 암나사 : Bonded>

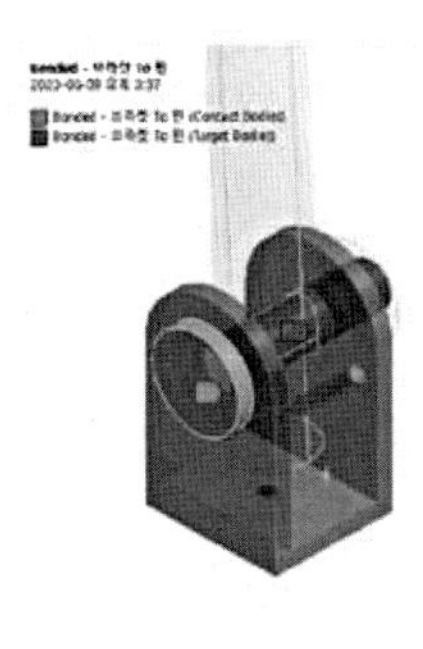

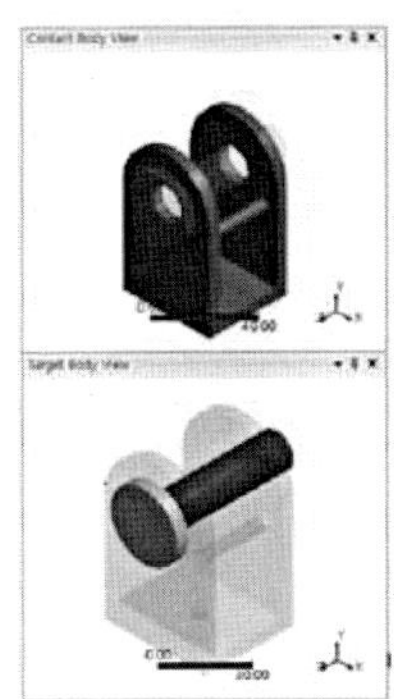

<브래킷 - 핀 : Bonded>

Joint 경계조건

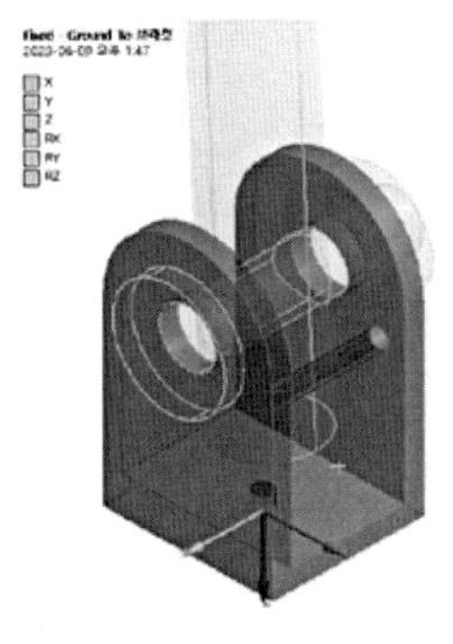

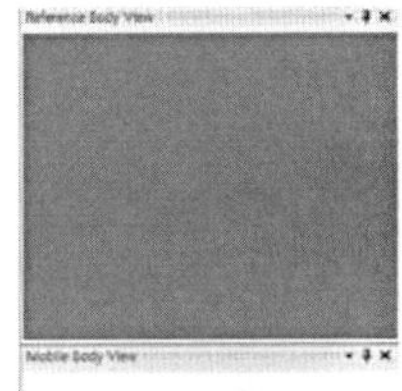

<Ground - 브래킷 : Fixed>

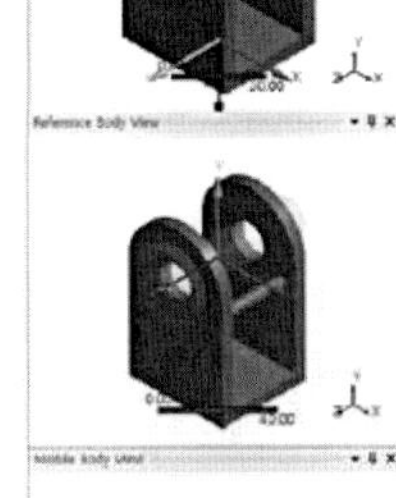

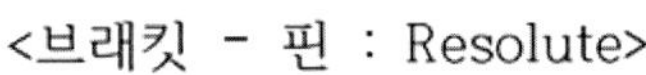

<브래킷 - 핀 : Resolute>

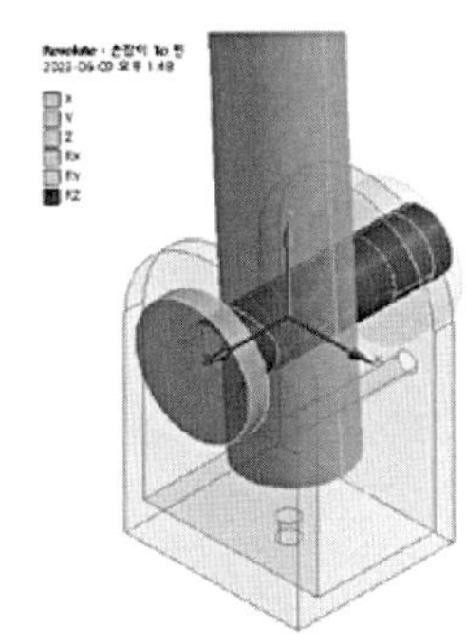

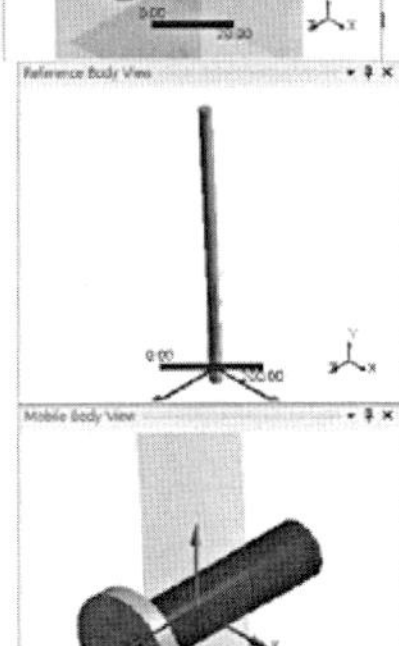

<손잡이 - 핀 : Resolute>

양쪽 손잡이에 가하는 하중은 일반적으로 사람이 당기는 힘인 500N이다. 그러므로 한쪽 손잡이에 가해지는 하중은 250N이다. 하지만 극한의 상황에서의 파손 등의 해석이 필요하기에 순간적으로 당기는 힘을 가하기로 하였다. 따라서 하중의 3배수인 **750N**을 가하기로 하였다.

3-2 최종 Mesh 및 경계조건

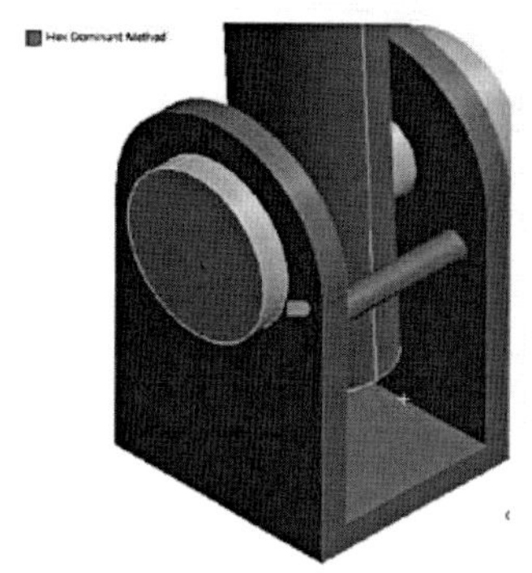

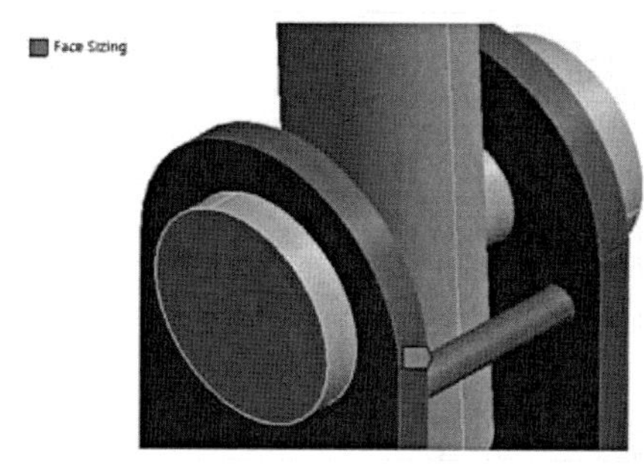

전체 Body의 Mesh : 3mm Face Sizing (해석대상) : 1mm

Mesh 형상은 Hex와 Tetra 중 Node의 수가 많은 것으로 선정하기로 하였다. 따라서 Hex는 34,175개, Tetra는 9,189개로 분할 되었다. 따라서 Hex로 Mesh 형상을 선정하여 해석하기로 하였다.

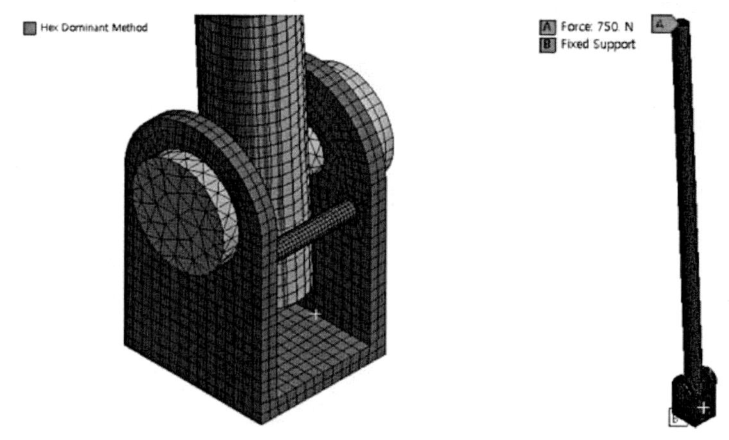

<최종 Mesh 형상>

Contact 경계조건 변경

손잡이-핀의 경계조건을 Bonded, No Separation, Frictionless 이 3가지 Case로 해석을 할 것이다.

4. 해석 및 결론

4-1 모델 해석결과

Case ① Bonded

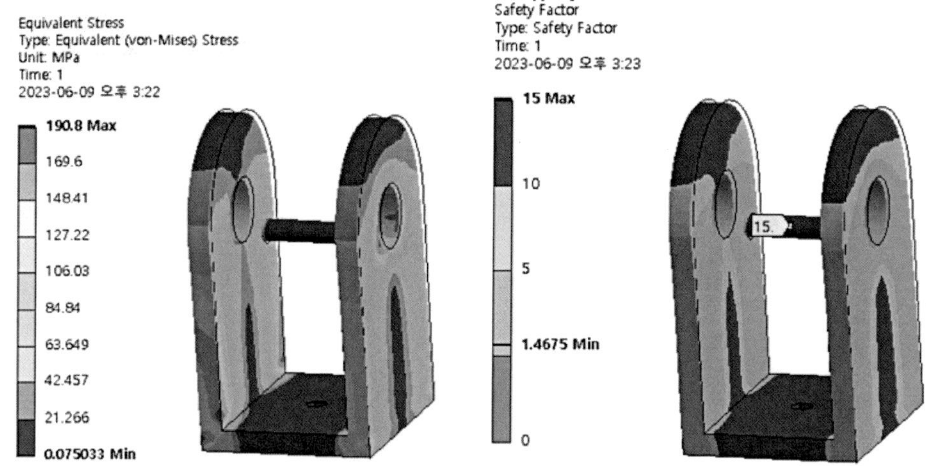

Case ② No Separation

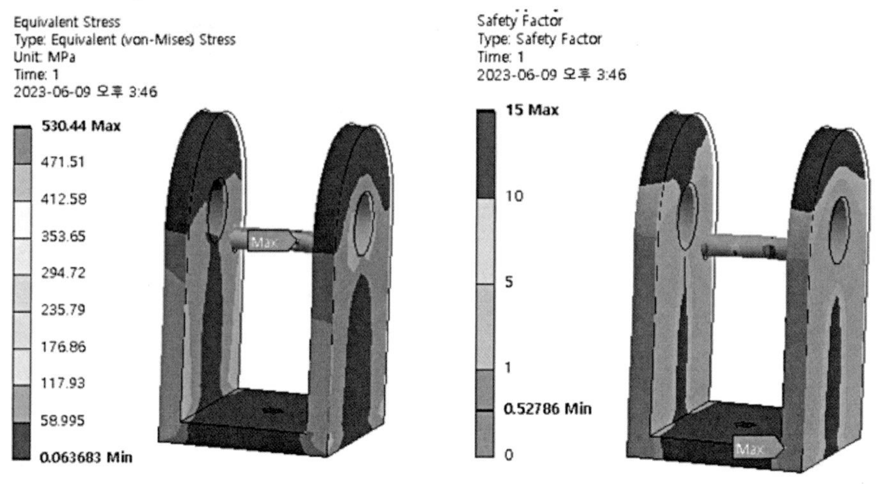

Case ③ Frictionless

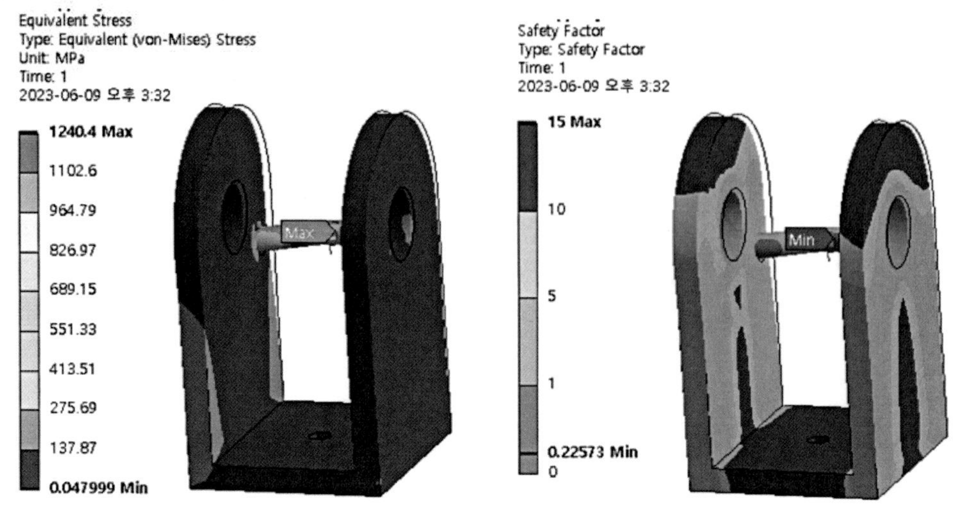

4-2 해석프로젝트 결론

Case 1.

Bonded로 설정 시에 손잡이가 회전하지 않아 손잡이에 의한 핀에 하중이 전달되지 않아 해석하고자 하는 핀의 응력과 안전도에 아무런 영향이 없었다. 따라서 잘못된 해석이다.

Case 2.

손잡이와 핀이 억지 끼워 맞춤이라고 가정하였기에 No Separation으로 설정하였다. 해석한 결과 브래킷 핀 부분의 안전도 약 0.5, 응력(Von-Mises) 약 530MPa이 나왔다.

Case 3.

손잡이와 핀이 여유 끼워 맞춤이라고 가정하였기에 Frictionless로 설정하였다. 해석한 결과 브래킷 핀 부분의 안전도 약 0.2, 응력 (Von-Mises) 약 1.2GPa이 나왔다.

Case 1.의 해석은 잘못된 해석으로 제외하고 Case 2.와 Case 3.의 상황을 비교해야 한다.

Case 2.의 경우 핀과 손잡이 부분이 억지 끼워 맞춤이므로 손잡이의 회전이 원활하지 않으리라고 생각되어 잘못된 경계조건이라고 생각된다. 따라서 여유 끼워 맞춤으로 손잡이와 핀의 원활한 회전이 가능한 Case 3.의 경우가 실제 손잡이의 움직임의 따른 올바른 해석 경계조건이라고 생각한다. 실제적인 치수 형상과 실제 가동 조건들을 고려하여 Contact와 Joint 경계조건을 입력하였으므로 타당한 해석이라고 생각한다.

Case 3.의 해석결과 약 1.2GPa의 높은 응력과 약 0.2의 낮은 안전도로 브래킷의 파손이 예상된다. 따라서 브래킷의 재질(Aluminum) 변경, 혹은 브래킷 핀의 지름을 키우면 해석결과보다 더 높은 안전도를 얻을 수 있다고 생각된다.
위의 해석에서의 브래킷 핀의 지름은 5mm다. 따라서 지름을 8mm로 변경해 해석해보기로 했다.

<브래킷 핀 지름 8mm로 변경한 해석결과>

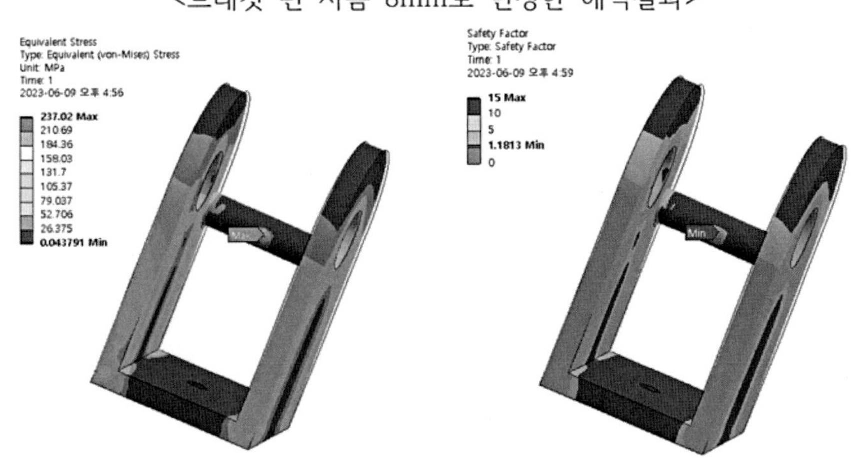

위의 사진에 있는 결과와 같이 모든 조건은 Case 3.와 같고 브래킷 핀 지름만을 증가시켰을 때 안전도는 약 1.2로 증가하였다. 손수레의 안전성을 위해 브래킷 핀의 지름을 증가시켜 보다 안전한 달구지를 설계하였으면 좋겠다.

어떤 이는 '손수레가 파손되면 새로 사면 된다.' 할 만한 별 것 아닌 물건일 수 있지만, 누구에게는 자신의 직업에서 꼭 필요한 물건일 수 있는 것이고, 무거운 짐을 싣는 달구지가 파손되어 내리막길을 내려가는 것을 통제하지 못한 경우가 생긴다면 위험한 2차 사고가 발생할 가능성도 있다. 따라서 용도 자체가 무거운 짐을 옮기는 것이기에 더더욱 파손되지 않게 설계하는 것이 중요하다고 생각한다.

5. 참조 및 출처

(1) Platform truck
https://smartstore.naver.com/jooco365/products/6720047669?NaPm=ct%3Dlhw4tpkw%7Cci%3D3f62f3ad024acef634067e8f52d0062ddfd16873%7Ctr%3Dimg%7Csn%3D436109%7Chk%3D469fa624a18cde63b042aef8383fec69fed83976

(2) 최대하중 이상의 하중으로 인한 손수레 파손의 예
https://blog.naver.com/kudukal2/222087666331

(3) 스테인리스 구루마
https://smartstore.naver.com/rewire19/products/7935969848?NaPm=ct%3Dlhw7eu7c%7Cci%3De54b7571a2b473be2445363992bba6d58234d924%7Ctr%3Dimg%7Csn%3D7552074%7Chk%3De596c30f2f21fe89597b403d98c4caaa1f4cb879

http://m.11st.co.kr/products/m/4570610079

(4) 플라스틱 구루마>
https://www.coupang.com/vp/products/5546647595?itemId=8751600207&vendorItemId=76038554845&src=1042503&spec=70304777&addtag=400&ctag=5546647595&lptag=I8751600207V76038554845A361008710&itime=20230521013528&pageType=PRODUCT&pageValue=5546647595&wPcid=16781218831263167734498&wRef=&wTime=20230521013528&redirect=landing&AdNodeId=361008710&gclid=CjwKCAjw36GjBhAkEiwAKwIWyRcNt0aopNbgUcBqE71fUizUxn5CUBJQTTZ9z1CogiDR30AQwcJ2sRoCwZEQAvD_BwE&mcid=46f183d990de44aa8ef9b2d5f1466c7f&campaignid=20079948933&adgroupid=&isAddedCart=

https://itrshop.co.kr/m/shop/view.php?gs_id=99489

6 여름철 고온에 의한 철로의 안전성 평가

1. 프로젝트 선정

1-1. 선정배경

철도는 국내에서 가장 많이 사용되는 이동수단 중 하나이다. 직접 차량을 이용하여 이동하거나 시외버스의 탑승 등을 통해 이동할 수 있는 예도 있지만, 기차를 이용하여 이동하는 게 경제적이나 시간상으로 유리한 경우가 상당히 많다. 또한, 화물의 이송 등을 위하여 철도가 사용되는 경우도 많다. 하지만 예전부터 최근까지 철도의 탈선사고가 일어나는 경우가 빈번하여 문제가 되고 있다.
이러한 사고의 주요 원인은 과속, 강풍에 의한 전복사고, 또한 고온으로 인한 좌굴 현상 등이 있다.

지난 7월, 영국 전역에 폭염이 기습하면서 선로가 휘는 현상이 발생했었다. / 사진=네트워크 레일

사진에서 볼 수 있듯이 고온으로 인한 철도의 좌굴 현상문제는 심각한 문제로

보인다.
철은 열에 팽창한다는 의론은 한 번쯤 들어봤을 것이다. 대량의 철제가 들어가는 궤도 또한 열에 팽창한다. 실제로 2022년 7월 1일 15시 20분경에 대전역을 출발해 수서역으로 향하던 SRT 338 열차가 대전조차장역 인근에서 탈선하는 사고가 발생했다. 탈선의 가장 큰 원인으로 선로 때문이라는 의견이 대부분이었다. 이날 대전의 날씨가 34도에 육박하였으며 철로 온도가 50도까지 올라갔다고 한다.
레일이 열에 의해서 변형되는 현상을 좌굴 현상(방향 틀림)이라고 한다. 정확하게는 구조재의 압축 응력이 한곗값에 도달하면서 압축 방향으로 직각인 변화(휜 변위, 면의 변위)가 급격히 증대하는 현상이다. 인간의 몸으로 비유하면 무거운 물체를 들었을 때 척추가 휘는 원리랑 비슷하다.
특히 구배 혹은 급 곡선 구간에는 차량의 원심력에 의한 횡압이 작용하기 때문에 좌굴 현상이 심하게 발생한다. 좌굴 현상은 급하구배에서 평탄 선으로 이어진 곳이나 하구 배에 이어 상 구매로 변하는 장소, 평탄 선에서 급상구배로 변하는 장소에서 발생하기 쉽다.
따라서 우리 팀은 폭염 등 고온에 대한 철로의 열응력해석 및 차선해석을 통해 구조물의 안전성을 평가하고 현재 설계에 대해서 개선할 수 있는 점이 있는지에 대해 파악하고자 본 주제를 선정하였다.

1-2. 철도의 종류 및 선정

철로의 지주 구조에 따라 분류되며, 표준궤[1], 광궤[2], 협궤[3] 등의 여러 가지 형태를 가지고 있다.

< 표준궤 >

< 광궤 >

< 협궤 >

위와 같이 여러 형태의 철로가가 있는 가운데, 대한민국에서는 일부 고무 차륜

1) 표준계 : 표준계는 두 레일의 간격인 궤간이 1435mm (4 ft 8½ in) 인 철도 선로를 말한다.
2) 광궤 : 궤간이 1,435mm 이상인 철도 선로를 말한다.
3) 협궤 : 궤간이 1,435mm보다 좁은 철도 선로를 말한다.

경전철 노선 및 일부 모노레일 노선을 제외한 모든 철도를 표준궤간으로 부설하였다. 따라서 여러 형태의 철로로 중에서 **표준 궤**를 **선정**하였다. 표준 궤 철로를 SolidWorks를 통해 모델링하고 온도변화 등에 의한 응력 및 파손을 확인할 계획이다.

2. 모델링

2-1. 재질 선정 및 물성값 와 모델선정

일반적으로 기차 레일에 가장 많이 사용하는 재질은 Carbon steel(UIC60)을 사용하기 때문에 저희 조는 Carbon steel(UIC60)을 재질로 선정하였습니다.

	A	B	C
1	Property	Value	Unit
2	Material Field Variables	Table	
3	Density	7850	kg m^-3
4	⊟ Isotropic Secant Coefficient of Thermal Expansion		
5	Coefficient of Thermal Expansion	1.2E-05	C^-1
6	⊟ Isotropic Elasticity		
7	Derive from	Young's Modulus and Poisson's...	
8	Young's Modulus	2.069E+05	MPa
9	Poisson's Ratio	0.295	
10	Bulk Modulus	1.6821E+11	Pa
11	Shear Modulus	7.9884E+10	Pa
12	⊟ Strain-Life Parameters		
13	Display Curve Type	Strain-Life	
14	Strength Coefficient	9.2E+08	Pa
15	Strength Exponent	-0.106	
16	Ductility Coefficient	0.213	
17	Ductility Exponent	-0.47	
18	Cyclic Strength Coefficient	1E+09	Pa
19	Cyclic Strain Hardening Exponent	0.2	
20	⊟ S-N Curve	Tabular	
21	Interpolation	Log-Log	
22	Scale	1	
23	Offset	0	Pa
24	Tensile Yield Strength	355	MPa
25	Compressive Yield Strength	2.5E+08	Pa
26	Tensile Ultimate Strength	600	MPa
27	Compressive Ultimate Strength	0	Pa

-Carbon steel(UIC60)-

기차 레일모델은 실제 한국철도공사의 규격을 사용하였다. 그리고 기차 레일은 직선 구간, 곡선 구간이 있으므로 2가지 모델을 선정하였다. 또한, 실제 기차 레일을 건설할 때 보통 30m 기준으로 레일을 공사하므로 전체 길이를 30m로 **설정하였다.**

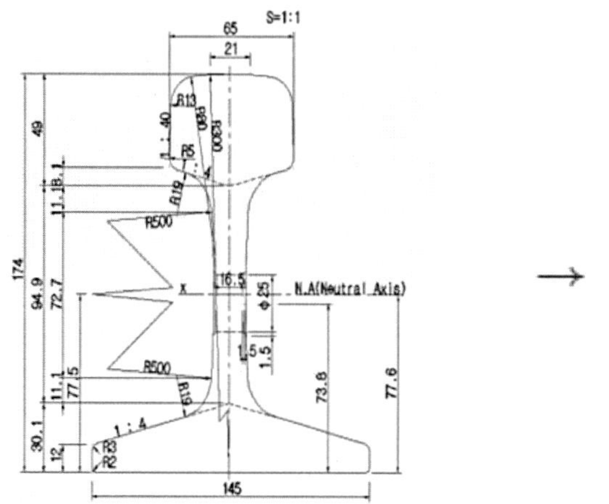

→

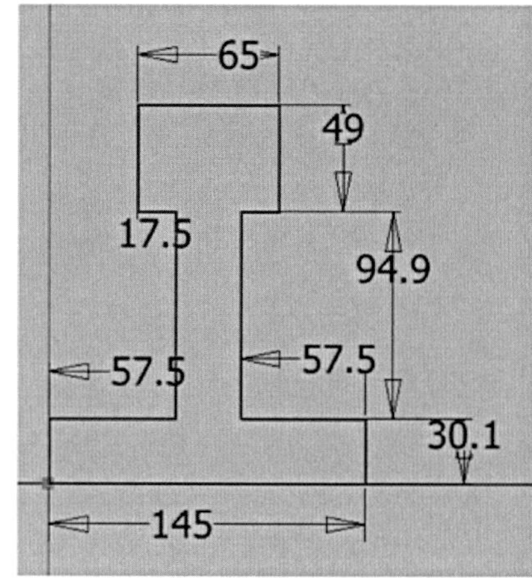

2-2. 전체 모델링 사진

1. 지지대 없는 모델

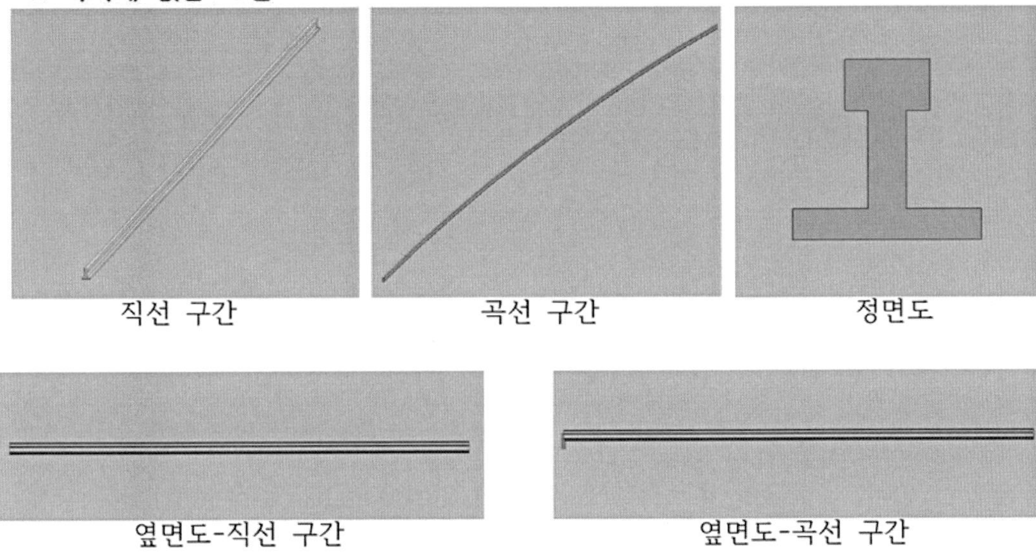

직선 구간 곡선 구간 정면도

열면도-직선 구간 열면도-곡선 구간

2. 지지대 있는 모델

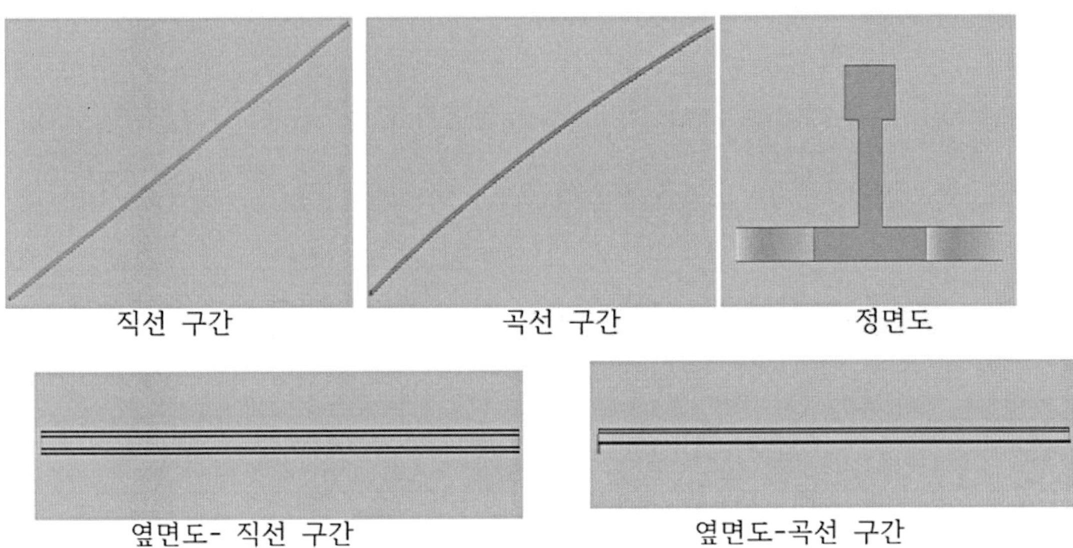

직선 구간 곡선 구간 정면도

열면도- 직선 구간 열면도-곡선 구간

3. 경계조건

3-1. 경계조건

1) 온도 경계조건 (Thermal Condition)

철로의 Body에 초기온도는 22°C, 해석할 온도는 60°C로 설정한다.

Tabular Data

	Steps	Time [s]	✔ Temperature [°C]
1	1	0.	= 22.
2	1	1.	60.

2) 구속 경계조건

• 지지대가 없는 직선/곡선 철로

- 철로의 밑면은 위아래로 움직일 수 없도록 Displacement (Y Component : 0mm)로 설정한다. 또한, 철로 아래의 한쪽 끝은 Fixed Support, 반대쪽 면은 Remote Displacement (Rotation Y : Free)로 설정한다.

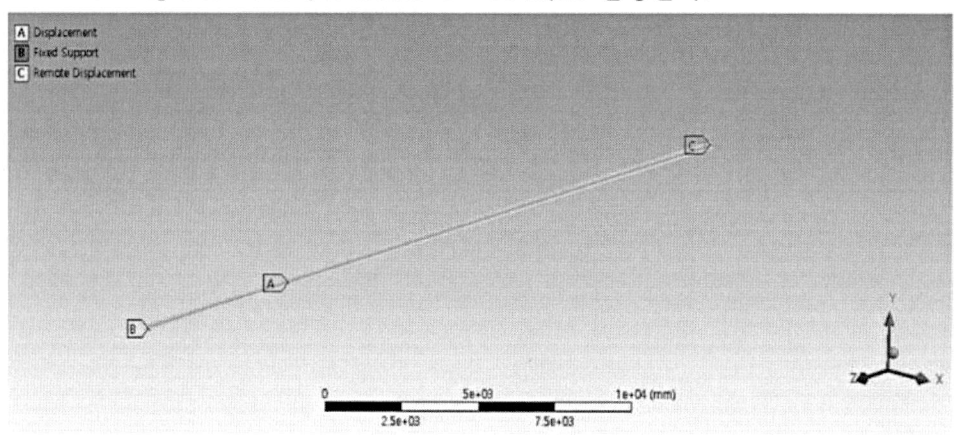

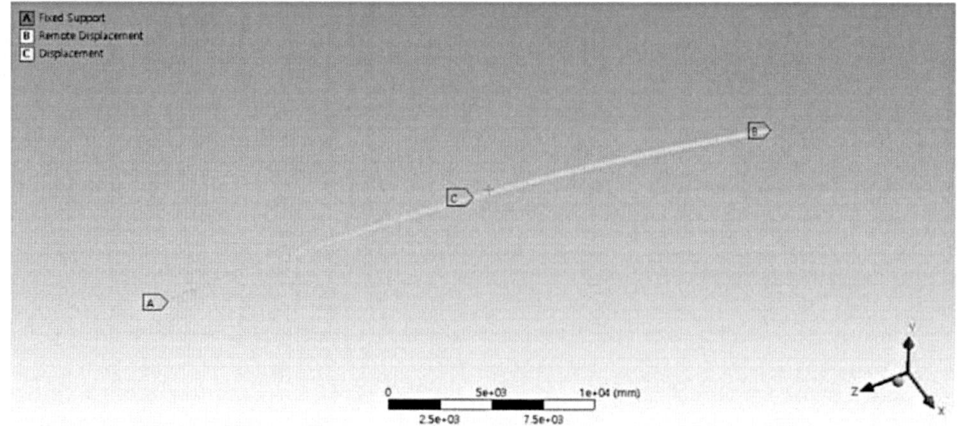

• 지지대가 있는 직선/곡선 철로

- 지지대의 밑 부분을 Fixed Support로 고정하고, 철로의 밑면은 Displacement (Y Component : 0mm) 로 설정한다. 또한, 철로의 한쪽 끝의 아래는 Remote displacement (Rotation Y : Free), 다른 쪽 끝은 Fixed Support로 고정한다.

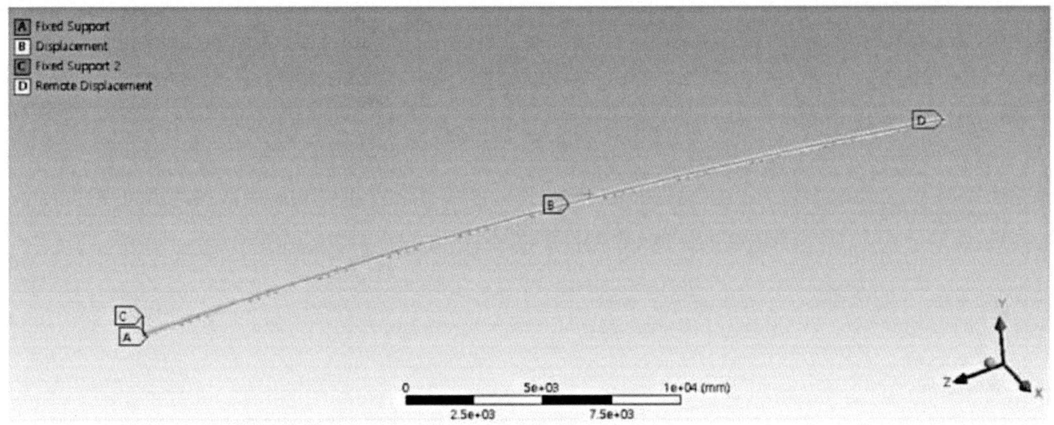

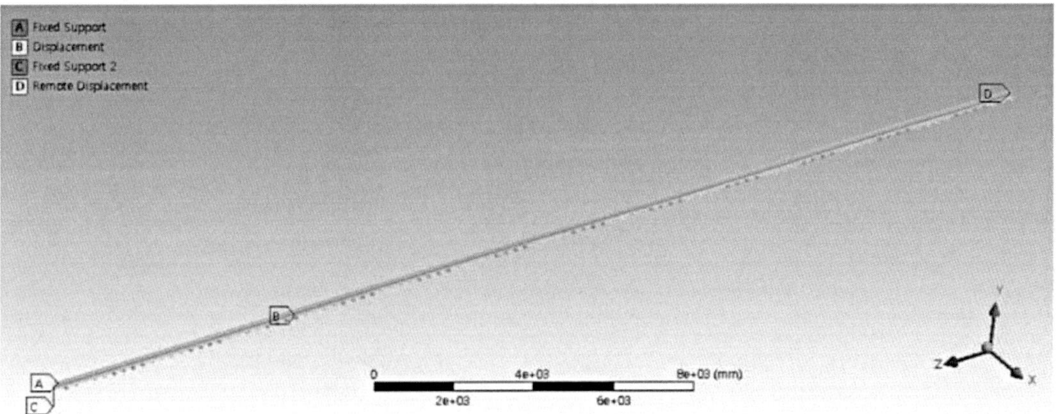

3) Connection

- 지지대가 있는 직선/곡선 철로의 경우, 지지대와 철로의 면이 분리되지는 않지만, 미끄럼은 발생할 수 있으므로 No Separation으로 Connection을 설정하였다.

Details of "No Separation - 철길 To Multiple"	
Scope	
Scoping Method	Geometry Selection
Contact	1 Face
Target	100 Faces
Contact Bodies	철길
Target Bodies	Multiple
Protected	No
Definition	
Type	No Separation
Scope Mode	Manual
Behavior	Program Controlled
Trim Contact	Program Controlled
Suppressed	No
Advanced	

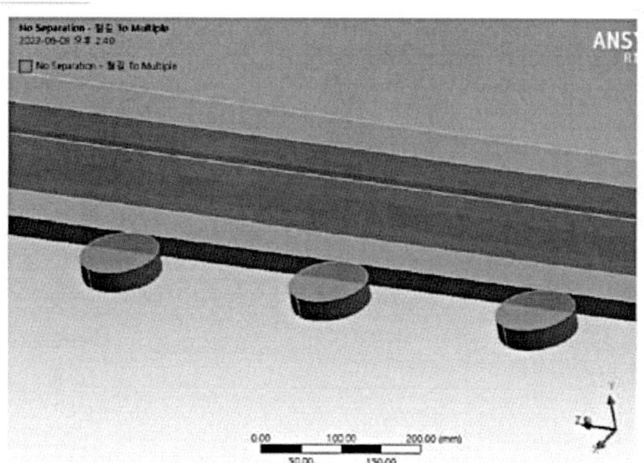

Mesh			
직선(지지대 X)	곡선(지지대 X)	직선(지지대 O)	곡선(지지대 O)
•Statics : Nodes 486585 Elements 7800 •Sizing : E/S 50mm	•Statics : Nodes 52812 Elements 8164 •Sizing : E/S 50mm	•Statics : Nodes 96764 Elements 14768 •Sizing : 철로 50mm 지지대 100mm	•Statics : Nodes 57951 Elements 8436 •Sizing : 철로 50mm 지지대 100mm

4. 해석 및 결론

4-1. 모델 해석결과

、본 프로젝트에서 구조해석을 통해 확인하고자 하는 것은 지지대 여부와 온도변화에 대한 철로의 좌굴 여부 및 변형량이므로 Total deformation을 해석하였다. 철로에서 변형이 가장 클 그것으로 예상하는 부분을 Path로 설정하고 해당 부분을 Scoping Method로 설정하여 해석하였다.

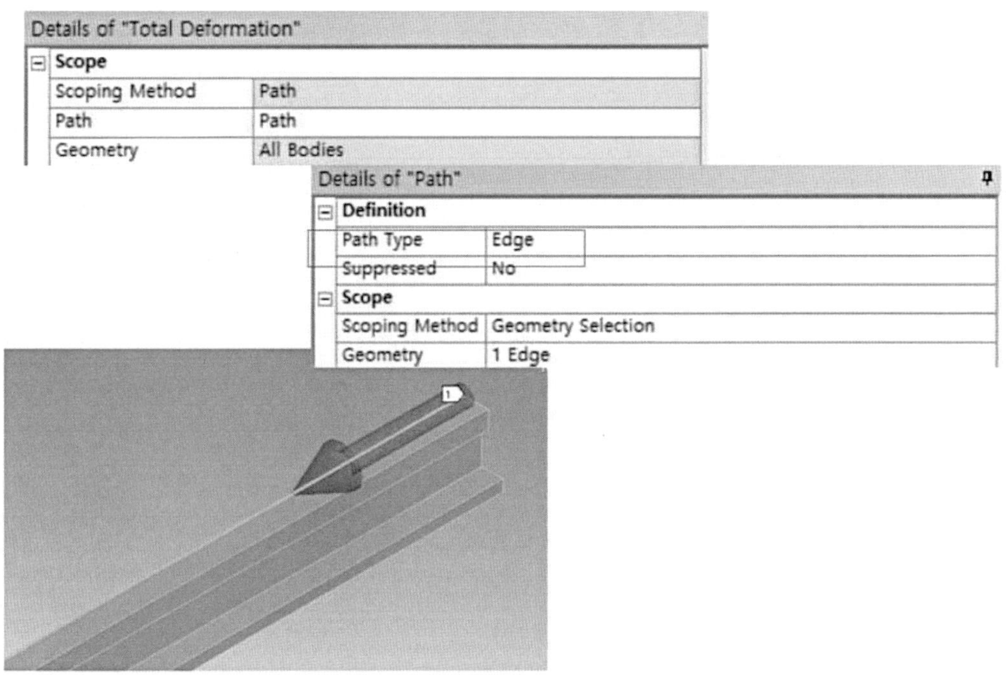

• 지지대가 없는 직선 철로

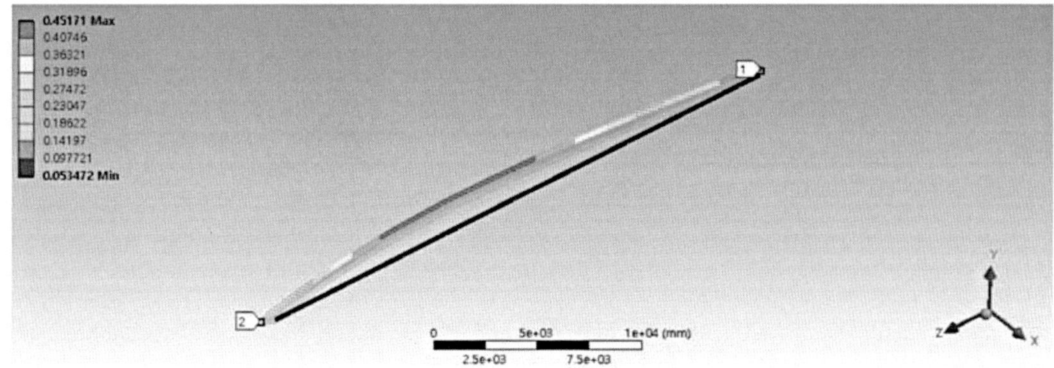

• 지지대가 없는 곡선 철로

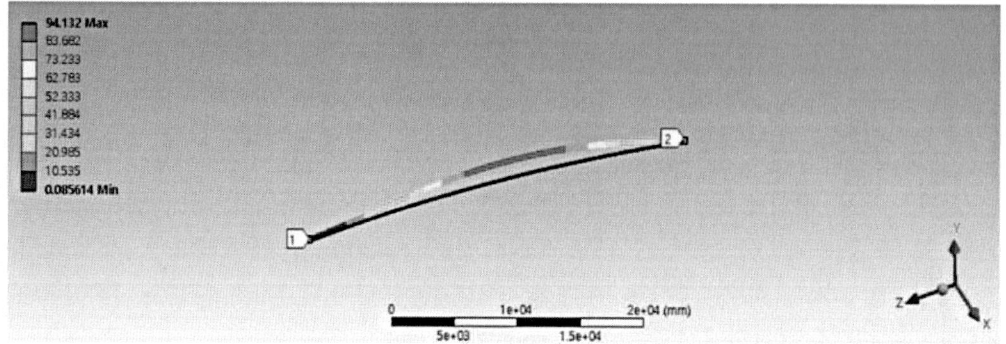

• 지지대가 있는 직선 철로

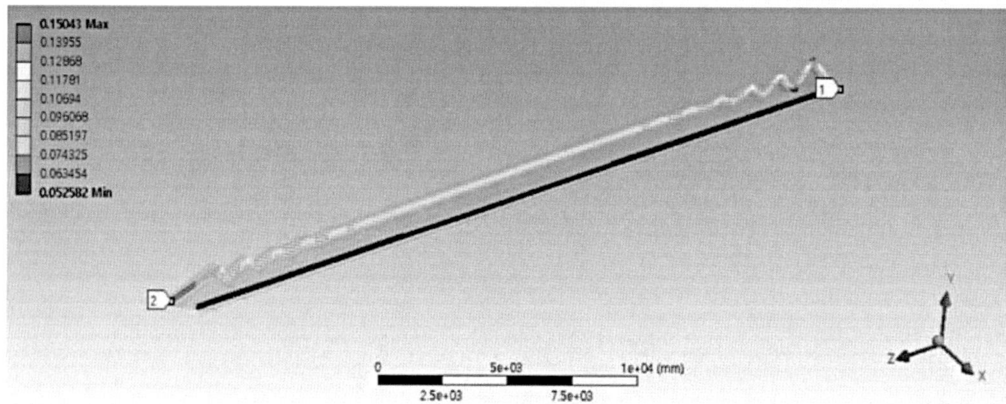

• 지지대가 있는 곡선 철로

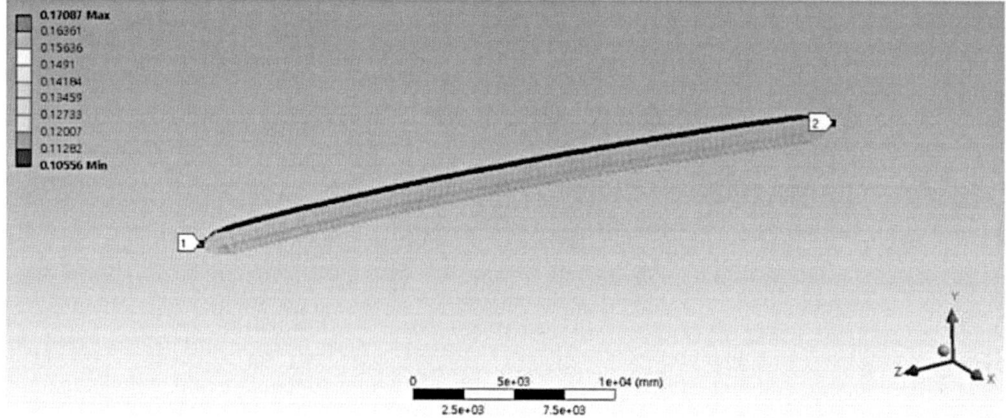

4-2 해석프로젝트 결론

	총변형량(mm)	좌굴 여부
직선 (지지대 X)	389	O
곡선 (지지대 X)	6840	O
직선 (지지대 O)	129	X
곡선 (지지대 O)	135	X

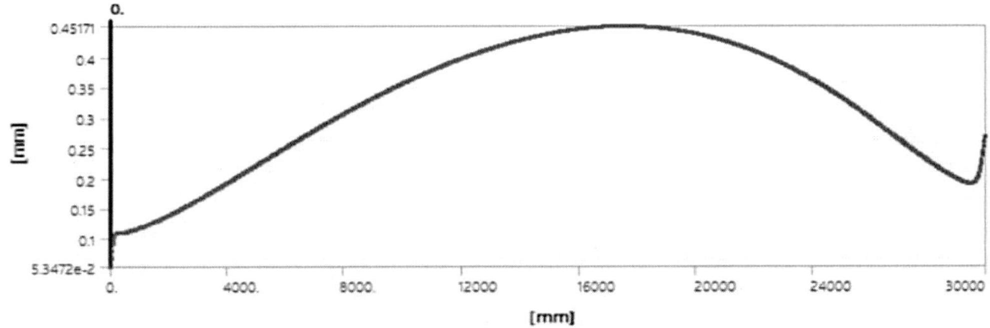

지지대가 없는 직선 철로

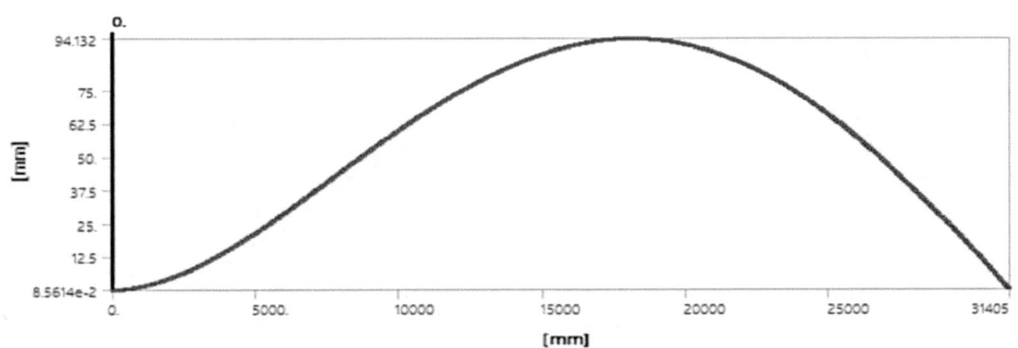

지지대가 없는 곡선 철로

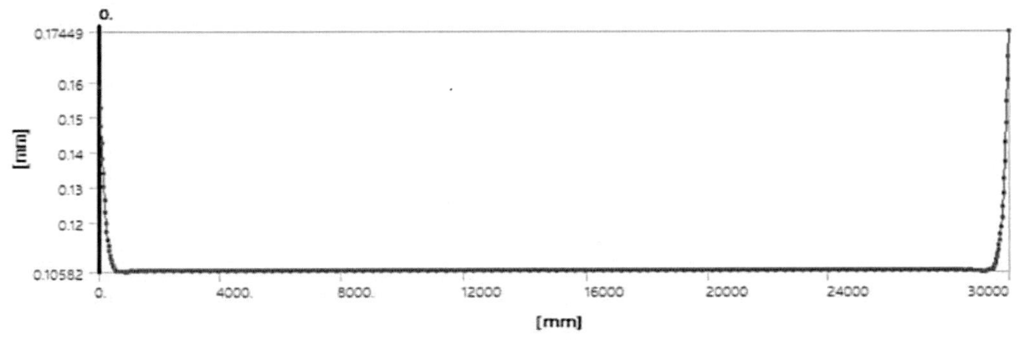

지지대가 있는 직선 철로

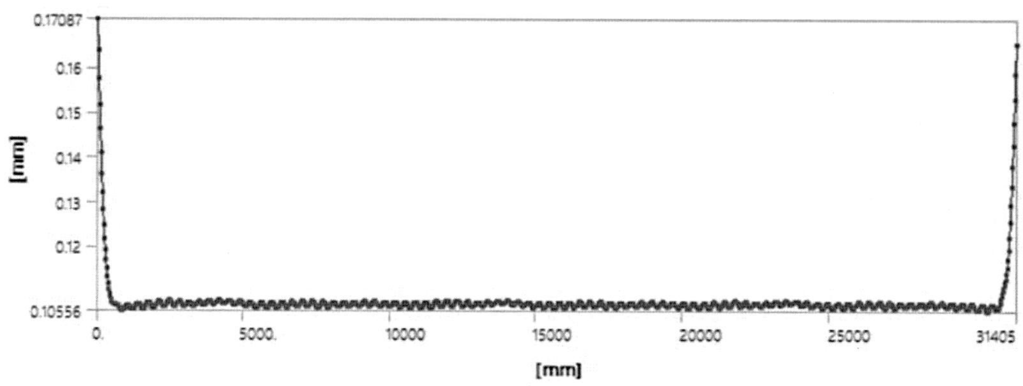

지지대가 있는 곡선 철로

위의 그래프에서 확인할 수 있듯이 지지대가 있는 철로의 가운데 지점은 변형량이 발생하지 않습니다. 이 부분을 부동 구간이라고 하며, 부동 구간은 도상저항력에 의해 레일이 신축을 제외하고 있는 구간입니다. 특히 레일이 일정 길이 이상이 되면 중앙부에 변형이 없는 구간이 생기게 됩니다.

위의 표와 그래프를 통해 알 수 있는 점은 지지대가 있는 경우 변형량이 감소한다는 것입니다. 따라서 철로를 설계할 때 열응력이 많이 발생하는 부분에는 지지대를 설치하는 것이 좋습니다. 또한, 변형량이 증가한 만큼 선로와 선로 사이에 직선 또는 곡선 구간을 기준으로 129mm, 135mm와 같이 충분한 간격을 확보하여 설계하는 것이 안전합니다.

7 차수문 평가

작성자 : 김건도, 김산하, 류환

1. 프로젝트 선정

1-1. 프로젝트 선정 배경 및 필요성

<작년 폭우로 인한 피해 사진>

지난여름 시간당 100mm 이상, 서울 기준 최대 강우 강도가 시간당 141mm로 기록적인 폭우가 발생하였다. 또한, 이번 여름도 역시 많은 강수량이 예측되어 큰 우려가 발생하고 있다.

여러 피해사례를 인터넷을 통해 조사하던 중 차량 침수를 예방해준 차수 문을 접하게 되었다.

<일반적인 바닥 상승식 차수문>

강남에서 한 건물에서 물난리가 발생하였을 때 차수문을 통하여 지하로 내려가는 빗물이 방지되어 차량 침수 피해가 없었다는 기사를 발견하여 이에 대하여 구조해석을 하고자 한다.

1-2 프로젝트 해석 및 계획

우리가 구조해석 하고자 하는 자동 차수 장치의 종류로는 총 5가지가 있다.

<하강식 차수문(좌), 바닥 상승식 차수문(우)>

<업다운 스윙식 차수문(좌), 슬라이딩식 차수문(중), 차단식 차수문(우)>

위의 사진과 같이 여러 형태의 차수문이 있다. 이번 프로젝트는 차수문에 가해지는 하중에 의한 응력을 해석하여 차수문의 안전성을 높이고자 하는 목적이 있으므로, 여러 차수문 중 가운데 지점을 지지해주는 장치가 없어 다른 차수문 형태에 비해 취약해 보이는 업다운 스윙식 차수문을 선정하여 보완하고자 한다. 우선 업다운 스윙식 차수문을 SolidWorks를 통하여 모델링을 한다. 차수문에 가장 피해를 많이 주는 것은 물의 부력과 정수령이라 판단하였고, 또 차수문이 너무 높으면 이에 따른 모멘트 힘을 고려해야 할 것이다. 그리고 물이 정지 유체가 아니라 유동을 하므로 지속해서 차수문에 힘을 가하므로 이에 따른 피로한도도 고려도 해야 한다. 이에 알맞은 재료 조정과 어느 정도 높이의 차수문이 적당한지 고려하며 응력 및 파손을 Ansys를 통하여 확인할 계획이다.

2. 모델링

2-1. 재질 선정 및 물성값

차수문의 재질로는 보통 알루미늄 6000 계열과 스테인리스 STS 303, STS 304를 사용한다. 알루미늄 6000계열의 알루미늄 합금 (6061, 6063)은 좋은 형성성, 용접성, 절삭성, 중간 정도의 강도, 그리고 비교적 좋은 내식성을 가집니다. 스테인리스 차수판은 뛰어난 내부식성, 내화학성, 내충격성 등 가장 높은 내구성을 가지고 있다. 스테인리스의 밀도는 7.93g/cm^3, 철의 밀도는 7.85g/cm^3로 두 재료의 무게는 비슷하다. 따라서 스테인리스는 차수문 제작에 있어서 가장 뛰어난 재료이지만, 무게가 많이 나간다는 단점이 있다. 우리는 프로젝트를 진행하면서 물과 접촉하여도 부식이 잘되지 않고 현재 대표적으로 널리 사용되고 있는 스테인리스 재질과 알루미늄 재질을 모델링을 한다.

분류	알루미늄 (6061-T6)	스테인리스 (STS 303)	스테인리스 (STS 304)
인장강도(σ_u)	290MPa	620MPa	520MPa
탄성계수(E)	68.9GPa	193GPa	152.32GPa
항복강도(σ_Y)	255MPa	240MPa	205MPa
푸아송 비(ν)	0.33	0.25	0.3

2-2 모델링 과정 및 결과

차수문의 경우 설치를 원하는 장소에 따라 주문 제작을 하는 형식으로, 명확한 치수 지침이 없다. 따라서 우리는 지난해 강남 침수 피해 때를 가정하여 치수를 지정하였으며 침수 피해를 완전히 막기 위하여 높이의 경우 2m로 지정하였다.

차수문 삼각법

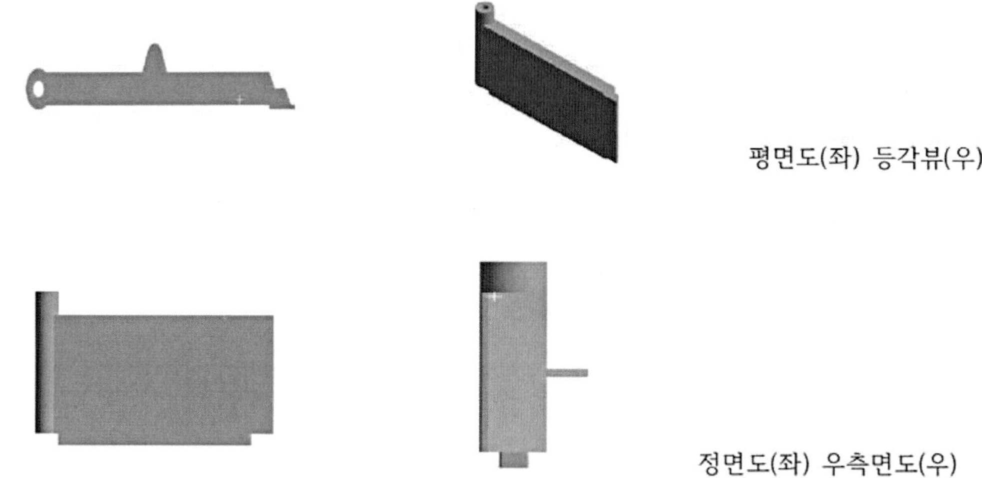

평면도(좌) 등각뷰(우)

정면도(좌) 우측면도(우)

최종 조립도면

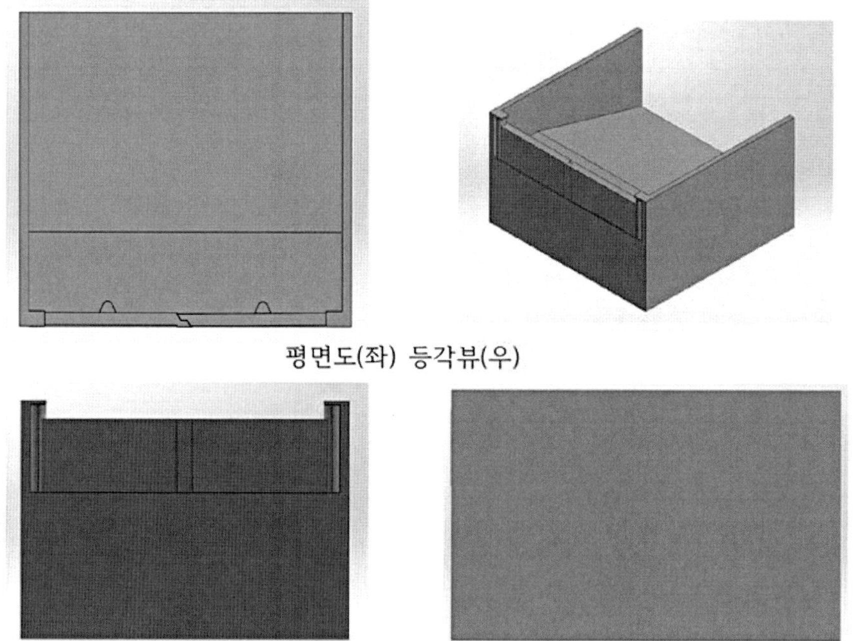

평면도(좌) 등각뷰(우)

정면도(좌) 우측면도(우)

최종 어셈블리

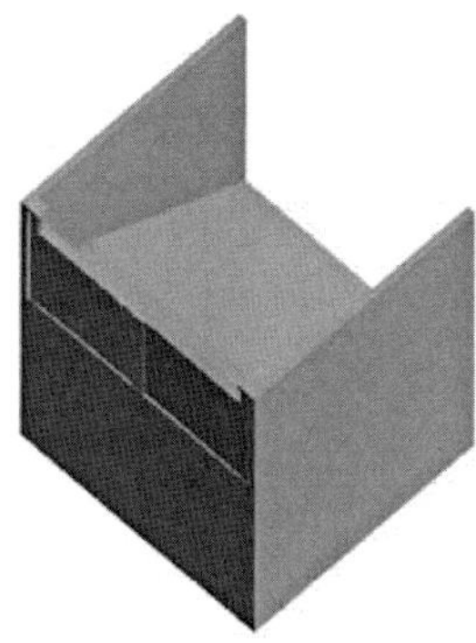

규격 : 차수문 : 9m * 2m (기둥 미포함) 차수문 폭 : 0.4m
기둥 지름 : 0.5m
문 안쪽 쉘 : 0.05m
보강대 두께 : 0.3m

비고 : 차수문의 안전도 검사와 변형을
관찰하는 것을 목표로 하므로
차수문을 제외한 주변 환경은
모델링 단계에서 고려하지 않음.

3. 모델링

3-1. 구속 경계조건

Fixed Support로 차수문 아랫부분을 전부다 고정한 뒤
차수문과 아랫부분과 연결된 부분을 Joints로 connection 시켜 Fixed가 아닌 resolute로 고정한다.

3-2. 하중 경계조건

1) 홍수가 발생하였을 때 차수문에 가장 큰 영향을 주는 건 당연히 물의 정수압이다. 따라서 정 수력 + 흐름에 의한 힘을 고려해보았다.

속도에 의한 힘 $F_v = \rho A v^2 = 1000 * (9 \times 1.5) * 2^2$ = 54000N

정수압 $F_f = \rho g h \times A = 1000 * 9.81 * 1.5 * 1.5 * 9$ = 99330N

이때 속도에 의한 힘을 찾을 때 실제 사례와 홍수 사례를 찾아보았더니 평균 2m/s라고 나와있어 속도에 의한 힘은 54000N을 문에 받게 설정하였다. 정수압은 모델링 한 차수문의 높이 2m에서 어느 정도 낮게 잡아 1.5m로 잡아서 설정하고 Hydrostatic Pressure를 이용하여서 설정하였다. 높이는 y=0부터 지면 높이를 고려하여 y 좌표 5500mm로 설정하였고,
중력가속도는 9.8m/s^2, 밀도는 1000kg/m^3으로 설정하였다.

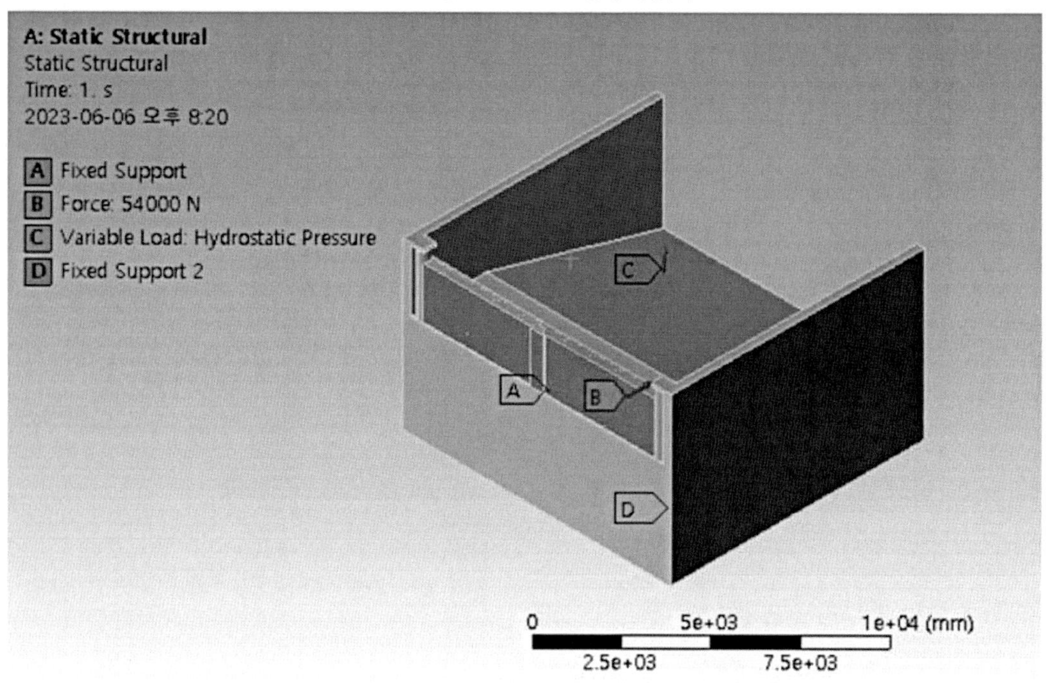

Mesh
-> default (795.33mm)

-> Static = Nodes:13678개
Elements:7167개

경계조건

-> 차수문 2개 아랫면 총 5면씩 10개 fixed support

-> 지지부(지면) 앞, 양옆, 뒤, 아래 총 5면 fixed support

-> 정수압(중력가속도 9.81m/s^2, 밀도=1000kg/m^3, y축 높이 5500mm)
물에 흐름(속도에 대한 힘) 초속 2m/s로 고려

-> bonded 다 제거 후, joint로 지지부와 차수문 2개 연결

4. 해석 및 결론

4-1. 모델 해석결과

- 이번 프로젝트에서 구조해석을 통해서 작년 여름부터 있었던 홍수를 대비하여 차수문을 구조해석하고 필요시에 보강하자는 의미로 진행하였다. 올해 여름에는 작년보다 비가 더 올 예정이라고 하였고 그로 인한 피해를 줄이고 싶다는 생각에 차수문 재질과 두께를 고려하여 변형률과 안전도 검사를 하였다. 실제로 문은 1mm의 틈이 있더라고 물이 새므로 더욱더 높은 안전도가 요구된다. 재질은 스테인리스와 알루미늄 두 개를 고려하였고, 높이 문의 두께에 변화를 주어 0.4m, 0.3m 0.1m를 고려하였다.

1-1. 알루미늄(두께 0.4m)

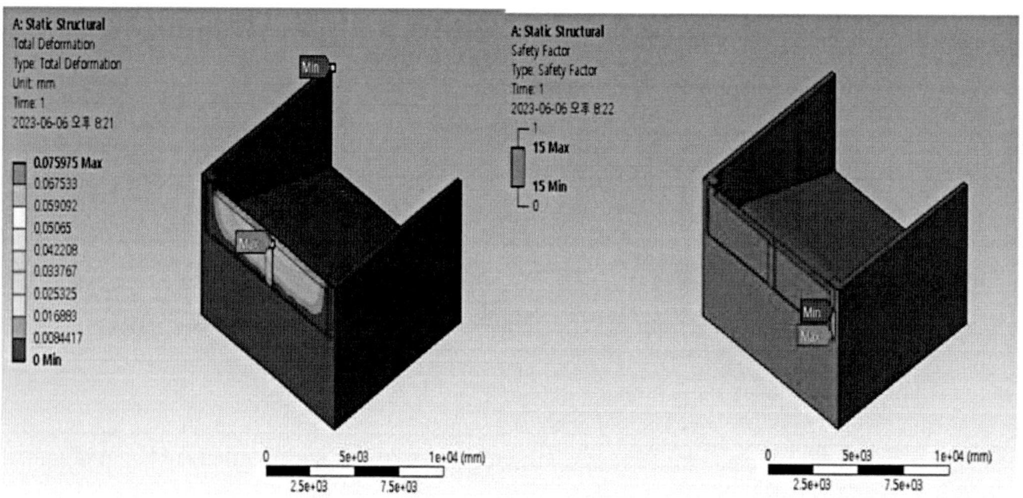

1-2. 스테인리스(두께 0.4m)

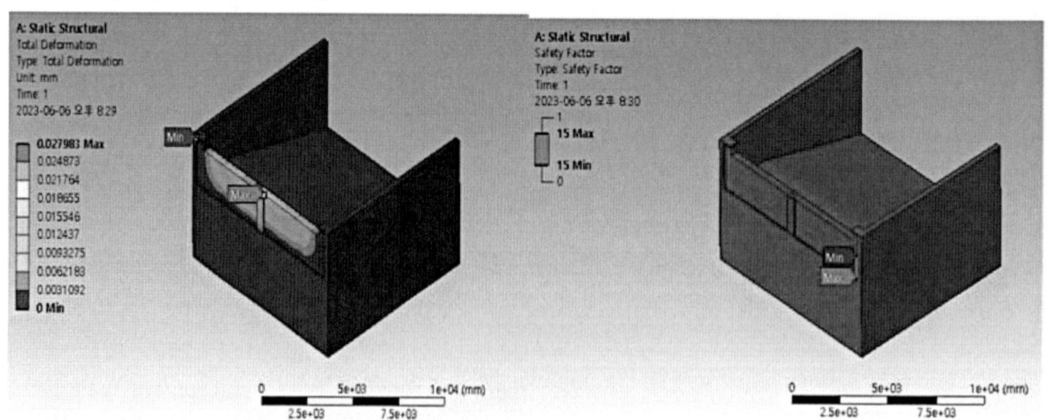

2-1. 알루미늄(두께 0.3m)

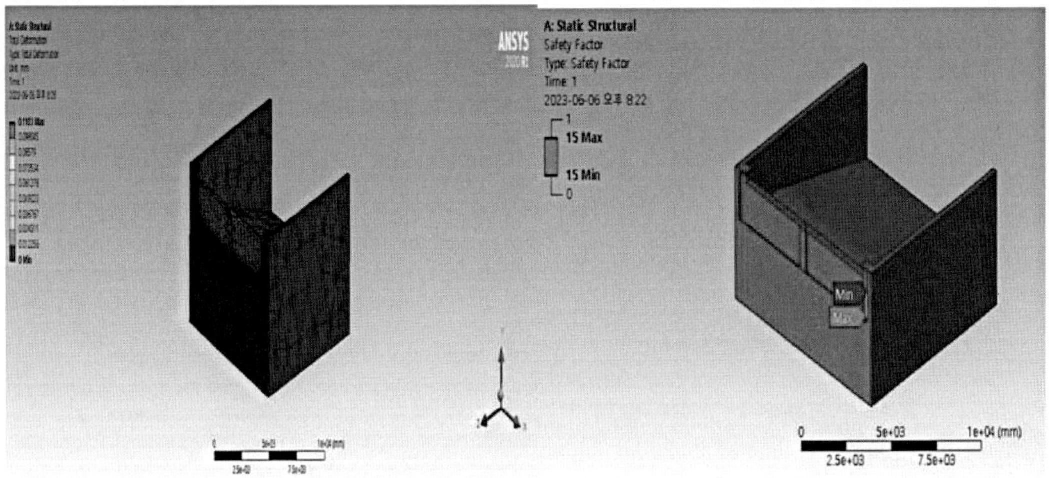

2-2. 스테인리스(두께 0.3m)

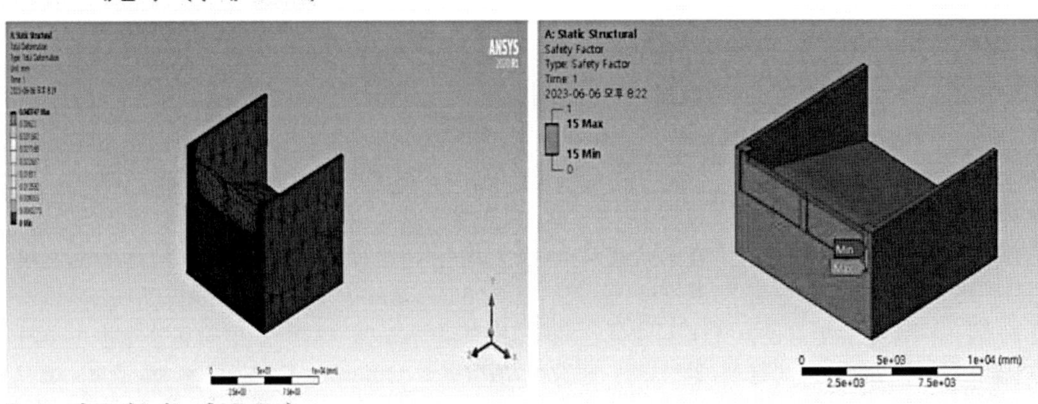

3-1. 알루미늄(높이 0.1m)

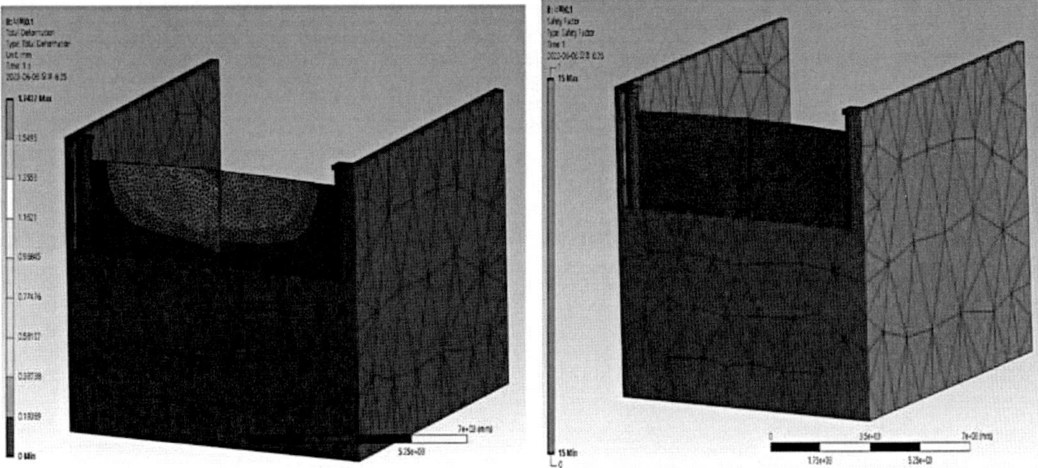

3-2. 스테인리스(두께 0.1m)

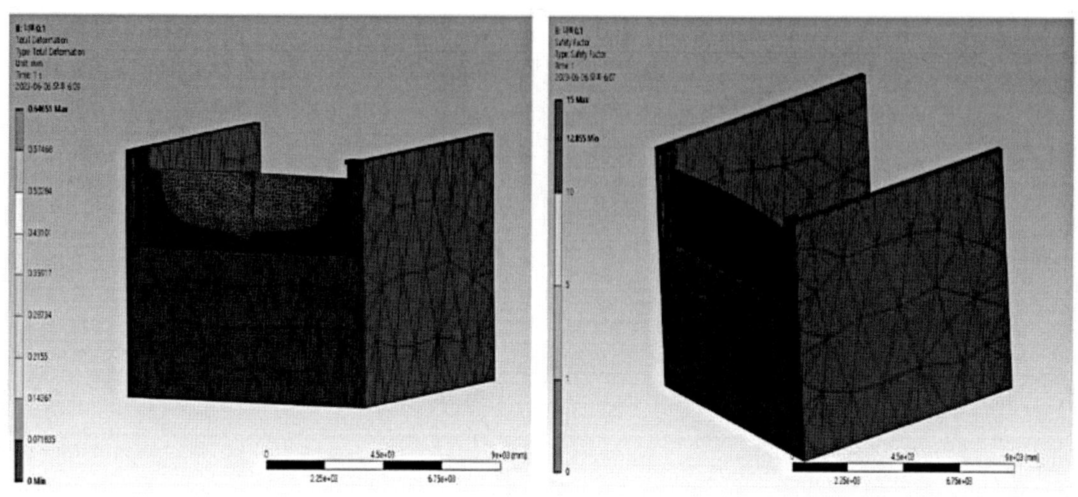

	알루미늄	스테인리스
400mm	0.075975mm	0.027983mm
300mm	0.1103mm	0.040747mm
100mm	1.7432mm	0.64651mm

4-2. 해석 프로젝트 결론

이번 프로젝트에서 홍수를 대비한 차수문의 두께에 따른 안전도를 고려하였다. 대체로 알루미늄보다 스테인리스의 변형률이 현저히 낮았고 최소 0.075mm나 최대 1.7mm의 변형률이 일어나는데 아주 적은 변형률이지만 지속적인 물의 압력과 유속에 의한 힘이 작용한다면 누수가 일어날 확률이 있다. 해석결과 안전도는 굉장히 뛰어났고 100mm 두께까지는 별 무리 없이 홍수가 발생했을 때 견딜 수 있다고 판단이 된다. 이 모델링은 실제 강남에 존재하는 차수문의 길이와 두께를 파악했고 실제 홍수 났을 때 평균 유속이 2m/s로 되어 있으므로 이에 따라 유속에 의한 힘을 구하였다. 스테인리스가 인장강도도 물론이고 탄성계수도 훨씬 높아 변형률이 낮았다. 또한, 물에 녹슬지 않아서 일회성으로 사용하지 않고 장기간으로 사용할 수 있을 것으로 보인다. 따라서 이번 프로젝트에서 고려한 자동차 입구뿐만 아니라 지하철역 입구, 지하상가 등의 입구에 알맞은 크기의 차수문을 설치하면 작년과 같은 피해를 줄일 수 있다는 생각이 든다.

초기 모델링 시 특허자료에서 문 안쪽에 보강대를 추가하여 하중에 의한 변형을 최소화한다는 내용을 기반으로 해당 자료의 보강대형상을 참조하여 모델링을 하였다.

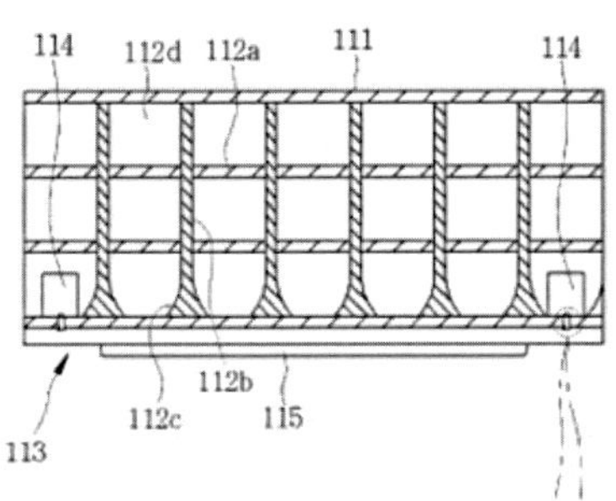

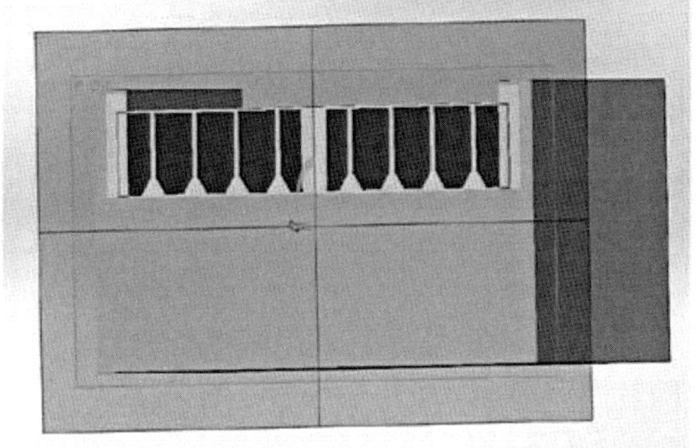

<특허자료 보강대형상(좌), 모델링 시 보강대 형상(우)>

그러나 결과의 하중이 작다는 점과 그로 인한 변형량이 매우 적다는 것을 고려하면 보강대의 필요성은 그렇게 높게 여겨지지 않는다고 생각된다. 현재 차수문이 건물 맞춤형 방식으로 제조된다는 점을 고려하면, 보강대를 추가하지 않음으로써 경제적인 효율성을 기대할 수 있을 것이다.

이번 프로젝트의 결론으로 두께 100mm 정도의 차수문 설치로도 홍수 예방에 큰 도움이 될 수 있다고 결론이 나왔고 스테인리스 재질을 선택할 시 유지보수와 비용적인 면에서도 효율적일 것이라는 결론을 내렸다.

5. 참조 및 출처

1) 모델링 치수 및 형상 참고자료

(2) ㈜도래샘 업다운 스윙식 차수문장치 특허자료
https://patents.google.com/patent/KR101698463B1/ko

(3) 2022년 8월 침수사태에서의 차수문의 방수사례 기사
https://zdnet.co.kr/view/?no=20220809142332

8 타워크레인 안전성 평가

작성자 : 문지환

1. 프로젝트 선정

1-1. 프로젝트 선정배경 및 필요성

<타워크레인·png>

현대 건물공사에 핵심적인 요소인 타워크레인은 모든 공사에 전방위적으로 쓰이고 있다. 초고층 빌딩이나 고층아파트 고층작업의 늘어남에 따라 최근 타워크레인과 관련한 사고사례가 끊이질 않고 늘어남을 알 수 있다. 타워크레인은 높은 높이와 철근으로 이루어진 몸체 때문에 전도 혹은 파손 사고 시 중대 재해로 이어질 가능성이 크다.

국내 타워크레인 보유 현황 및 사건 수

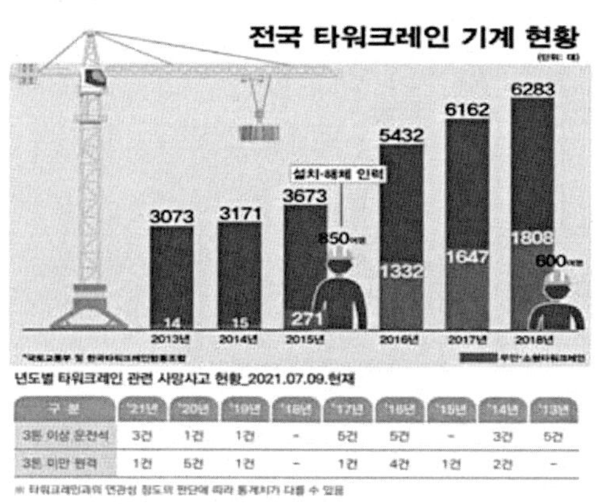

구 분	'21년	'20년	'19년	'18년	'17년	'16년	'15년	'14년	'13년
3톤 이상 운전석	3건	1건	1건	-	5건	5건	-	3건	5건
3톤 미만 원격	1건	5건	1건	-	1건	4건	1건	2건	-

국내 타워크레인 수가 늘어남을 볼 수 있으며 그에 따라 사고도 늘어남을 볼 수 있다.

타워크레인 사건 사례

2020년 2월 24일 12시 경

서울 용산구 OO센터 신축공사 현장에서 타워크레인을 사용하여 철근을 인양 중 타워크레인이 넘어지면서 재해자가 철근에 깔려 부상을 입고 병원으로 후송되었으나 결국 사망하였다. * 제조국: 중국제 소형 타워크레인

정부에서는 동일 타워크레인에 대한 전수 조사 실시계획을 밝혔다.

※ 무상해 붕괴 및 와이어로프 파단에 의한 훅 등의 낙하사고 포함

원격조작식 타워크레인

['20.01.03] 인천 송도 OO-1 사옥 신축현장에서 타워크레인 해체작업 중 붕괴(사망 2명)
['20.01.20] 평택 스마트팩토리 지식산업센터 신축현장에서 지브 간 연결핀이 빠져 붕괴(사망 1명)
['20.02.24] 용산 IDC 신축현장에서 러핑 와이어로프가 파단되면서 지브 붕괴(사망 1명)
['20.03.05] 부천 옥길지구 OO테크노파크 현장에서 러핑 와이어로프 파단으로 지브 붕괴(무상해)
['20.04.06] 울산 OO교회 신축현장에서 지브 연결핀(분할핀 미체결)이 빠져 지브 붕괴(무상해)
['20.04.10] 부산 골프연습장 및 자동차매매장 신축현장에서 거푸집의 양중 로프가 말들어진 상태로 상승하다 보 거푸집에 걸리면서 기울어져 떨어짐(2명 중상)
['20.04.23] 영종도 OO종합건설현장에서 화물양중 작업 중 와이어로프 파단으로 몸 다발이 떨어짐(무상해)
['20.06.22] 인천 OO고등학교 현장에서 타워크레인 설치작업을 종료하고 작업팀 철수 후 비가동 상태에서 지브 붕괴(무상해)
['20.07.04] 천안 OO신축공사 현장에서 철근 양중 작업 중 와이어로프 파단으로 훅과 함께 철근 떨어짐(무상해)
['20.10.13] 춘천 오피스텔 현장에서 양중하던 줄걸이 작업 불량으로 데크플레이트 떨어짐(2명 사망)
['20.10.30] 수원 주상복합 오피스텔 현장에서 지브 기복용 브레이크가 작동되지 않으면서 지브 붕괴(무상해)
['20.11.03] 제주 오피스텔 신축현장에서 붐이 움직이지 않아 수리 중 붕괴(무상해)
['21.01.08] 하남 OO프라자 상가건물 신축 현장에서 러핑크레이크 작동불량으로 타워크레인 지브 붕괴(무상해)
['21.05.08] 인천 부평동 OO현장에서 와이어로프 파단으로 화물과 함께 떨어짐(무상해)
['21.05.08] 인천 OO공동주택 현장에서 와이어로프 파단으로 화물과 함께 떨어짐(무상해)
['21.06.03] 서울 OO병원 현장에서 호이스트 와이어로프 파단으로 후크 떨어짐(무상해)
['21.06.17] 부산 OO오피스텔 현장에서 호이스트 와이어로프 파단으로 후크가 떨어져 지상 작업자 강타(사망 1명)
['21.07.03] 인천 OO주상복합 현장에서 리모콘 작동 중 지브가 뒤로 넘어감(무상해)

운전실이 있는 일반타워크레인

['20.06.15] 울산 OO임대아파트 현장에서 타워크레인 설치 작업 중 슬링 벨트가 작업발판에 걸리면서 뒤집어져 작업자 추락(사망 1명)
[20.12.22] 서울 송파 OO신축 현장에서 양중 작업 중 후크 블록이 트롤리 장치와 충돌하여 트롤리가 엔드지브에서 이탈하여 떨어짐(무상해)
['21.03.26] 의정부 OO지식산업센터 현장에서 타워크레인 텔레스코핑 작업 중 상부 구조물이 중심을 잃고 붕괴(사망 1명)
['21.06.22] 전주 OO오피스텔 신축현장에서 타워크레인 해체 작업 중 작업자가 브레이싱 위를 이동하다 떨어짐(사망 1명)
['21.06.25] 과천 희망타운 아파트 신축현장에서 타워크레인 설치작업 중 A프레임이 낙하하여 맞음(사망 1명)

<20년도 이후 타워크레인 중대 재해 발생 현황>

타워크레인 사고의 취약요인

최근의 타워크레인 사용은 중소규모 현장에서 안전관리 취약, 또한 원격 타워크레인 조작으로 전조현상의 인지가 어렵다.

〈원격조작 타워크레인 중 장비이상 전조가 있었던 사례〉

현재 고층작업현장에서 타워크레인은 매우 중요한 역할을 하고 있다. 그런데도 작업현장에서 인적재해사고 수는 줄고 있지 않음을 알 수 있다. 타워크레인을 위협하는 주요 원인은 무엇이고 어떤 방식으로 영향을 미치는지 알아보기 위해 타워크레인을 구조해석 주제로 선정하였다.

1-2. 프로젝트 해석계획

타워크레인의 구성 요소로는 꼭대기 부분의 모양에 따라 지브 형(jib type)과 해머 헤드 형(hammer head type)으로 나눈다. 지브(팔 모양으로 돌출된 것) 형은 탑 꼭대기에 회전 프레임을 설치하고 지브를 붙여 회전운동이나 트롤리(trolley)의 직선운동으로써 화물을 끌어 올리거나 내리는 작업을 한다. 해머 헤드 형은 탑 꼭대기에 선회 프레임을 설치하고 여기에 좌우 평형하도록 붐(boom)을 장치한 것으로서 하중의 이동이 수평으로 이루어진다.
가장 보편적인 해머 헤드 형 (T형) 타워크레인으로 구조 해석할 계획임

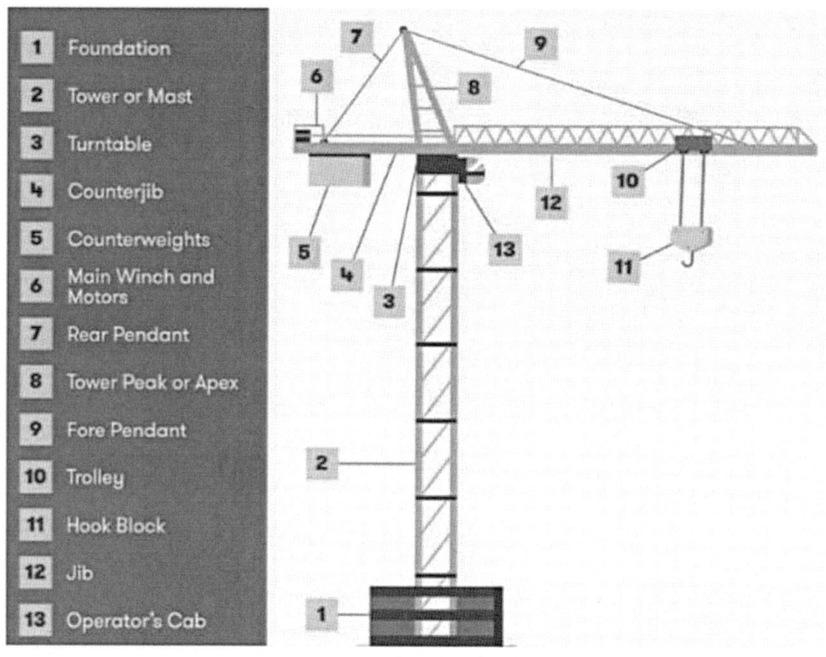

<타워크레인 용어>

타워크레인의 여러 위험요소 중에서 인양 물을 들어 올리거나 내리는 권상, 권하 동작 작업 시 크레인을 지지하고 높이를 연장하는 역할을 하는 마스트의 손상으로 인한 크레인의 붕괴를 알아보기 위해 크레인을 모델링하고 구조해석 및 피로 해석을 해볼 계획이다. 또 이때 풍하중에 의한 안전도 고려해볼 계획이다.

2. 모델링

2-1. 타워크레인 모델링

타워크레인의 주된 구조인 트러스 구조를 반영해 축소모형으로 디자인해보았다. 디자인 툴은 solidworks를 이용했으며 지브, 카운트웨이트 지브, 카운터 웨이트, 마스트, 타워마스트를 모델링 하였다.

타워크레인을 디자인하면서 처음 시도에서는 실제 치수와 같은 비율로 모델링 했으나 엔시스의 해석 가능 범위와 시간을 초과하여 해석에 너무 방대한 시간이 걸렸다. 따라서 1:1 비율이 아닌 1:70 정도의 비율로 축소하여 모델링을 진행하였다.

다음은 한국타워크레인(주)의 카탈로그에서 HK480H-20의 치수와 실제 모델링을 진행한 타워크레인의 형상이다.

참조 카탈로그

HK480H-20

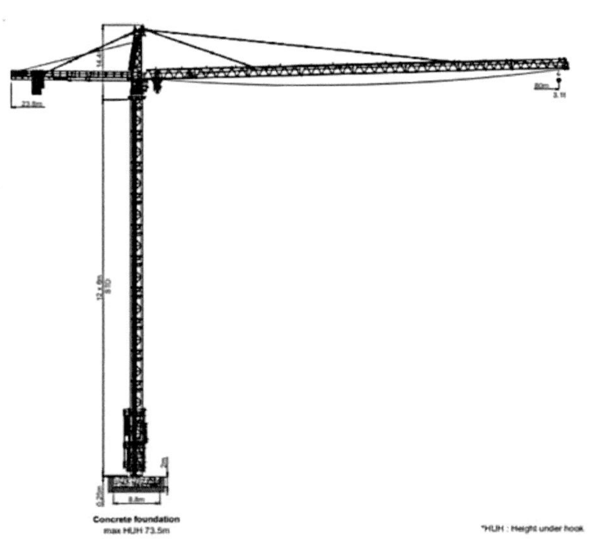

모델링 한 타워크레인

2-2. 타워크레인 물성값

① 제2조(주요 구조부) 타워크레인의 주요 구조부는 다음 각호와 같다.

1. 지브 및 타워 등의 구조 부분
2. 원동기
3. 브레이크
4. 쇠밧줄
5. 주요 방호장치
6. 훅 등의 달기 기구
7. 윈치, 균형추
8. 설치기초
9. 제어반 등

제3조(타워크레인 재료 기준) ① 구조 부분에 사용하는 재료는 다음 각호의 한국산업 규격에서 정하는 강재 또는 이와 동등 이상의 재료를 사용하여야 한다. 다만, 계단, 사다리, 손잡이, 보도 등 크레인의 주요 구조와 관계없는 부분은 제외한다.

1. KS D 3503(일반구조용 압연 강재)
2. KS D 3515(용접구조용 압연 강재)
3. KS D 3517(기계구조용 탄소강관)
4. KS D 3566(일반구조용 탄소강관)

5. KS D 3557(리벳용 원형강)
6. KS D 3568(일반구조용 각 형강관)

② 기계 부분에 사용하는 재료는 다음 각호의 한국 산업규격에서 정하는 강재 또는 동등 이상의 재료를 사용하여야 한다.

1. KS D 3701(스프링강)
2. KS D 3710(탄소강 단 강품)
3. KS D 3752(기계구조용 탄소 강재)
4. KS D 4101(탄소강 주강품)
5. KS D 4102(구조용 고장력 탄소강 및 저합금강 주강품)
6. KS D 4104(고망간 주강품)
7. KS D 4301(회주철품)
8. KS D 4302(구상흑연 주철품)
9. KS D 6024(구리 및 구리합금주물)

③ 혹은 단조강 또는 구조용 압연 강재를 사용하여야 한다.(KS D 3503, 3515, 3710)
제4조(타워크레인 강재의 계산) 제3조 제1항의 강재 계산에 사용하는 정수는 다음과 같다.

1. 종탄성 계수 : 21,000kgf/㎟(206,000N/㎟)
2. 횡 탄성계수 : 8,100kgf/㎟(79,000N/㎟)
3. 푸와송비 : 0.3
4. 선팽창 계수 : 0.000012
5. 비중 : 7.85

위 데이터를 근거로 타워크레인의 engineering data를 설정하였다.
Young's Modulus: 206,000 [MPa]
Poisson's ratio: 0.3

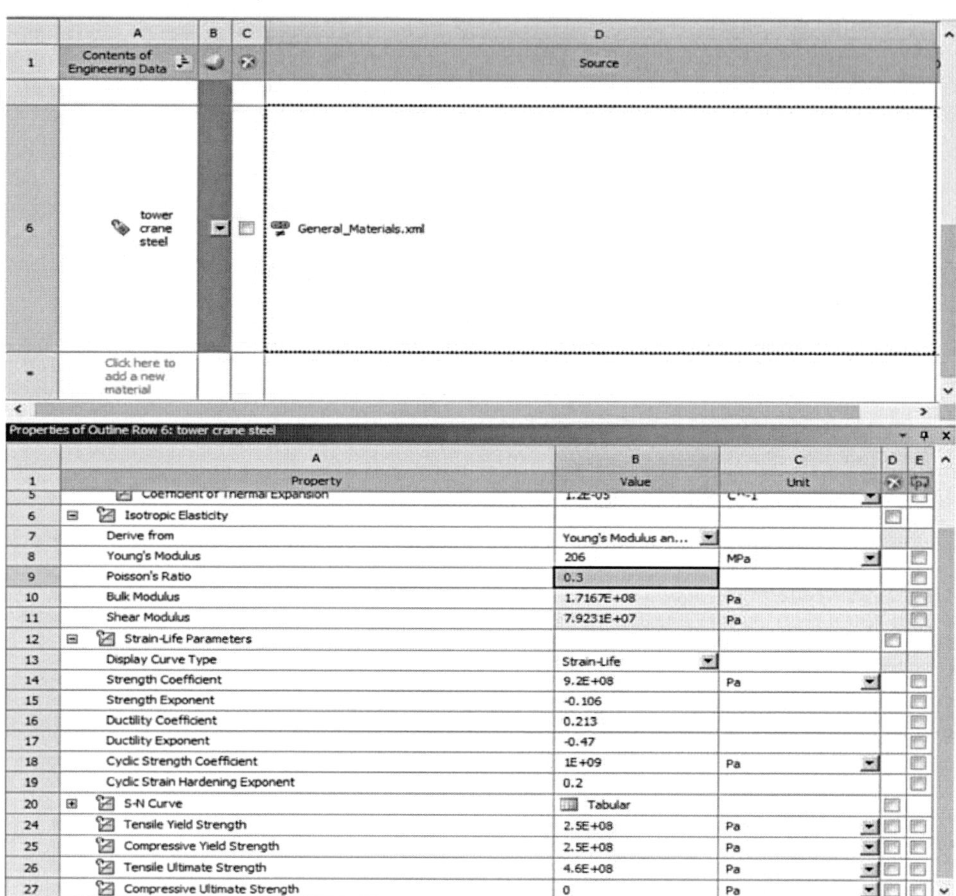

	A	B	C	D
1	Contents of Engineering Data			Source
6	tower crane steel			General_Materials.xml
*	Click here to add a new material			

Properties of Outline Row 6: tower crane steel

	A	B	C	D	E
1	Property	Value	Unit		
5	Coefficient of Thermal Expansion	1.2E-05	C^-1		
6	⊟ Isotropic Elasticity				
7	Derive from	Young's Modulus an...			
8	Young's Modulus	206	MPa		
9	Poisson's Ratio	0.3			
10	Bulk Modulus	1.7167E+08	Pa		
11	Shear Modulus	7.9231E+07	Pa		
12	⊟ Strain-Life Parameters				
13	Display Curve Type	Strain-Life			
14	Strength Coefficient	9.2E+08	Pa		
15	Strength Exponent	-0.106			
16	Ductility Coefficient	0.213			
17	Ductility Exponent	-0.47			
18	Cyclic Strength Coefficient	1E+09	Pa		
19	Cyclic Strain Hardening Exponent	0.2			
20	⊞ S-N Curve	Tabular			
24	Tensile Yield Strength	2.5E+08	Pa		
25	Compressive Yield Strength	2.5E+08	Pa		
26	Tensile Ultimate Strength	4.6E+08	Pa		
27	Compressive Ultimate Strength	0	Pa		

전체 메시 @ Statics:

Nodes	72359
Elements	29842

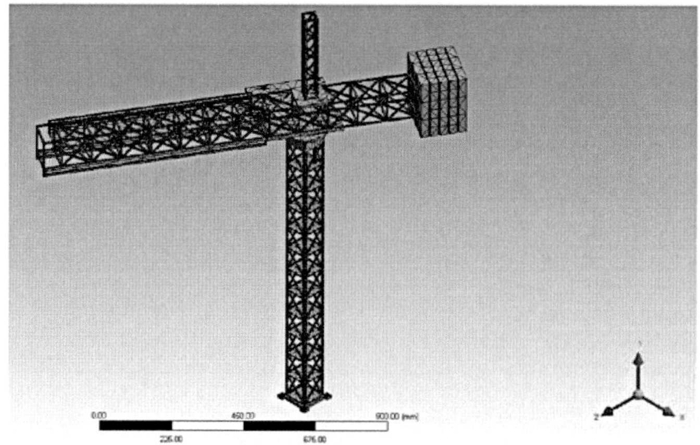

메시 치수 108.76 [mm]

3. 구조해석

3-1. 권상. 권하 최대하중작업

선정한 타워크레인은 마스트 높이 80[m], 지브 길이 80[m]이다. 이때 HK480-20의 최대정격하중은 3.1[ton]이다. 모델링 한 타워크레인의 축척 비는 약 1:70이므로 모델링한 타워크레인에 걸어야 할 하중은 0.044[ton]으로 중력가속도를 고려한다면 약 434[N]의 하중이 축소모형의 정격 하중이다.

제원표에 따르면 카운터 웨이트의 최대하중은 31.4[ton]이다. 하지만 tip weight에 맞게 하중을 조절해야 한다. 이때 타워크레인의 카운터 지브와 지브의 모멘트합을 0으로 두고 카운트 웨이트의 중량을 구한다.

$\Sigma M = (22.5[m])(x[$ =0 , x=11.02[ton]

이므로 축척비를 고려해 카운터 웨이트의 무게는 0.157[ton]로 한다. 즉, 1543[N]의 힘이 카운터 웨이트에 작용한다.

RADIUS AND CAPACITY

Jib length	Max capacity (m/kg)		Radius & Hoisting capacity												
m r	2 fall	4 fall	m / kg	25	30	35	40	45	50	55	60	65	70	75	80
80 (r = 81.9)	2.8~33.0 10000	2.8~18.0 20000	2 fall	10000	10000	9350	7950	6840	5950	5250	4670	4200	3790	3430	3100
			4 fall	13300	10600	9140	7740	6630	5740	5040	4460	3990	3580	3220	2890
75 (r = 76.9)	2.8~36.0 10000	2.8~19.0 20000	2 fall	10000	10000	10000	8930	7780	6830	6040	5380	4820	4360	4050	
			4 fall	14830	11980	10000	8720	7570	6620	5830	5170	4610	4150	3840	
70 (r = 71.9)	2.8~42.0 10000	2.8~22.0 20000	2 fall	10000	10000	10000	10000	9330	8260	7370	6610	5970	5450		
			4 fall	17610	14370	11920	10000	9120	8050	7160	6400	5760	5240		
65 (r = 66.9)	2.8~42.0 10000	2.8~22.0 20000	2 fall	10000	10000	10000	10000	9340	8250	7360	6640	6050			
			4 fall	17610	14370	11920	10000	9130	8040	7150	6430	5840			
60 (r = 61.9)	2.8~44.0 10000	2.8~23.0 20000	2 fall	10000	10000	10000	10000	9760	8550	7650	6950				
			4 fall	18340	14900	12400	10590	9550	8340	7440	6740				
55 (r = 56.9)	2.8~45.0 10000	2.8~24.0 20000	2 fall	10000	10000	10000	10000	10000	8950	8050					
			4 fall	19100	15490	12990	11000	9790	8740	7840					
50 (r = 51.9)	2.8~46.0 10000	2.8~24.0 20000	2 fall	10000	10000	10000	10000	10000	9150						
			4 fall	19420	15690	13000	11110	9790	8940						
45 (r = 46.9)	2.8~45.0 10000	2.8~24.0 20000	2 fall	10000	10000	10000	10000	10000							
			4 fall	19420	15690	13000	11110	9790							
40 (r = 41.9)	2.8~40.0 10000	2.8~24.0 20000	2 fall	10000	10000	10000	10000								
			4 fall	19800	16020	13420	11400								

건설기계(타워크레인)제원표

구분				구분		
형식승인(신고)자		한국타워크레인(주)				
건설기계명		타워크레인		제작회사(제작국)		한국타워크레인(대한민국)
형식		HK480H-20		규격		20톤/18m~80m/2.89톤
권상전동기	형식	1LE		지브전동기	형식	-
	출력	75 kW			출력	- kW
	전압	380 V			전압	- V
	전류	141 A			전류	- A
	제작회사(제작사)	SIEMENS(독일)			제작회사(제작사)	-
카운트웨이트중량		3.1톤×2개	4.2톤×6개	권상와이어로프 지름		18 mm
		-	-	트롤리와이어로프지름		10 mm
		-	-	지브기복와이어로프지름		- mm
작업장치	최대정격하중	20 톤		선회속도		0.68 rpm
	지브형식	T 형		훅 상승속도		93 m/min
	지브의 최대각도	- 도		최소 작업반경		2.8 m
	최대 작업반경	80 m		메인지브 최대길이		80.7 m
	최대설치 높이	211.5 m		카운터지브 최대길이		22.7 m
	마스트 기본단	6m, 12개 - - -		마스트규격(가로×세로×높이)		2.3m×2.3m×6m - - -

JIB COMBINATION

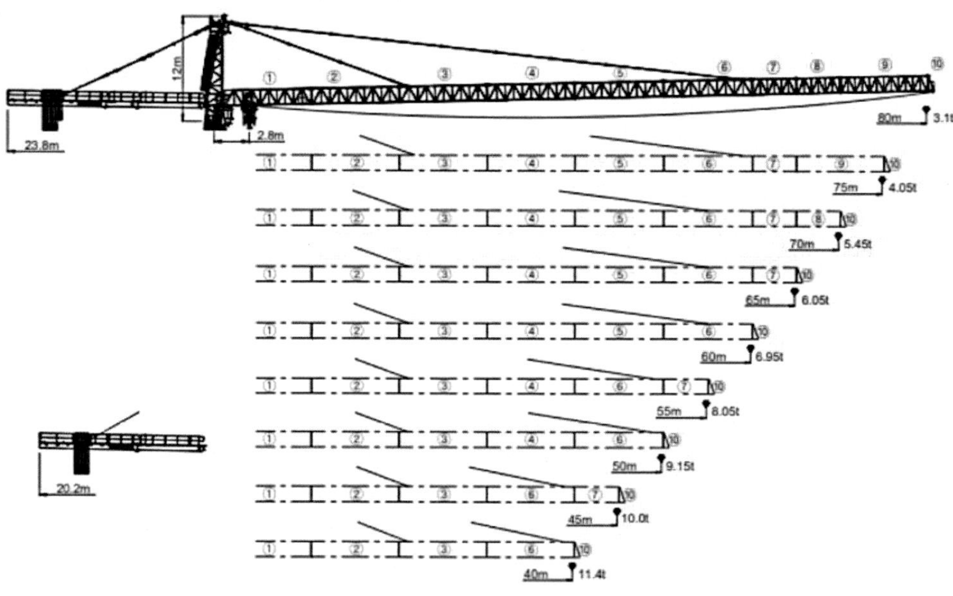

경계조건

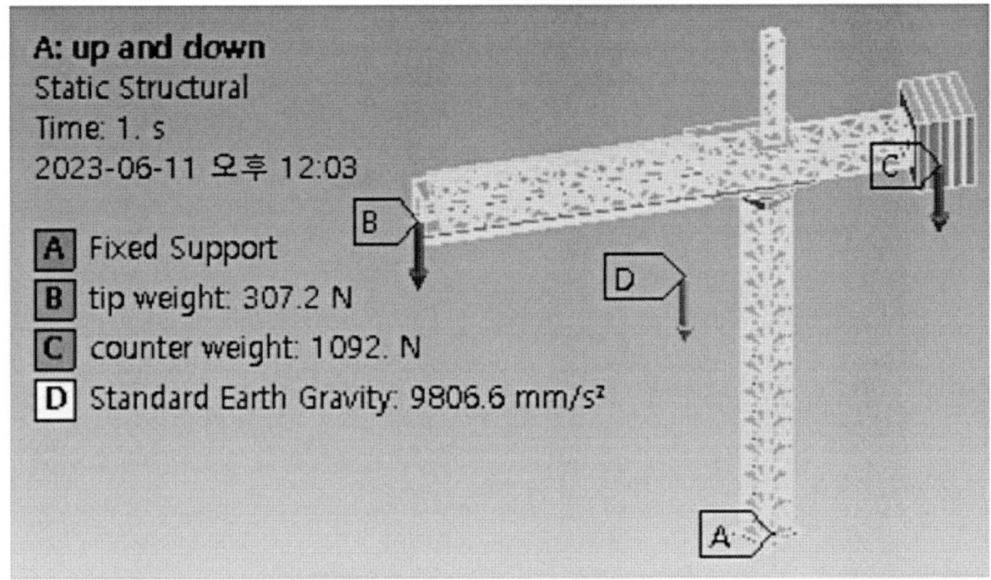

A-fixed support

구속 조건 정의

고정 지점 설정

① Support 항목설정 : Fixed Support 적용

Outline > Static struchuere > RMB > Insert > Fixed Support

② Geometry 입력 : Graphic window에서 대상선택 > Detail > Geometry > Apply

B(Tip Weight) force 434[N]

하중 조건 정의

tip jib 하중 지점 설정

① Force 항목설정 : Force 적용

Outline > tower crane steel > RMB > Insert > Force

② Geometry 입력 : Graphic window에서

대상선택 > Detail > Geometry > Apply

③ 변위 입력 : Detail > Definition

Define By : Components

X Components: 0 [N]

Y Components: -434 [N]

Z Components: 0 [N]

C(Counter Weight) force 1543[N]

하중 조건 정의

Counter jib 하중 지점 설정

① Force 항목설정 : Force 적용

Outline > Static structure > RMB > insert > Force

② Geometry 입력 : Graphic window에서 대상선택 > Detail > Geometry > Apply

③ 변위 입력 : Detail > Definition

Define By : Components

X Components: 0 [N]

Y Components: -1543 [N]

Z Components: 0 [N]

결과확인

Total Deformation

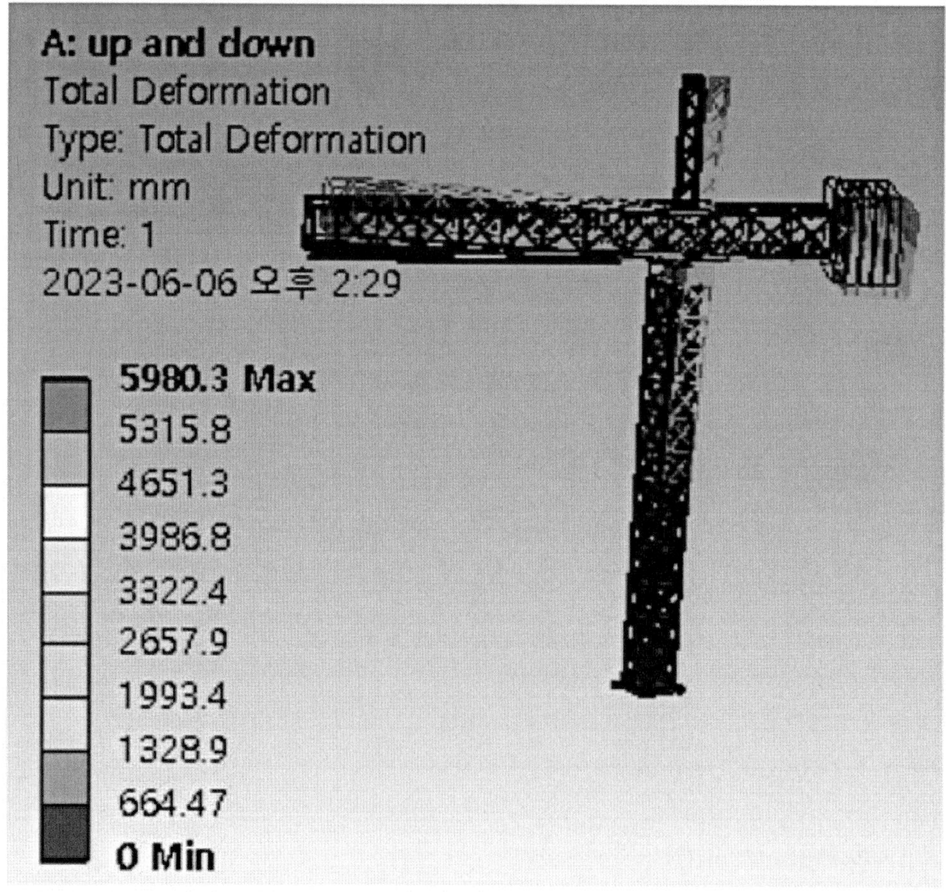

equivalent stress

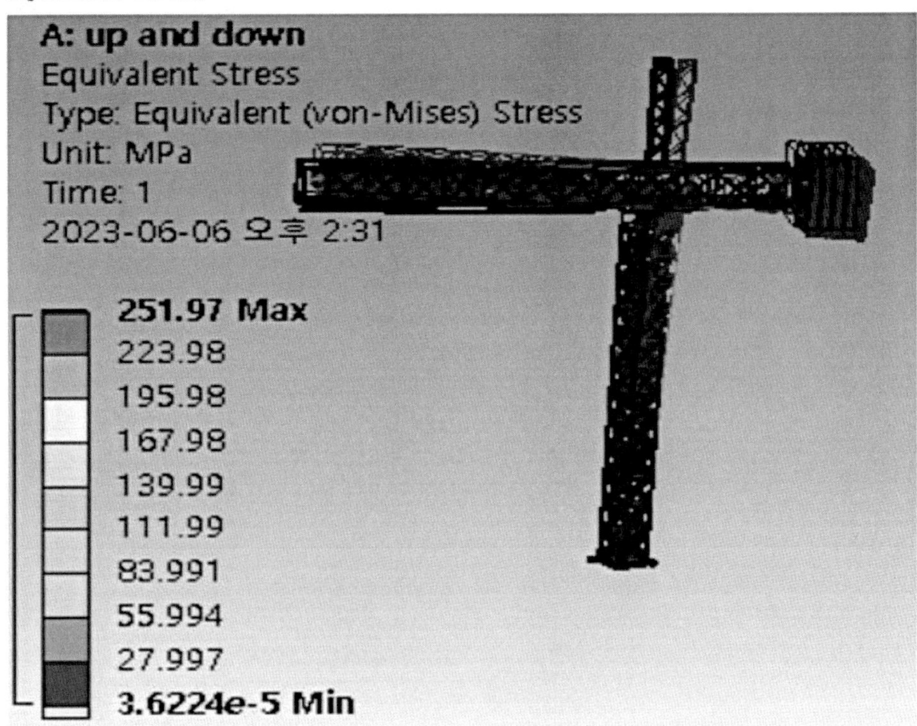

—fatigue Life

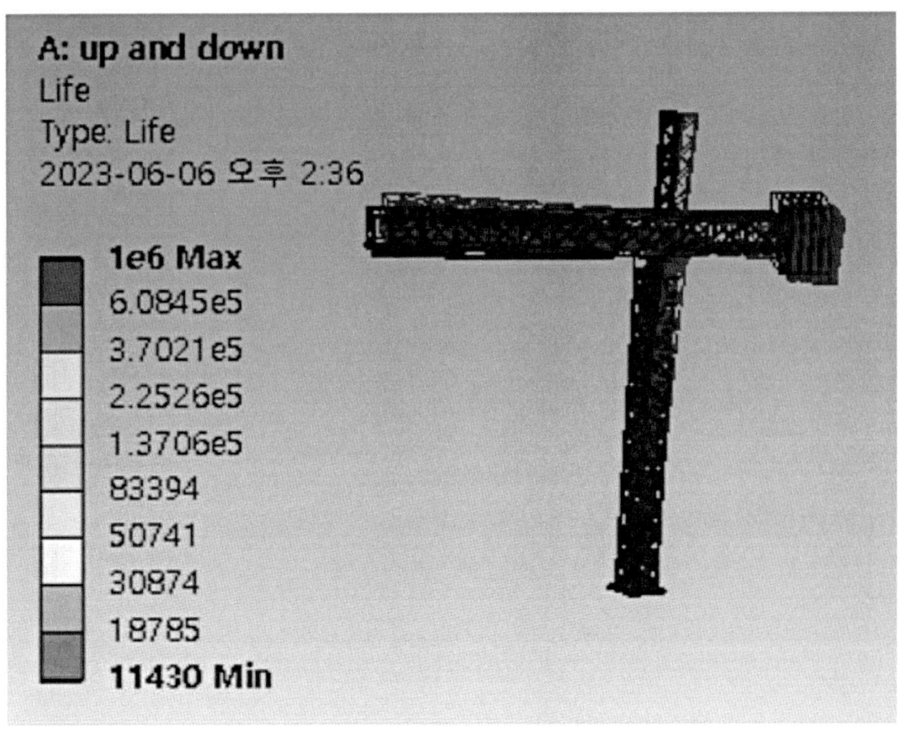

-Safety Factor

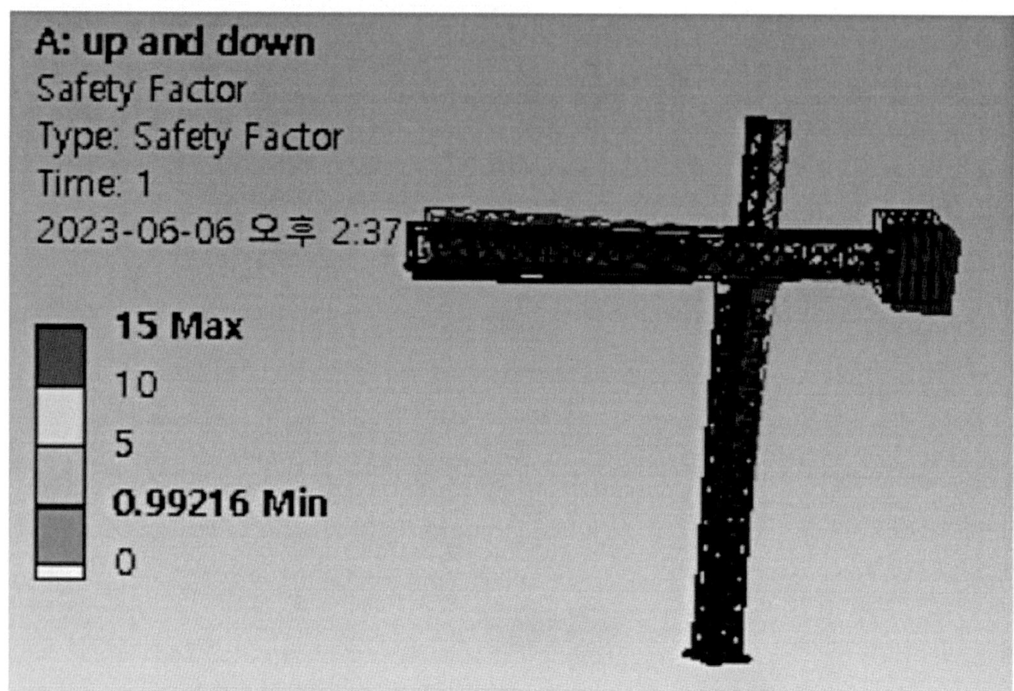

3-2. 권상. 권하 적정하중작업

앞에서도 나왔듯이 안전도가 1이 넘지 않아 크레인이 최대하중을 들어 올릴 시 파손될 우려가 존재한다. 따라서 적정 하중을 정해주어야 한다.

타워크레인 적정 하중 공식: $P \le (T - 0.1F)/1.25$

(P: 정격 양 중 능력, T= 전도 하중, F=지브 중량에 의한 끝단에 걸리는 힘)

따라서 T= 434[N], F=51[kgf]=499.8[N]이다

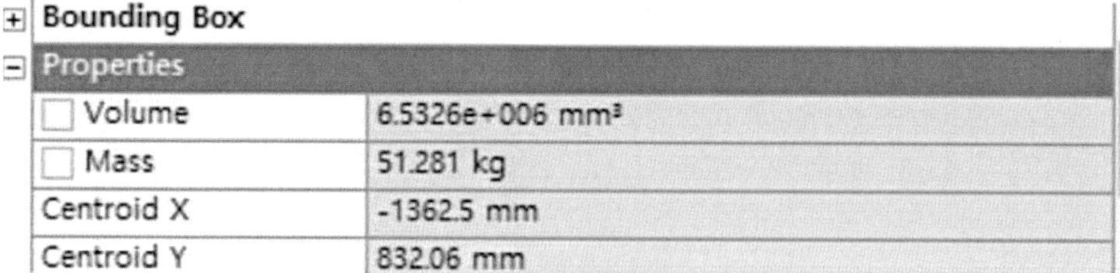

Bounding Box	
Properties	
Volume	6.5326e+006 mm³
Mass	51.281 kg
Centroid X	-1362.5 mm
Centroid Y	832.06 mm

P=(434-(0.1)499.8)/1.25 = 307.2[N]

모멘트의 합은 0을 이용해 적정 카운터 웨이트의 중량을 구해본다면

$\Sigma M = (22.5[m])(x[N]) - (80[m])(307.2[N])$, x=1092.3[N]

경계조건

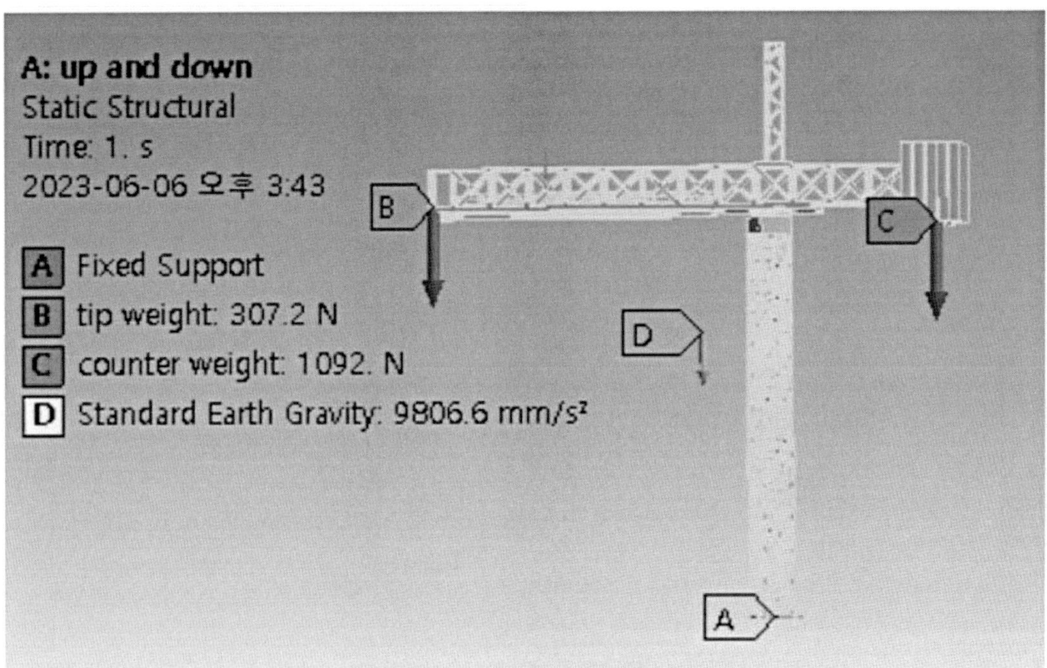

—Total Deformation

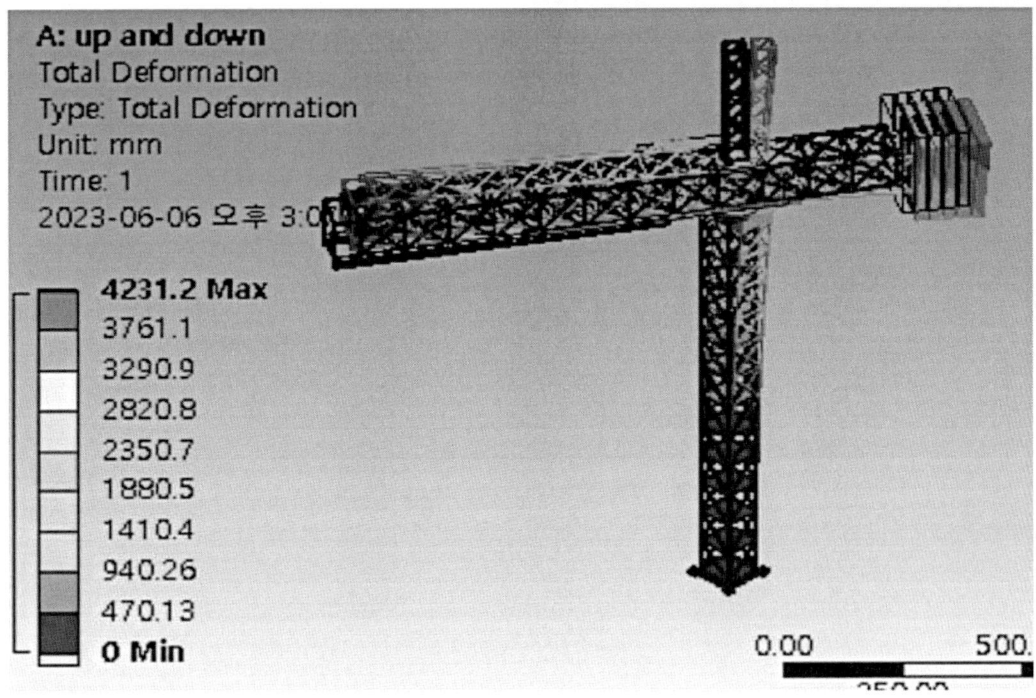

-Equivalent Stress

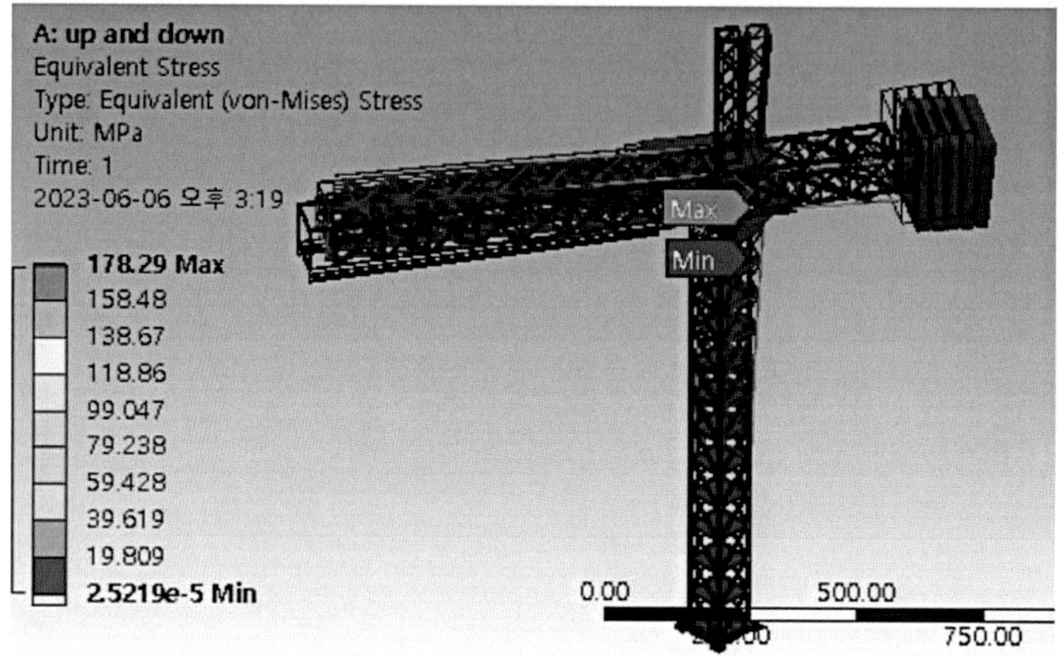

-Safety Factor

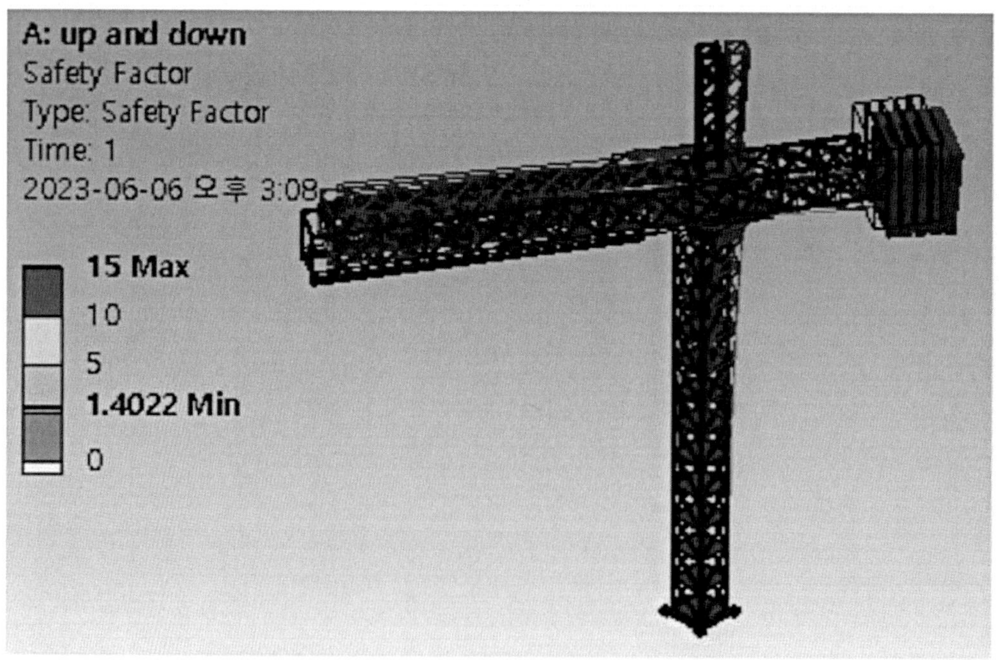

-Life

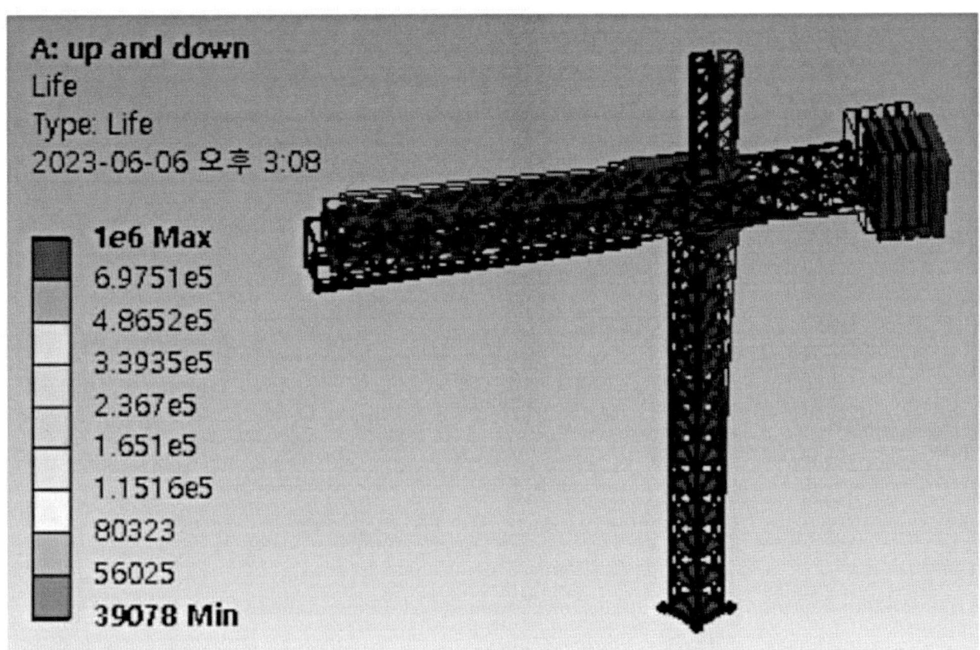

3-3 풍하중

-풍하중 계산식

$W = qCA$ (q: 속도압$[kgf/m^2]$, W: 풍하중$[kgf]$, A: 압력받는 면적$[m^2]$, C: 풍력계수)

<속도압 계산식>

1. 크레인 작동 시 $8.5 * \sqrt[4]{h}[kgf/m^2]$

크레인의 바람을 받는 면의 높이 [m] 72+14.4= 86.4m 축척비 (1:70) 고려 시 h=1.24[m]

q(동작 시) = $8.96[kgf/m^2]$

2. 크레인 정지 시 $M * \sqrt[4]{h}[kgf/m^2]$

$M = \frac{v^2}{30}$

v : 설계 기본풍속 (m/s) 시흥시 기본풍속 = 28m/s

q(정지 시) = $27.6[kgf/m^2]$

○ 지역별 기본풍속

지역		Vo (m/s)
서울특별시 인천광역시 경기도	옹진	30
	인천, 강화, 안산, 시흥, 평택	28
	서울, 김포, 구리, 수원, 군포, 오산, 화성, 의왕, 부천, 고양, 안양, 과천, 광명, 의정부, 동두천, 양주, 파주, 포천, 남양주, 가평, 하남, 성남, 광주, 양평, 용인	26
	안성, 연천, 여주, 이천	24

<면적 찾기>

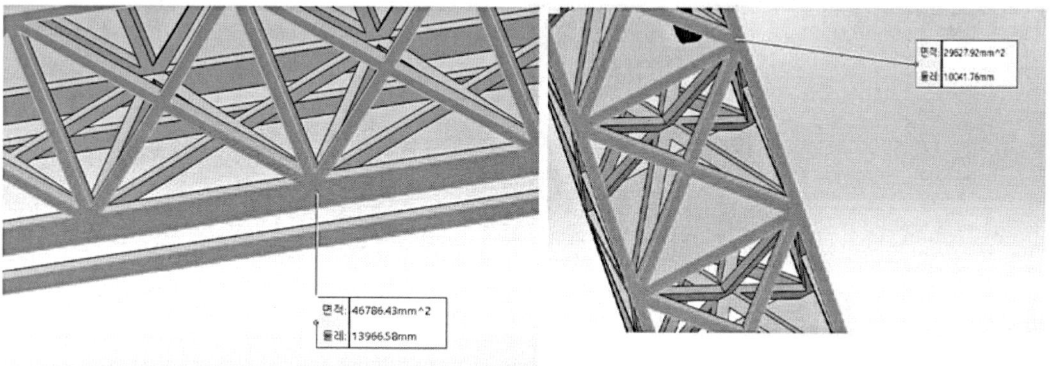

지브 면적: 44786.43mm^2 =0.044786m^2

마스트 면적: 29627.92mm^2 = 0.029628m^2

총면적(A) = 0.074414m^2

<풍력 계수 찾기>

<표 3> 풍력계수

바람을 받는 면의 구분			값(C)
평면 트러스(강관제의 평면 트러스는 제외)에 의해 구성되는 면	W1	0.1미만의 것 0.2이상 ~0.3미만 0.3이상 ~0.9미만 0.9이상	2.0 1.8 1.6 2.0
평면으로 구성된 면	W2	5미만 5이상 ~ 10미만 10이상 ~ 15미만 15이상 ~ 25미만 25이상 ~ 50미만 50이상 ~ 100미만 100이상	1.2 1.3 1.4 1.6 1.7 1.8 1.9
원통면 및 강관제의 평면 트러스에 의해 구성되는 면	W3	1미만 1이상	1.2 0.7

이 표에서 W1, W2, W3는 각각 다음 값을 의미한다.

W1 : 충실률(크레인의 바람을 받는 전면적을 당해 바람을 받는 면의 면적으로 나눈 값)
W2 : 크레인의 바람을 받는 면의 길이를 바람을 받는 면의 폭으로 나눈 값
W3 : 원통 또는 강관의 외경(m)에 제2항의 크레인 정지 시 속도압 값(kgf/㎡) {N/㎡}의 제곱근을 곱한 값.

풍력계수 C = 2.0 으로 설정

-풍하중 계산

$W = qCA\,(q: 속도압\,[kgf/m^2],\ W: 풍하중\,[kgf],\ A: 압력받는면적\,[m^2],\ C: 풍력계수)$

W(동작)=(8.96)(2)(0.074414)(9.8) =13.07[N]

W(정지)=(27.6)(2)(0.074414)(9.8) = 40.25[N]

풍하중 지점 설정

① Pressure 항목설정 : Pressure 적용
　　Outline > Static structure > RMB > Insert > Force

② Geometry 입력 : Graphic window에서 대상선택 > Detail > Geometry > Apply

③ 변위 입력 Detail > Detail > Definition
　　Applied by : Components
　　Magnitude : 크레인 작업 시 13.07[N]
　　　　　　　크레인 정지 시 40.25[N]

경계조건

-작업 시

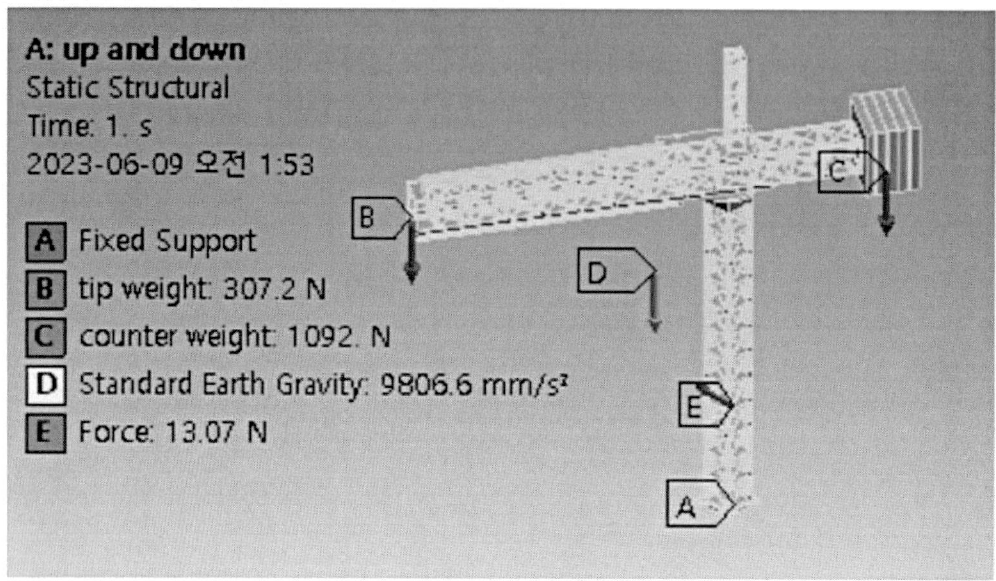
A: up and down
Static Structural
Time: 1. s
2023-06-09 오전 1:53
A Fixed Support
B tip weight: 307.2 N
C counter weight: 1092. N
D Standard Earth Gravity: 9806.6 mm/s²
E Force: 13.07 N
A
B
C
D
E

-정지 시

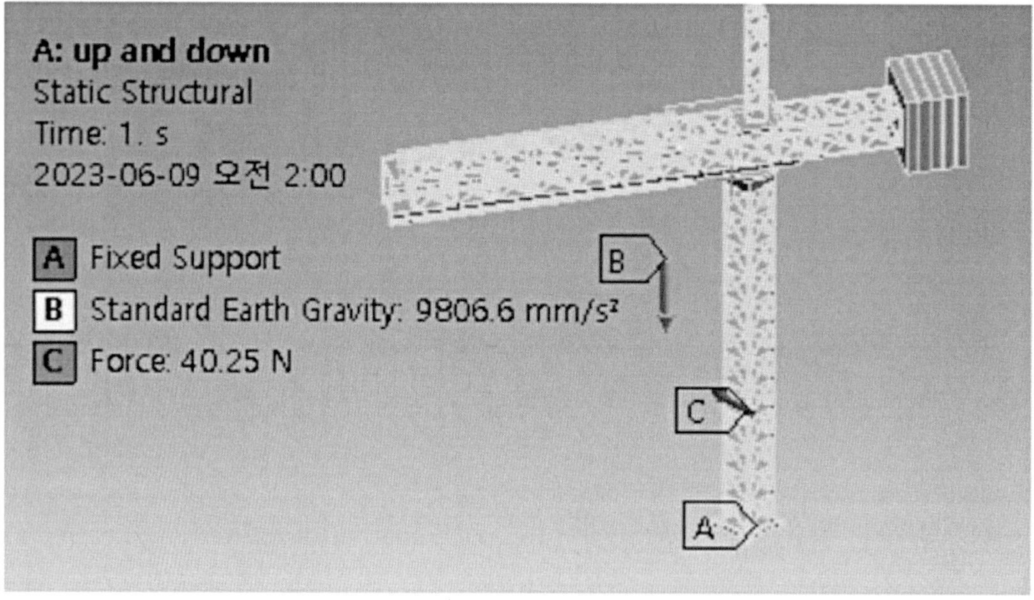
A: up and down
Static Structural
Time: 1. s
2023-06-09 오전 2:00
A Fixed Support
B Standard Earth Gravity: 9806.6 mm/s²
C Force: 40.25 N
A
B
C

-작업 시 Total Deformation

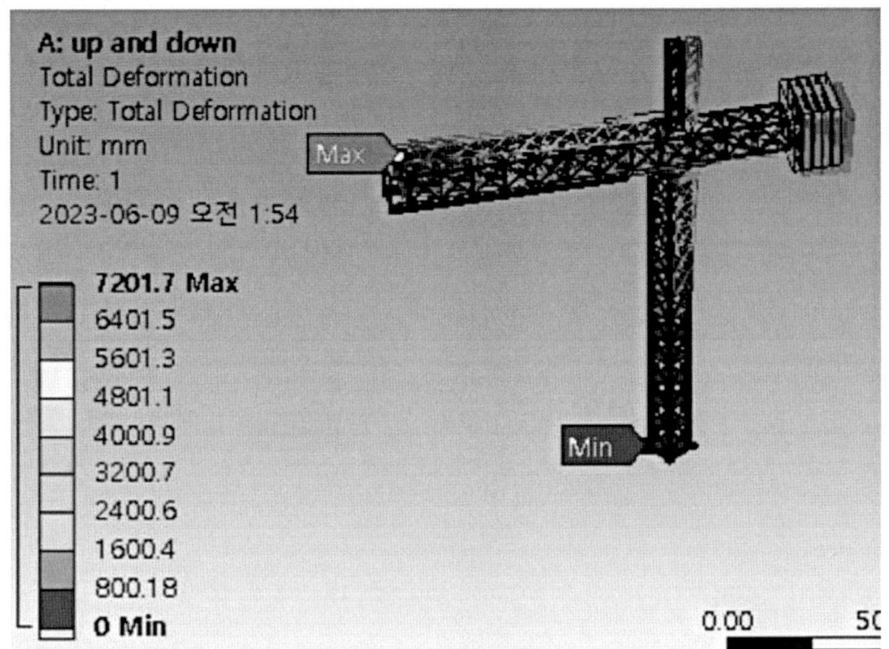

-작업 시 Equivalent Stress

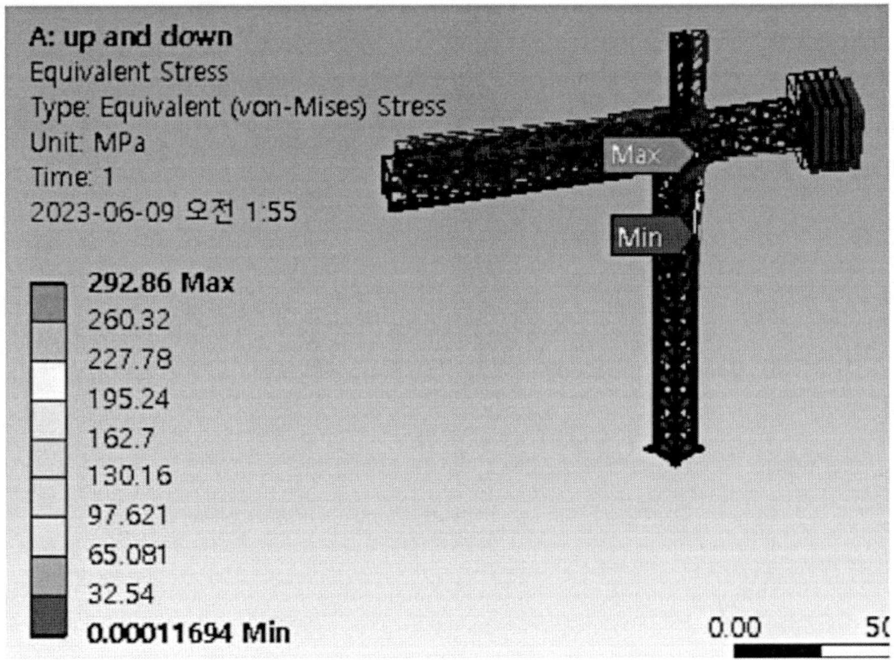

-정지 시 Total Deformation

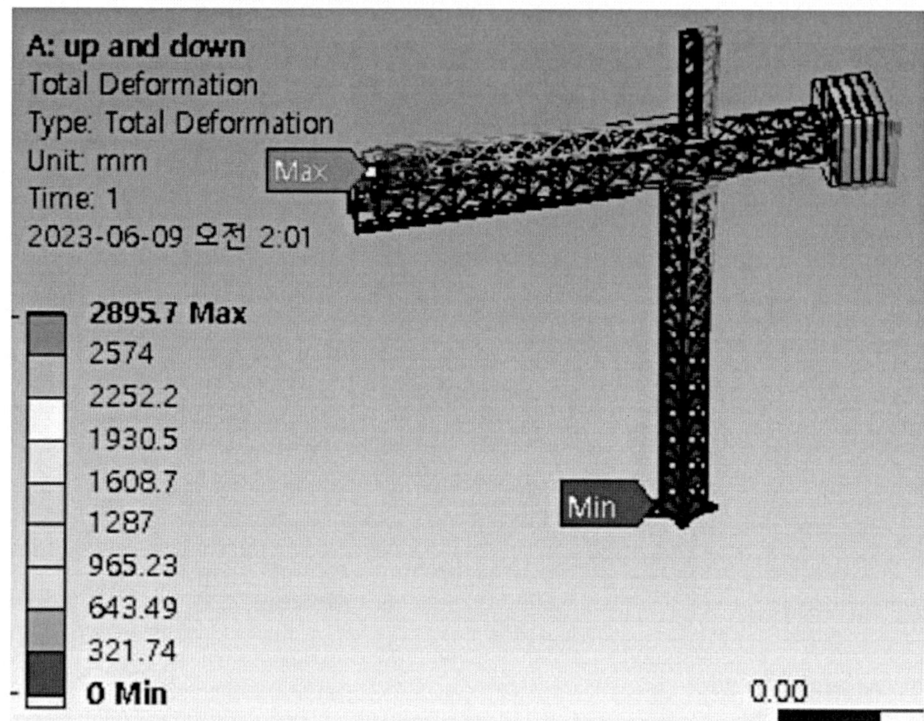

-정지시 Equivalent Stress

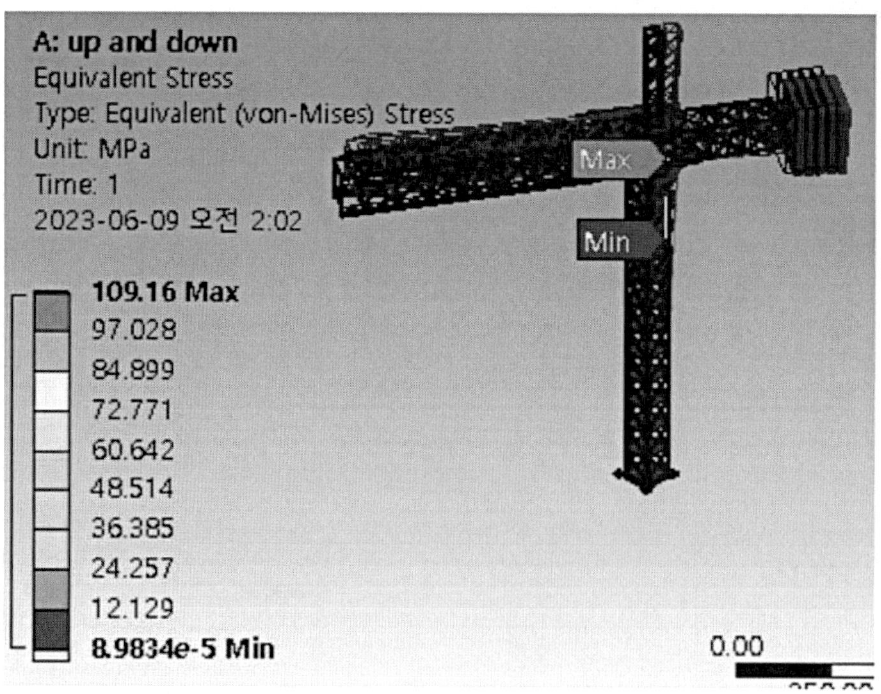

4. 결론

4-1 권상,권하작업 결과분석

3-1에서 한국타워크레인(주)에서 제공한 카탈로그를 분석해 타워크레인에 하중을 주고 그에 맞는 카운터 웨이트를 선정해서 구조해석을 진행하였다. 해석 결과 많은 응력이 타워 크레인의 상부지브와 마스트 연결부위에 발생하였다. 타워크레인 설계시 마스트와 상부지브의 연결부분에 높은 강도를 견딜수 있는 재료로 견고히 설계해야한다.

또, 카탈로그에서 제공한 데이터를 기반으로 해석했을시에 크레인이 안전계수 1을 넘지못했고 피로수명이 현저히 낮게 나왔기 때문에 적정한 허용하중을 찾기위해 노력했다. 크레인 적정하중을 계산하는 공식을 이용해 허용하중을 계산한 결과 안전율이 1을 넘었고 피로수명 또한 4배 정도 상승한 것을 확인 하였다. 타워 크레인이 항상 무거운 하중을 옮기는 것은 아니지만 크레인의 적정한 허용하중을 설정해 운전을 하는 것이 크레인의 수명 및 안전사고를 예방하는데에도 큰 도움이 될 것 이다.

4-2 풍하중 결과분석

본 연구의 구조해석 결과는 단순 비교를 위한 모델링을 통하여 확인된 결과이므로, 정밀해석 결과 및 타워크레인 구조설계 결과와 비교할 경우 다소 차이가 있을 수 있다.

해석 결과 권상,권하 작업시보다 정지상태에서 타워크레인이 풍하중의 영향을 더 많이 받는 것으로 해석되었다. 따라서 타워크레인의 해석에서 가해지는 하중이 줄어 들수록 풍압력에 의한 변형이 커지는 것을 볼 수 있다. 만약 사고가 발생하면 크레인 작업을 시작할 때, 크레인 작업이 종료 되었을 때가 가장 사고 발생률이 높을 것으로 예상된다. 따라서 작업을 시작하거나 종료할 경우에는 작업자는 안전대책을 숙지하고 있어야 하며 타워크레인을 설계하는 설계사에서도 최대 풍압을 고려해 안전설계, 더 많은 지지대 설치등 안전대책을 강구해나가야만 한다.

5. 참조 및 출처

(1) 크레인의 구조·규격 및 성능에 관한 기준-국토교통부
(산업안전보건법, 위험기계 기구 안전인증 고시 제2020-41호)

(2) 타워크레인 주식회사 카탈로그

(3) 풍속에 따른 크레인 작업중지 기준에 관한 연구- 안전보건공단

(4) 국토교통부고시 제 2015-662호

9 고소 작업대 구조해석

작성자 : 정다원, 이창용

1. 프로젝트 선정

1-1 프로젝트 선정배경 및 필요성

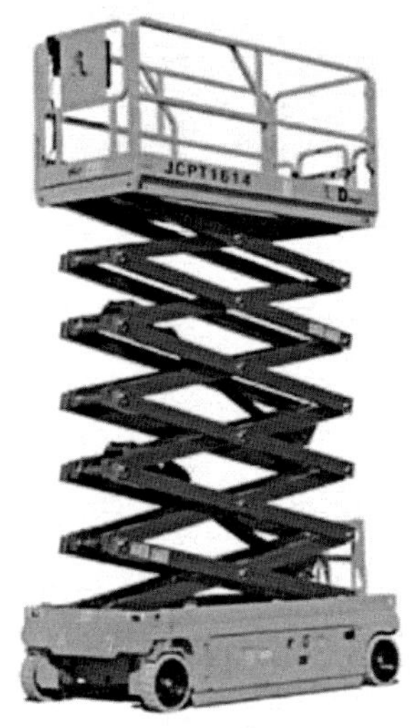

그림1. 고소 작업대

건설현장을 지나다 보면 고소 작업대를 흔하게 볼 수 있다. 안전과 관련된 규정이 나날이 강화되고 법적으로 사다리 사용도 금지가 되면서 고소 작업대의 사용이 늘어났다. 건설현장이나 물류창고, 건물의 유지보수, 외벽청소, 간판 설치, 천장 공사와 같은 다양한 작업에 활용성이 좋아 더욱 많이 사용된다. 고소 작업대는 무거운 물건들을 높은 곳에 올려주면서 고공에서의 작업 또한 원활하게 할 수 있게 해준다. 즉 높은 곳에서의 작업을 안전하고 빠르게 도와준다는 장점이 있다. 하지만 최근 건설현장에서 고소 작업대 사용 중 대규모 안전사고가 잇따라 발생하고 있다.

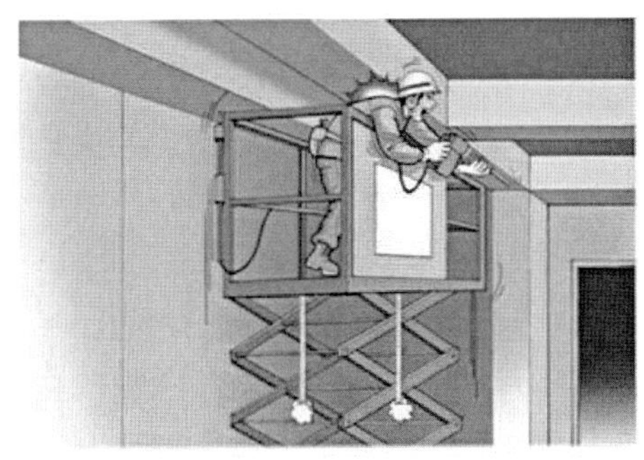

그림 2. 고소 작업대 끼임 사고 그림 3. 고소 작업대 추락 사고

2012년부터 2020년까지 고소 작업대 작업 도중 172명이 사망한 것으로 집계된다. 그림 2와 3에서 볼 수 있듯이 고소 작업대 사고 사망자는 대부분 건설업에서 발생했는데 근로자가 작업대에서 떨어지거나 끼이는 사고였다. 특히 사망사고는 건물 외벽 공사 등에서 사용하는 차량탑재형 고소 작업대에서 떨어지는 사고가, 실내에서 사용하는 시저형 고소 작업대는 끼이는 사고가 건수도 많았다.

그림4. 고소 작업대 이동 중 쓰러짐 사고

실제 안전 수칙에 의하면 고소 작업대를 내리고 이동을 해야 한다. 하지만 그림 4에 보이듯이 순간의 잘못된 판단으로 인해 고소 작업대를 내리지 않고 이동하는 경우가 매우 많다고 한다. 이런 경우 안전장치가 제대로 설치되지 않았을 경우가 더욱 많아 고소 작업대가 쓰러져 작업자가 상처를 입거나 사망하는 경우가 생긴다.

따라서 우리 팀은 고소 작업대의 폭과 넓이에 따른 구조의 안전도를 평가하고 고소 작업대 측면에 풍하중을 받을 시 지지대 유무에 따른 변형률을 파악하고자 본 주제를 선정하였다.

1-2 프로젝트 해석 계획

고소 작업대는 시저형(Scissor), 붐(Boom)형, 유압형 고소 작업대로 분류할 수 있다. 시저형은 작업대가 시저 장치에 의해서 수직으로 오르내리는 형태로서 작업대에 작업자를 탑승시킨 상태에서 시저형 구조물을 상승시켜 천장 배관, 전등설치 등에 사용된다. 붐형은 작업대를 연결하는 지브 굴절 혹은 신축되는 형태로서 작업대에 작업자를 탑승시킨 상태에서 지브를 상승시켜 선박의 선측 등 높이가 2m 이상인 장소에서 도장, 용접, 사상 등의 작업을 하는 장비로 주로 조선소에서 사용된다. 마지막으로 유압형 고소 작업대란 작업대에 1명의 작업자를 탑승시킨 상태에서 동력을 이용과 작업대를 상승시켜 빌딩 내부, 좁은 실내 공간에서 전등 교체 등의 작업을 하는 장비로서 빌딩, 대형 할인점, 체육관 등에서 주로 사용된다.

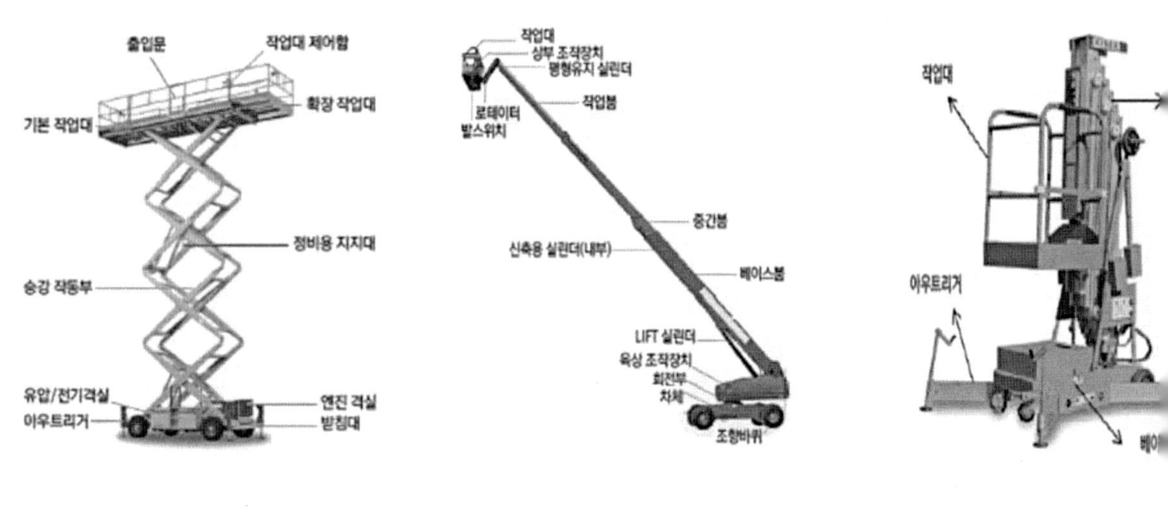

그림 5. 시저형 고소 작업대　　그림 6. 붐형　　그림 7. 유압형

이 3가지 종류 중 건설현장에서 제일 흔하게 쓰이는 시저형에 대해 구조해석을 해보고자 한다. 사고를 예방하기 위해 제일 안전한 고소 작업대의 구조 조건을 확인하고 싶기에 끼임 및 추락사고가 자주 일어나는 시저형을 선택했다. 시저형을 solidworks을 통해 모델링하고 고소 작업대의 폭과 넓이를 조정하여 안전한 고소 작업대 구조 조건을 찾을 계획이다.

2. 모델링

2-1 모델링 과정

(1) 승강 작동부 및 승강 작업부 안 피스톤

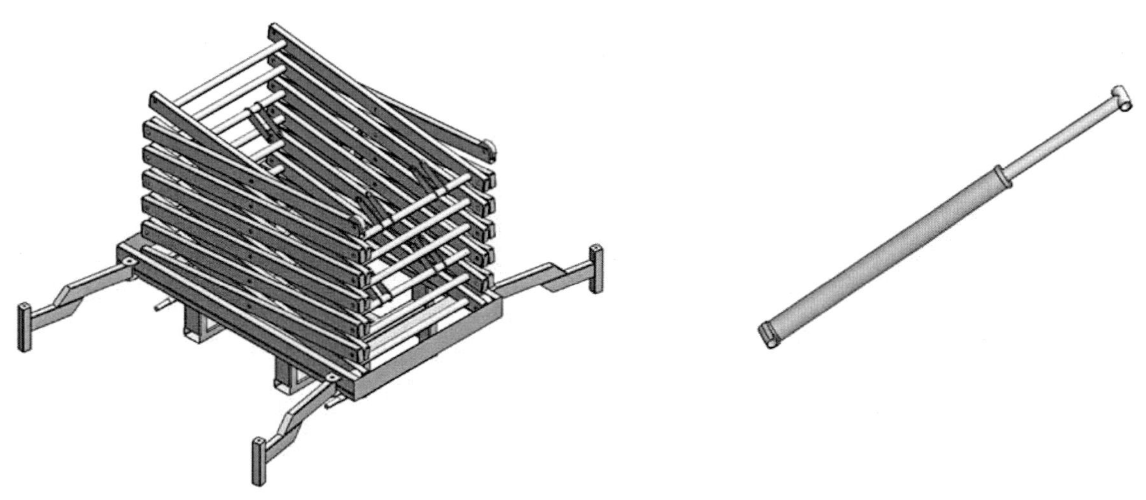

고강도 알루미늄 재질(6061T6)	
밀도	2698.8 kg/m^3
탄성계수	69GPa
푸아송비	0.33

SNCM616	
밀도	7850 kg/m^3
탄성계수	203GPa
푸아송비	0.3

(2) 바퀴

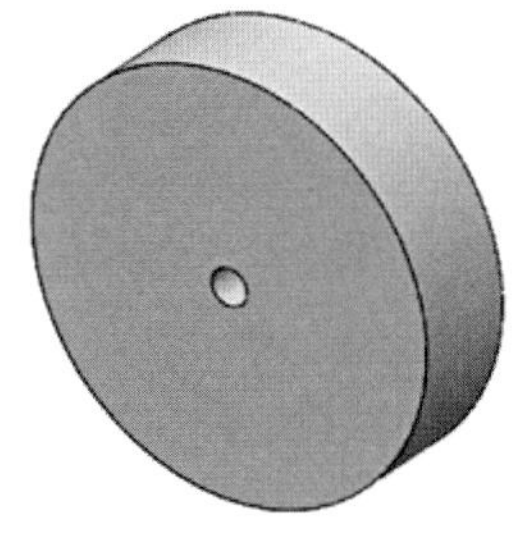

우레탄	
밀도	357 kg/m^3
탄성계수	0.0528GPa
푸아송비	0.3

(3) 작업대 및 지지대(아웃트리거)

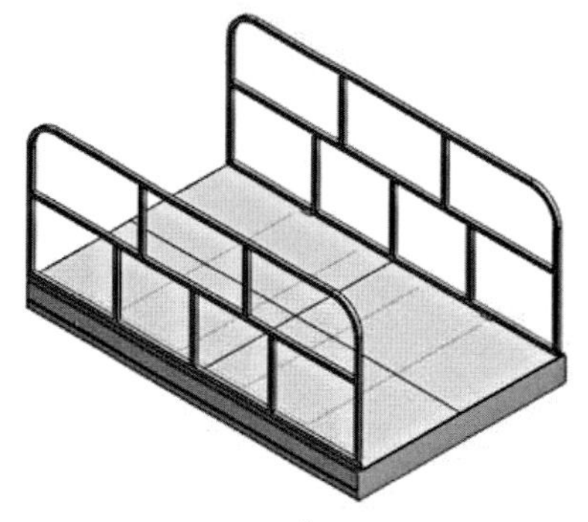

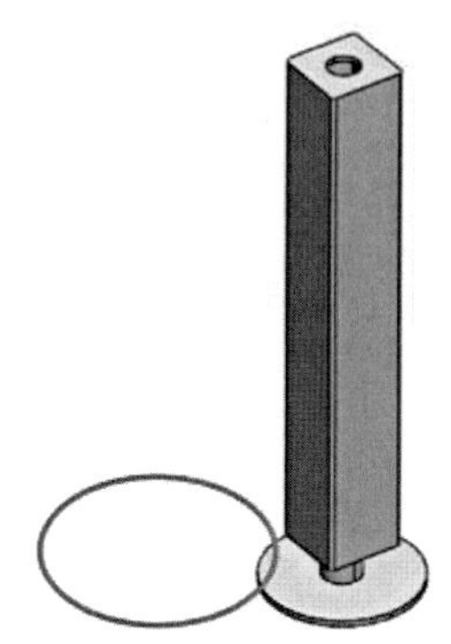

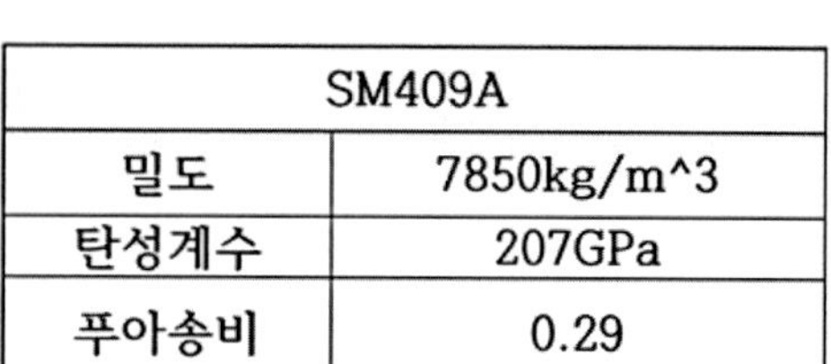

SM409A	
밀도	7850kg/m^3
탄성계수	207GPa
푸아송비	0.29

지지대 발판 - 고무	
밀도	1340kg/m^3
탄성계수	0.003GPA
푸아송비	0.49

2-2 재질 선정 이유

① 승강 작동 부는 오랜 사용 후에도 부식이 발생하지 않고, 제작 측의 강도를 유지할 수 있는 압출 성형된 고강도 알루미늄 재질(6061T 6)로 지정했다.

② 기계 이동 시 사용되는 바퀴는 실내 이동 시 바닥에 흠집이나 자국을 내지 않아야 하며, 모래알 등이 박히지 않는 우레탄 재질이어야 한다.

③ 작업 시 설치되는 지지대(아웃트리거)의 발판은 실내에 설치하더라도 바닥에 흠집이나 자국을 내지 않도록 반드시 고무 코팅처리가 되어 있어야 한다.

2-3 최종 어셈블리

① 고소 작업대의 높이는 작업 가능 높이인 11m의 중간값 6.5m로 가정하였다.

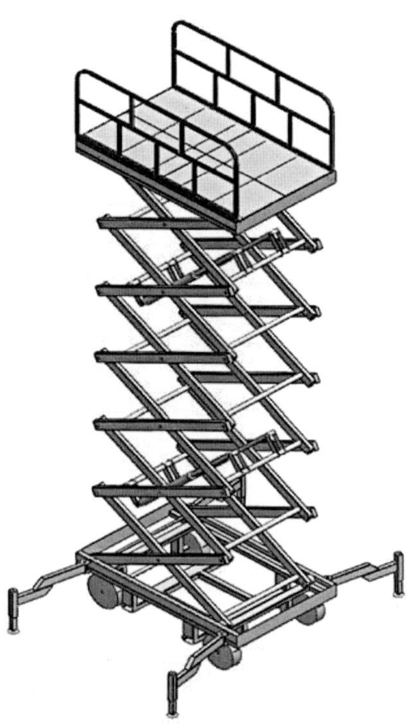

3. 해석

구속 경계조건 : 고소 작업대 left에 장착된 유압 피스톤이 작동하여 left를 고정하고 있다는 전제하에 left와 유압 피스톤을 그림8과 같이 Bonded를 부여, 4개의 바퀴는 Displacement를 부여했으며 지지대가 있는 경우에는 추가로 4개의 지지대 발판에 -Y축 방향으로 지면에 붙어 있다는 전제하에 4개의 지지대의 발판에 Fixed Support를 부여하였다.

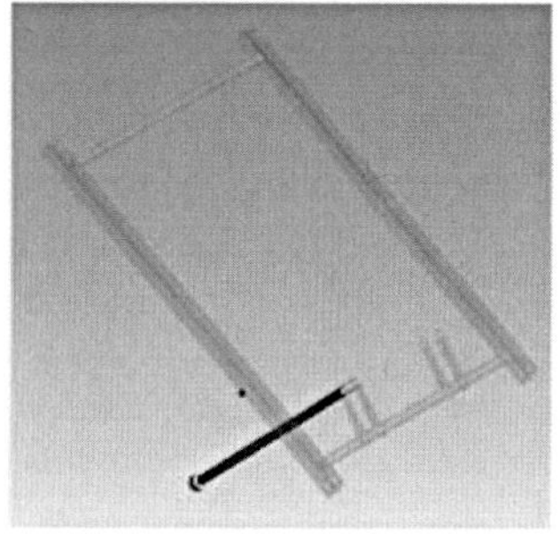

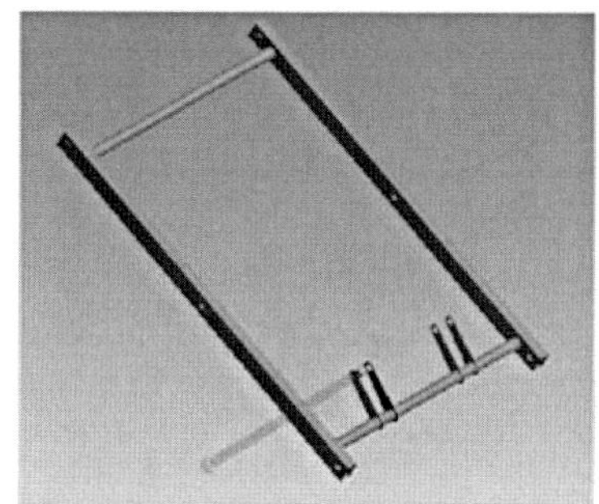

그림 8. Bonded 설정 중 일부

경계조건 : 고소 작업대 전체에 중력이 가해진 상황을 가정 Geometry 전체에

Standard Earth Gravity를 주었으며, 성인 남성 평균 몸무게인 70kg을 Point Mass를 사용하여 작업대 발판 중앙에 부여하였다.

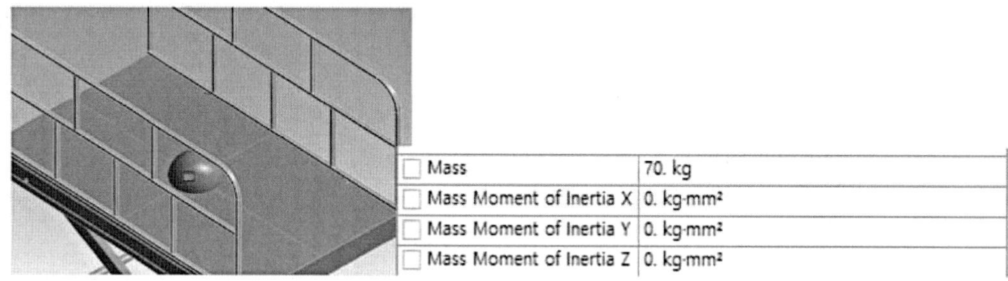

그림 9. Point Mass

또한, 고소 작업대 측면에 풍하중이 작용한다는 전제하에 100N/m^2의 풍압,

즉 평균풍속 12.5m/s의 영향을 받아 100Pa의 힘을 측면에 가하는 상황을 가정하였다.

3-1 고소 작업대 폭과 넓이에 따른 하중에 대한 변형률
(left의 폭과 넓이의 치수는 같이 진행)

(1) 2400mm*1500mm*6.5m의 치수

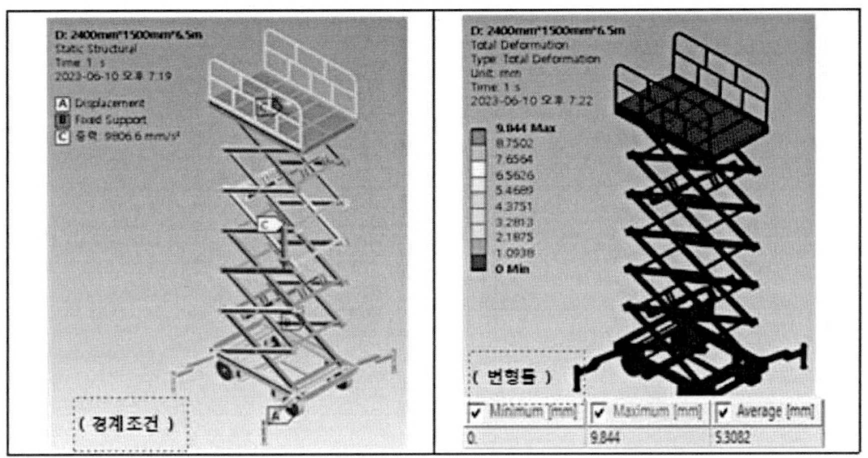

(2) 2500mm*1600mm*6.5m의 치수 - (기존 치수에서 100mm 증가)

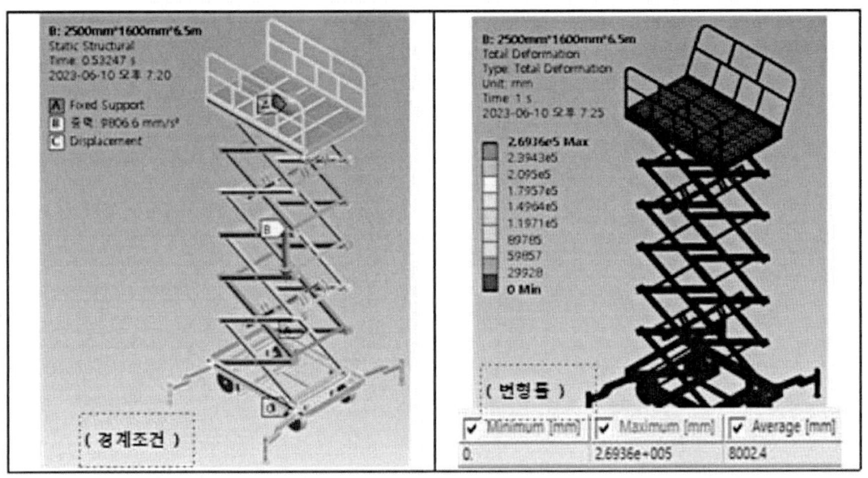

3-2 고소 작업대 폭과 넓이에 따른 하중에 대한 안전도
(left의 폭과 넓이의 치수는 같이 진행)

(1) 2400mm*1500mm*6.5m의 치수

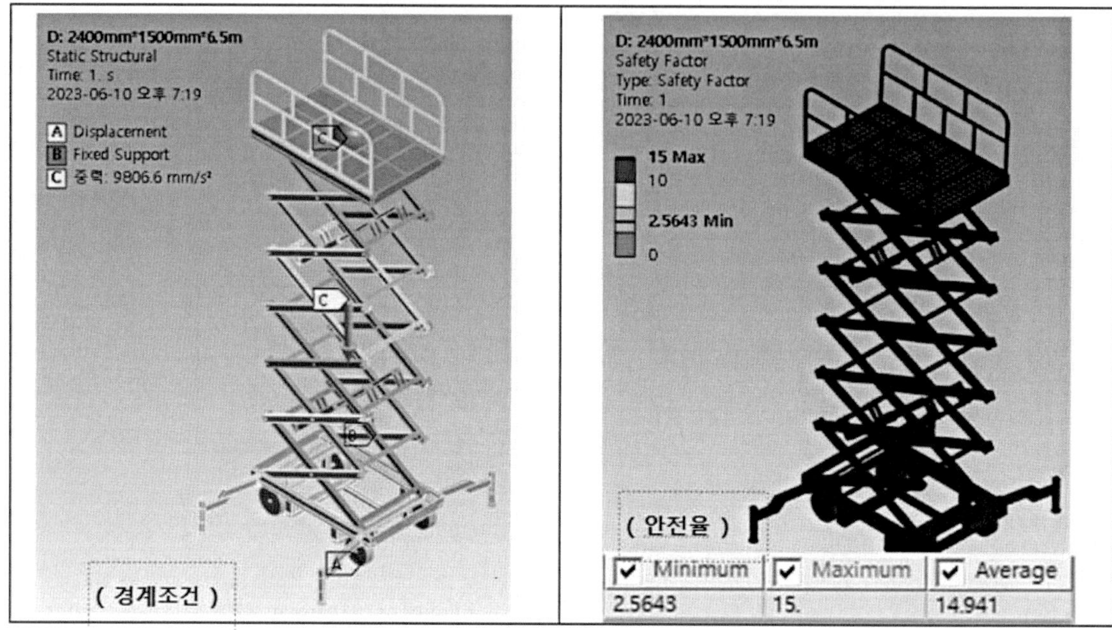

(2) 2500mm*1600mm*6.5m의 치수 - (기존 치수에서 100mm 증가)

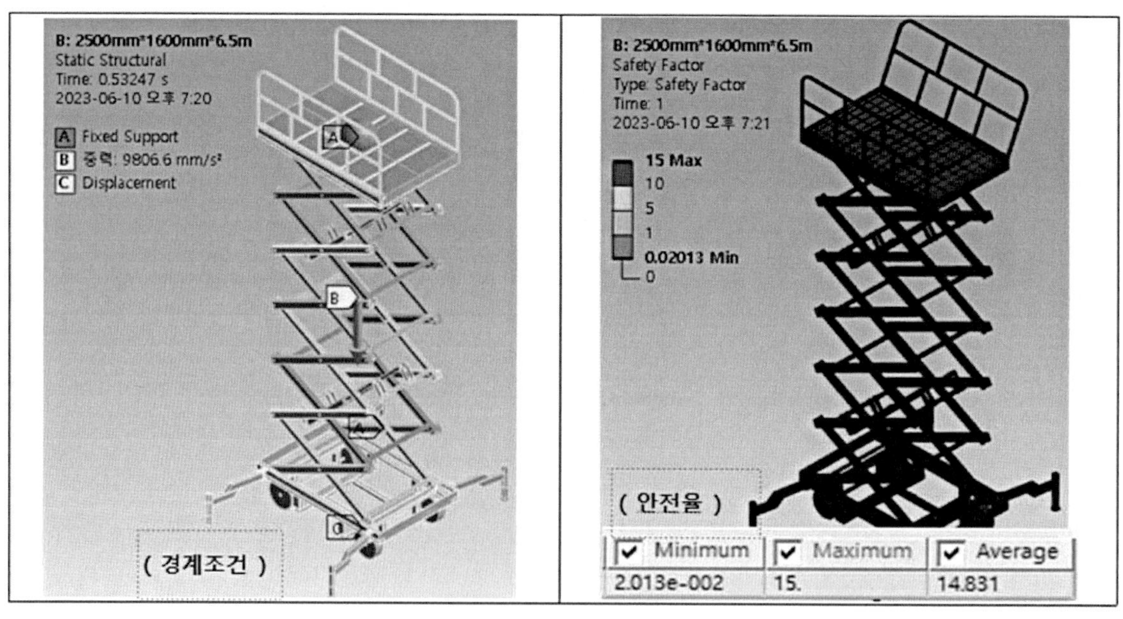

3-3 고소 작업대 폭과 넓이에 따른 하중에 대한 최대 응력

(1) 2400mm*1500mm*6.5m 치수 (2) 2500mm*1600mm*6.5m 치수

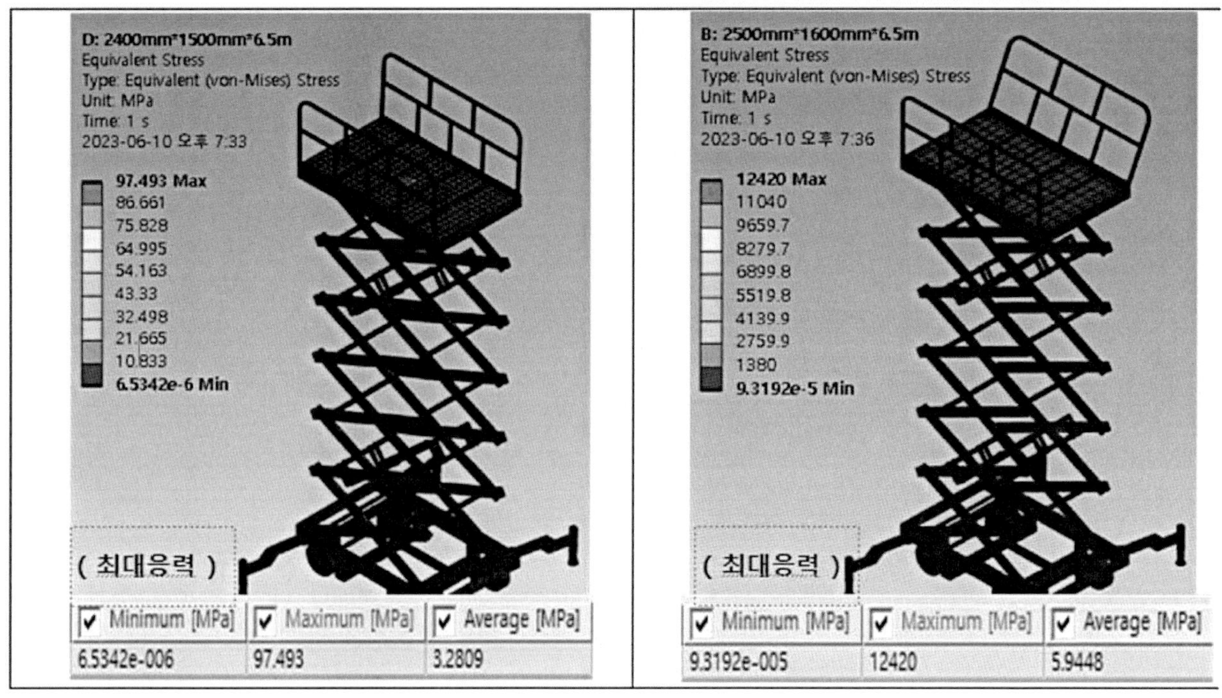

3-4 고소 작업대의 측면 풍하중을 받는 상황의 변형률

(1) 지지대가 없는 경우 - (고소 작업대 치수는 2400mm*1500mm*6.5m로 진행)

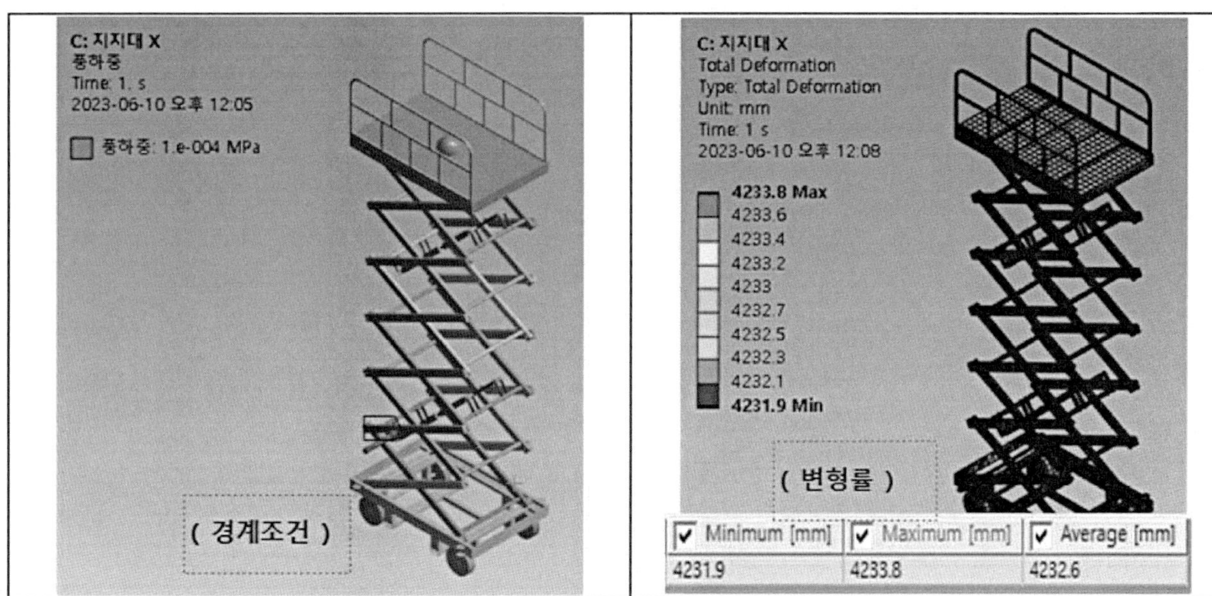

요소(Element) : 218406, 노드(Node) : 450024

(2) 지지대가 있는 경우

요소(Element) : 218406, 노드(Node) : 450024

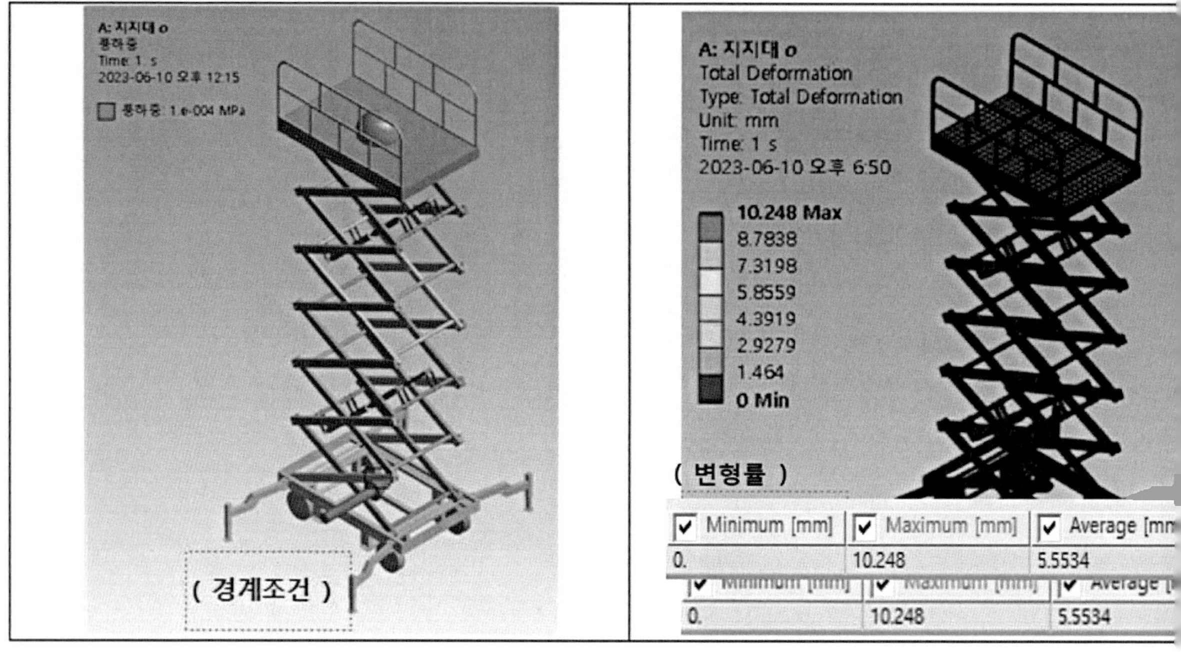

3-5 고소 작업대의 측면 풍하중을 받는 상황의 최대 응력

(1) 지지대가 없는 경우 (2) 지지대가 있는 경우

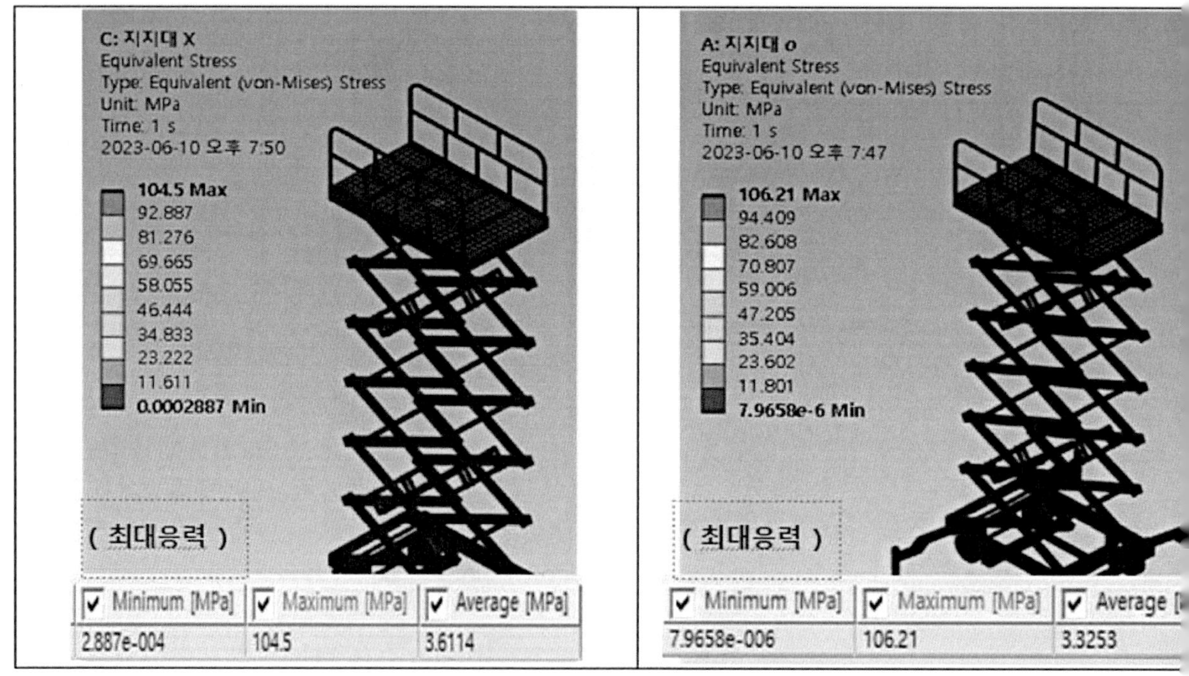

4. 해석 결과

고소 작업대의 측면 풍하중을 받는 상황의 변형률
지지대 없는 상황에서의 변형률 -> 4233mm　　　지지대 있는 상황에서의 변형률 -> 10mm
지지대 설치 여부에 따른 변형률이 차이가 나는 것을 확인.

고소 작업대 폭과 넓이에 따른 하중에 대한 안전도
2400mm*1500mm*6.5m (규격 치수) -> 안전도 : 14.91
2500mm*1600mm*6.5m (100mm 증가 치수) -> 안전도 : 14.83
변형시킨 치수가 아닌 규격 치수가 안전도가 높다는 것을 확인.

5. 결론

고소 작업대의 폭과 넓이에 따른 하중에 대한 안전도, 고소 작업대의 측면에서 풍하중을 받는 상황 이렇게 2가지 상황에서의 변형률, 안전도 해석 과정을 통하여

① 측면에 풍하중을 받으면 지지대가 설치된 고소 작업대의 차량의 변형률이 낮음을 확인

② 고소 작업대의 리프트의 치수를 제외한 지지대 베이스와 고소 작업대 테이블 치수의

가로, 세로의 치수를 각 100mm를 증가시켜 치수 변화에 따른 안전도를 확인하였습니다. 이렇게 나온 해석 결과를 토대로 리프트 규격 대비 과도한 크기보다 리프트 규격에 적합한 치수를 선정하여 사용하는 것이 안전하다는 것을 확인하였습니다.

6. 참조 및 출처

1) 고소 작업대 치수 및 높이 규격 - 고소 작업대 치수

2) 유압식_고소 작업대_표준규격서 - 고소 작업대 규정 사항

3) 고소 작업대 허용인수 인원수 제한 법적 사항 - 풍하중 계산식

10 궤도 차량 기동륜 및 궤도 구조해석

작성자 : 장훈희, 조민후

1. 프로젝트 선정

1-1. 프로젝트 선정 배경 및 필요성

[국군의 K-2 전차]

전차는 전투용 차량으로, 현대전의 주력 지상 병기 중 하나이다. 전차는 자동차와는 달리 무한궤도로 기동하는데, 현대에도 무게는 줄이면서 강도는 높이기 위한 시도가 계속되고 있다. 기본적으로 험지 주행을 전제로 하는 전투용 차량인 만큼 엔진이나 무장뿐만 아니라 궤도에 관한 연구와 투자도 계속되고 있다. 기본적으로 철제임에도 불구하고, 가혹한 전장 환경과 구조적 한계로 인해 파손, 이탈이 무척 자주 일어나는 부품 중 하나이다. 최근에는 궤도의 내구성 저하를 일으키지 않으면서 경량화하려는 시도가 계속되고 있다.

[파손된 무한궤도 사례]

1-2. 프로젝트 해석계획

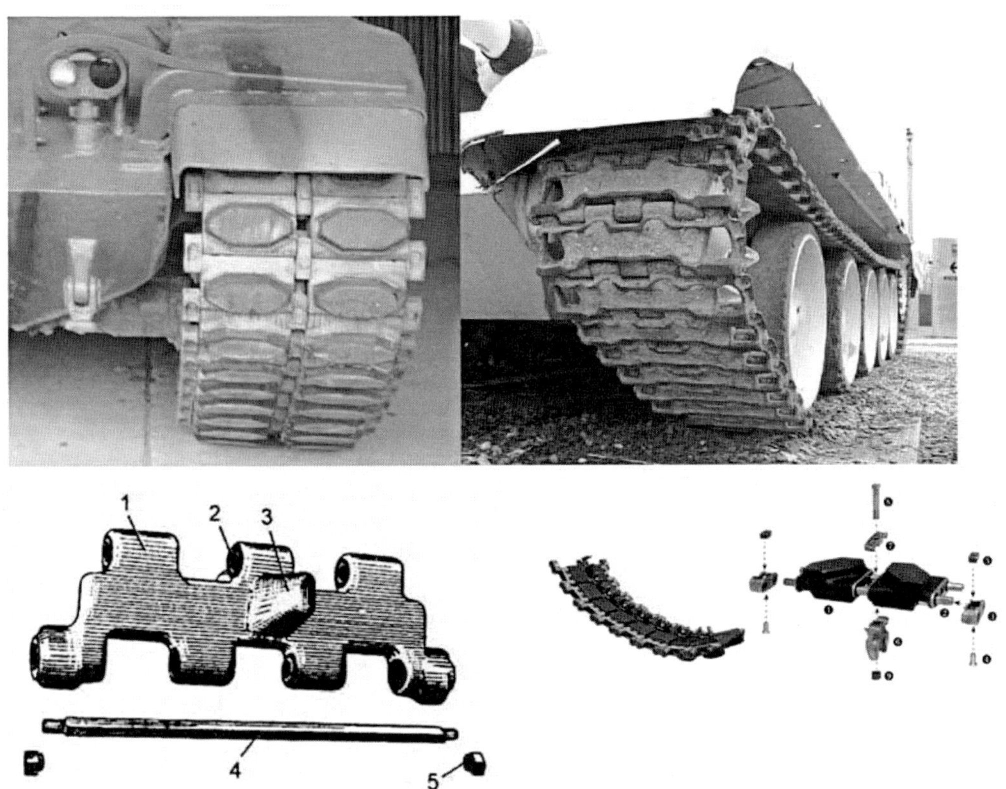

[싱글 핀 방식(좌), 더블 핀 방식(우)]

궤도의 결속방식은 보통 두 가지로 분류되는데, 고정 핀의 개수에 따라서 싱글핀 방식과 더블핀 방식으로 분류한다. 현대에 와서는 주로 더블 핀 방식을 사용하므로, 모델링(Solidworks)은 더블 핀 방식으로 선정하였다. 해석은 두 가지 경우로 나누어서 진행될 계획이다.

1. 정차 시 자체 중량으로 인해 발생하는 응력, 변형량 해석 진행 예정.
2. 50 km/h로 주행하다가 멈출 때, 기동륜에 끼워진 궤도와 핀에 발생하는 응력, 변형량 해석 진행 예정. -> 해석 실패

2. 모델링

2-1. 재질 선정 및 물성값

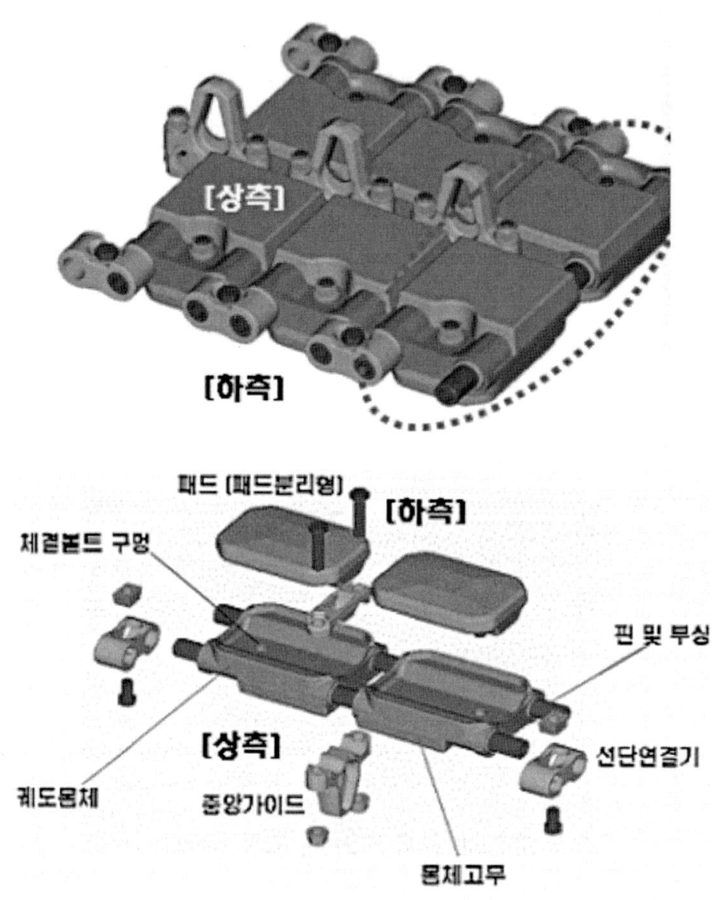

<패드교환형 궤도 형상>

현수장치는 서스펜션, 휠, 궤도조립체 등으로 구성되어 있다. 본 프로젝트에서는 동력을 전달하는 유동륜과 궤도조립체를 모델링 하였다. 본래 노면의 충격을 일차적으로 흡수해주고 서스펜션과 차체로의 진동 전달을 억제해주는 고무층이 존재하지만, 해석상의 어려움으로 인해 고무층은 생략하였다. 그 외 현수장치 대부분은 강철을 사용하나, 정확히 어떤 종류의 강철을 사용하는지는 알 수가 없어 재질은 'Structural Steel'로 지정하고 해석을 진행하였다.

Density	7.85e-06 kg/mm³
Young's Modulus	2e+05 MPa
Thermal Conductivity	0.0605 W/mm·°C
Specific Heat	4.34e+05 mJ/kg·°C
Tensile Yield Strength	250 MPa
Tensile Ultimate Strength	460 MPa

<Structural Steel>

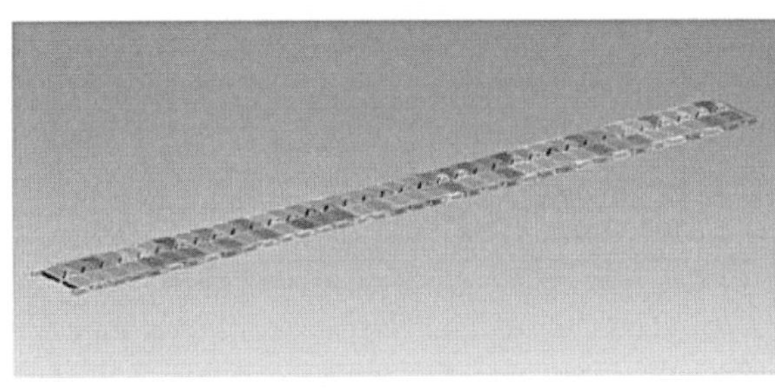

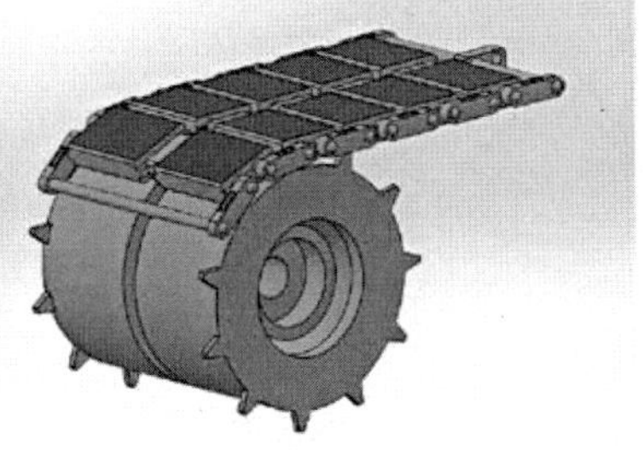

2-2. 모델링 과정 및 결과

현대의 일반적인 전차의 크기에 맞게 유동륜과 궤도조립체를 모델링 하였다. 국군 K-2 전차의 경우 공차중량 55톤, 전투중량 56톤, 전장 7.50m (포신 포함 시 10.80m), 전폭 3.60m, 전고 2.40m의 제원을 가진다. 이 정도 크기의 전차나 대형 장갑차의 경우, 사용하는 궤도의 폭은 400[mm]에서 600[mm] 정도이다. 본 프로젝트에서는 장갑차에 사용되는 궤도라 가정하고 폭이 450[mm]이 되도록 모델링 하였다.

3. 경계조건

3-1. 구속 경계조건

1. 정차 시 자체 중량으로 인해 발생하는 응력, 변형량 해석 진행 예정.

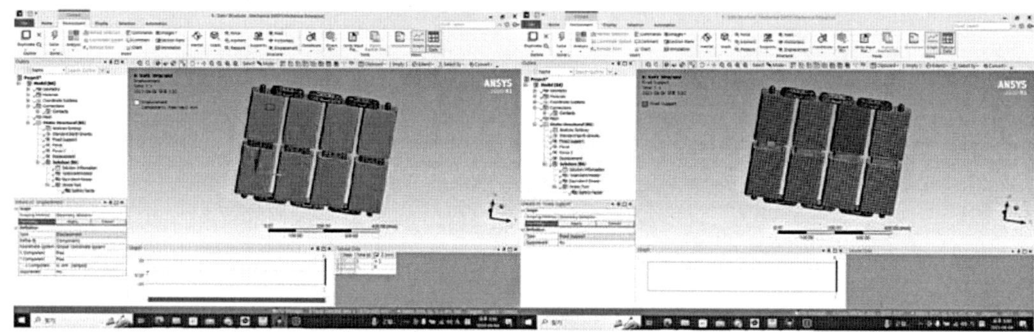

<하부 패드 (Displacement)(좌)> <Fixed Support (중앙 가이드)(우)>

직선 주행 상황만 가정하여 X, Y 방향만 Free로 설정하였다. Fixed Support는 지면과 닿지 않으며, 구조상 변형이 가장 작게 일어날 것으로 예측되는 중앙 가이드의 한 면으로 설정하였다.

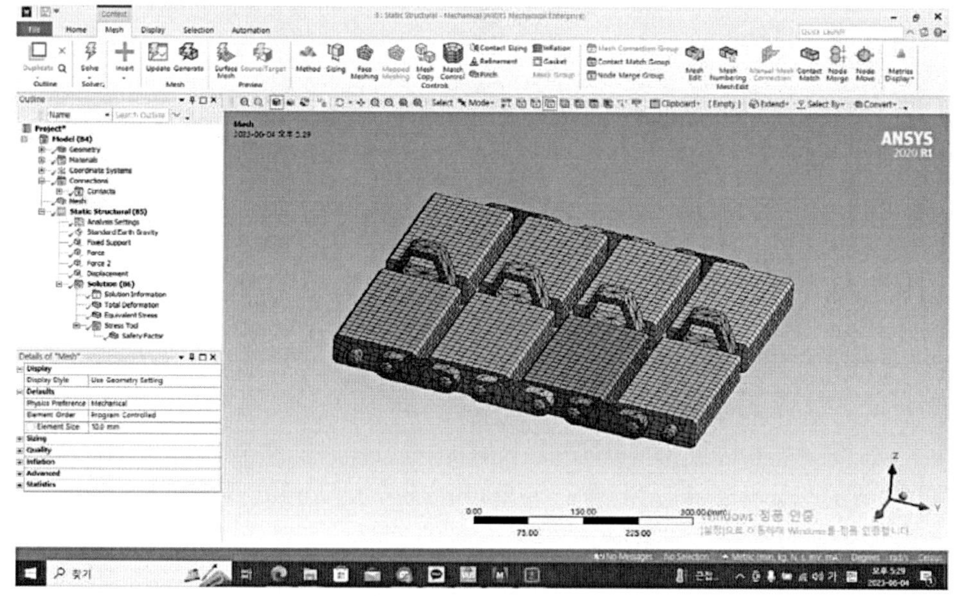

<Mesh / Element Size:10mm>

3-2. 하중 경계조건

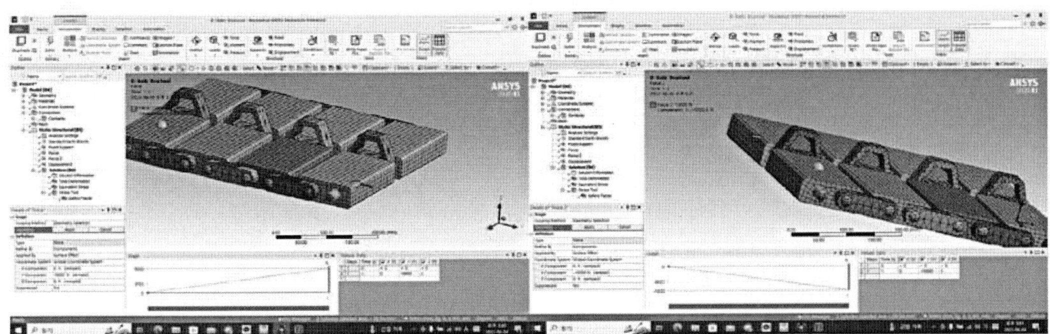

<양쪽에 장력 설정 (Y, -Y 방향)>

달리고 있는 궤도 차량의 궤도는 앞뒤의 장력이 서로 다른 크기를 가지지만, 이 해석 상황은 정차해 있는 궤도 차량의 궤도이므로 앞뒤 장력의 크기를 같다고 가정하고 설정하였다.

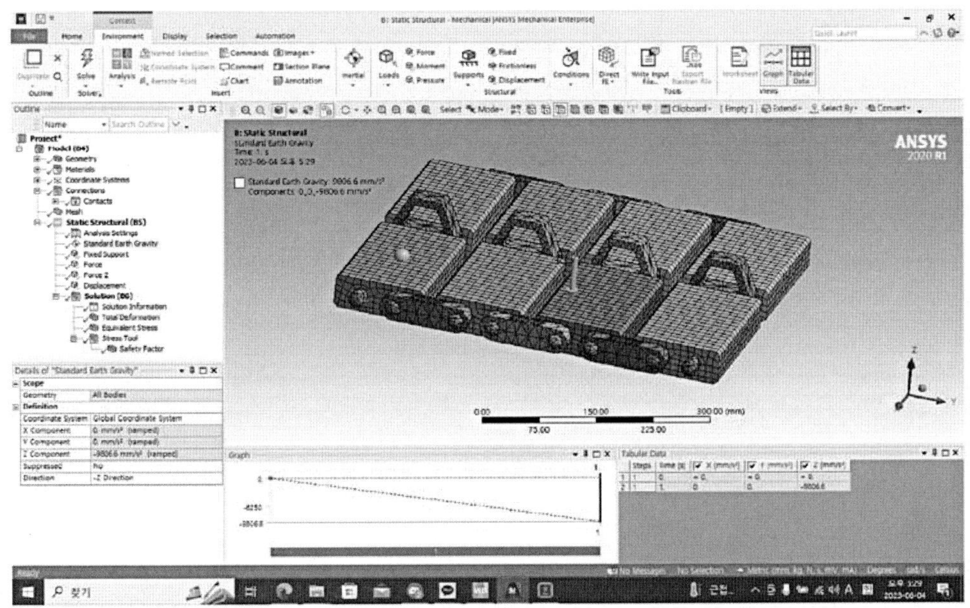

<중력 설정 / Standard Earth Gravity 사용>

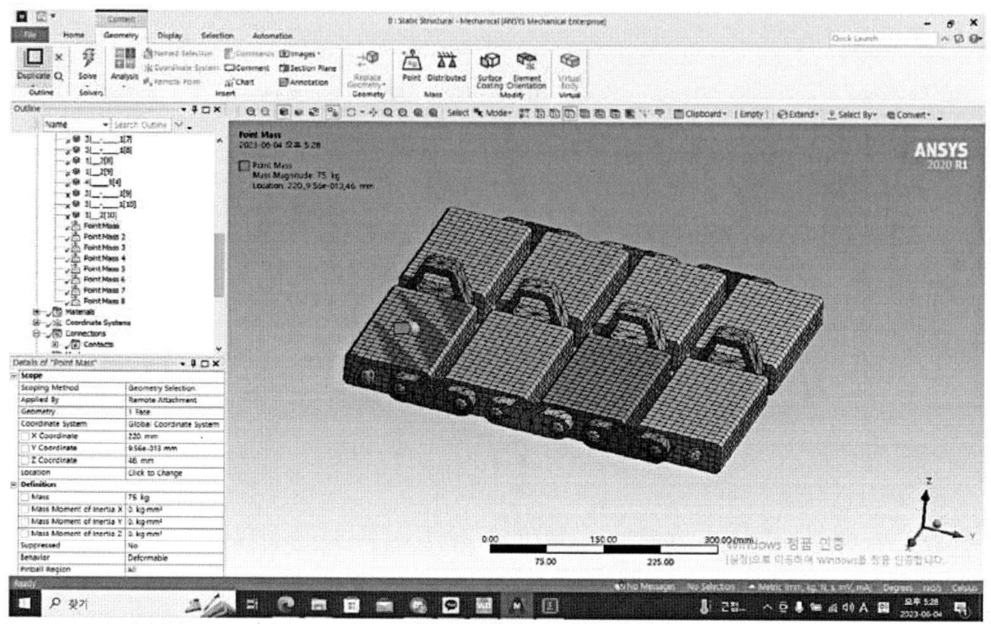

<차체 하중 / Point Mass>

차체의 하중이 50 [ton]일 때 한쪽 궤도가 받는 하중은 25 [ton]이다. 지면과 닿는 궤도의 길이는 4m로 가정하였기에, 위 사진에서 보이는 8개의 패드가 각각 받는 하중은 75 [kg]이다.

해석 실패 상황

2. 50 km/h로 주행하다가 멈출 때, 기동륜에 끼워진 궤도와 핀에 발생하는 응력, 변형량 해석 진행 예정. -> 해석 실패

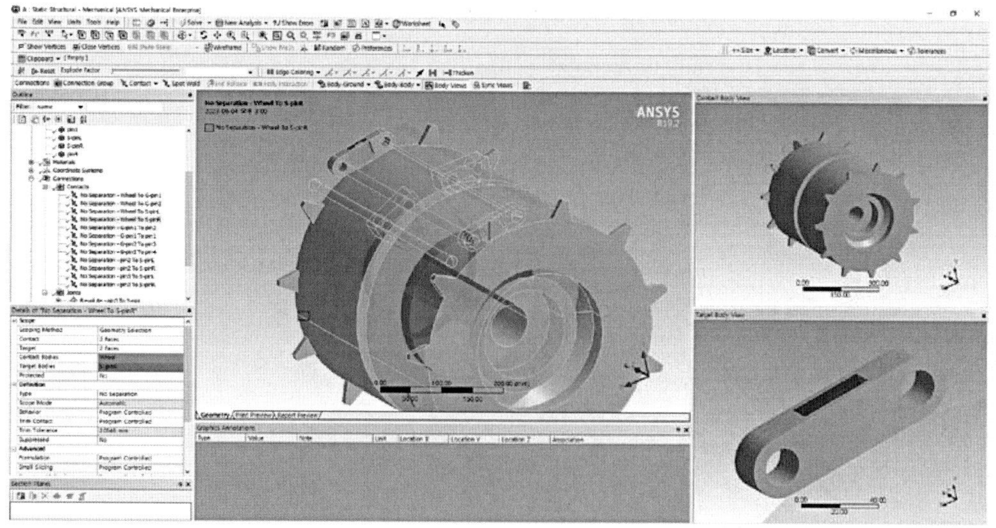

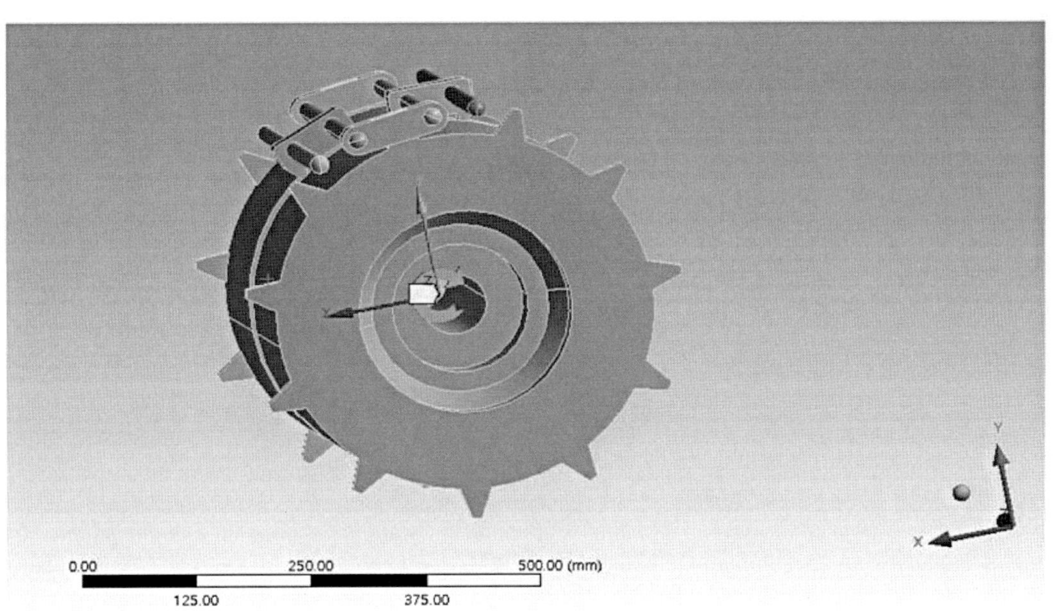
0.00
250.00
500.00 (mm)
125.00
375.00
Y
X

4. 해석 및 결론

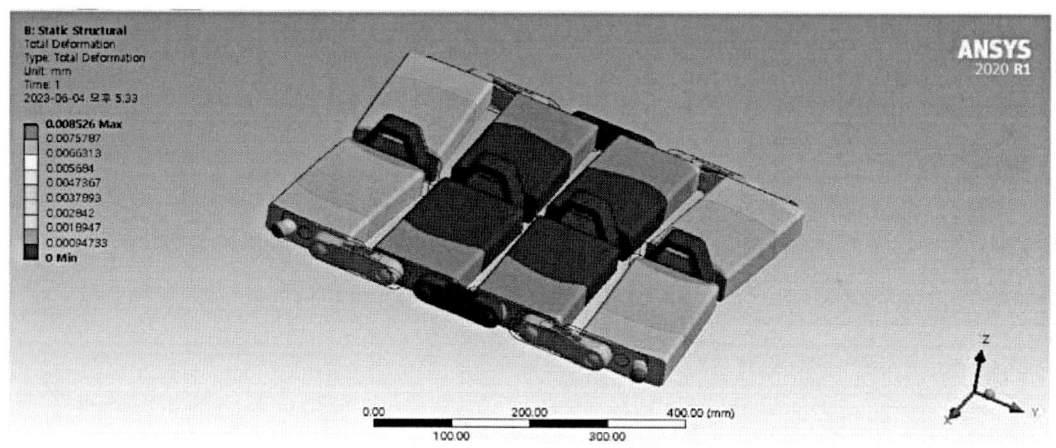

<Total Deformation>

본 프로젝트의 모델에 차체의 하중과 궤도 장력을 가정하여 해석하였을 때, 선단 연결기와 핀에 가장 변형이 생기는 것을 확인할 수 있었다. 궤도 차량의 단점은 현수장치(서스펜션, 휠, 궤도조립체 등)가 전체 중량의 15%를 차지하여 중량 증가로 인한 동력 손실을 발생시킨다는 점인데, 궤도 1조의 무게를 1kg 감소시킴으로써, 0.2ton 이상의 전차 중량 감소, 연비 개선 효과를 얻을 수 있다고 한다. 그러나 궤도의 중량 절감은 자칫 내구성 저하로 이어질 우려가 있다. 이 때문에 궤도의 내구성 저하를 최소화하면서 경량화를 진행해야 하는데, 본 프로젝트를 통해, 선단 연결기 부분과 핀의 경량화를 자제하고, 중앙 가이드와 궤도 몸체를 경량화하는 방향이 유리함을 확인할 수 있었다.

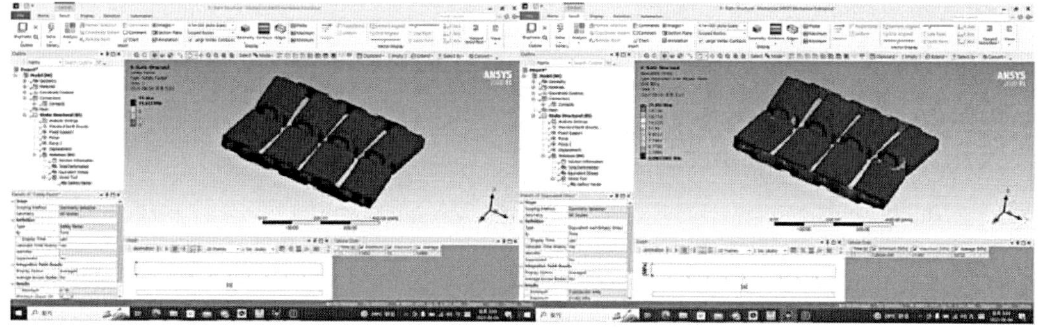

<Safety Factor> <Equivalent Stress>

Max:15 / Min:11.632 Max: 21.492 [MPa]/Min: 0.00072602 [MPa]

5. 참조 및 출처

(1) 프로젝트 선정배경 및 필요성 中 이미지 출처
[국군의 K-2 전차] - 동아일보, 윤상호, 2022.07.28

(2) [파손된 무한궤도 사례]
좌측 이미지 - 조선일보, 유용원, 2021.05.30
우측 이미지 - 신아일보, 김명호, 2016.01.16

(3) [싱글 핀 방식(좌), 더블 핀 방식(우)] - Google

(4) [패드 교환형 궤도 형상] - 궤도형 전투차량의 궤도 박리 발생 및 성장 상태 예측에 관한 연구 (이경호, 박병훈)

11 볼라드 구조해석

작성자 : 박석희, 박건우

1. 프로젝트 선정

1-1. 프로젝트 선정배경 및 필요성

<볼라드(Bollard)>

한국말로는 '횡단보도 진입 억제용 말뚝', 정식 명칭은 '볼라드'라고 하는 구조물은 횡단보도에서 흔히 볼 수 있는 구조물이다. 보행자의 안전을 위해 차량이 보행 구역 안으로 진입하는 것을 차단하는 교통 시설물이다. 하지만 구조물에 사람들이 기대거나 흔듦으로써 구조물이 고정되지 않아 제 역할을 하지 못할 때가 많다. 오히려 재질이 부적합한 볼라드도 많아 충돌 때 큰 사고로 이어질 수 있다는 우려가 있다.

<파손된 볼라드 사례>

위 사진에서 볼 수 있듯이 차량이 진입하여 말뚝에 충격을 가한 경우 이외에도 사람이 기대거나 앉음으로써 볼라드가 파손 및 변형되어 제 역할을 하지 못하는 경우가 종종 보인다. 이런 제 역할을 하지 못하는 볼라드는 실제 사고를 완화나 방지해 주지

못하고 더 큰 사고로 이어질 수도 있다는 우려를 발생시킨다.

따라서 우리 11팀은 반복된 외력과 차량에 의한 충격으로 발생하는 응력 해석 및 파손 해석을 통해 구조물의 안전성을 해석하고 평가하며, 현재 주로 쓰이는 설계에 대해 개선할 수 있는 점이 있는지 파악하고자 위 주제를 선정하였다.

1-2. 프로젝트 해석 계획

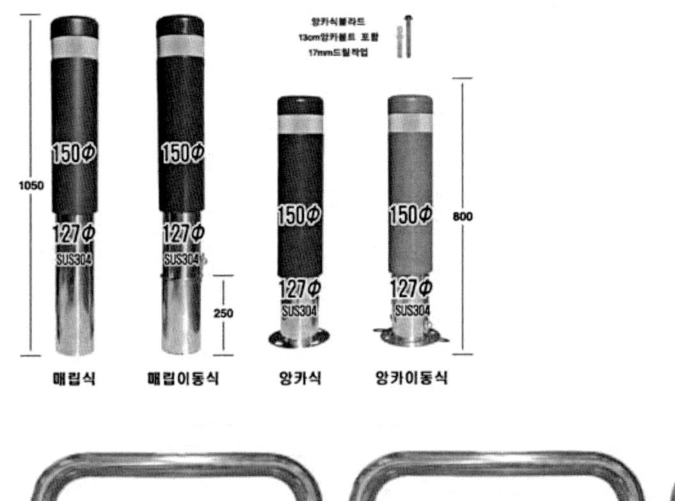

<볼라드의 종류>

볼라드는 재질에 따라 석재, 스틸, 우레탄, 스테인리스강+우레탄, 스틸+분체 도장 등으로 나눠고 모양에 따라 일자형, U자형 등의 형상이 대표적이며 설치 방법에 따라 매립식, 앙카 식으로 나누어져 있고 한번 설치하면 이동이 불가능한 방식과 이동이 가능한 방식이 있다.

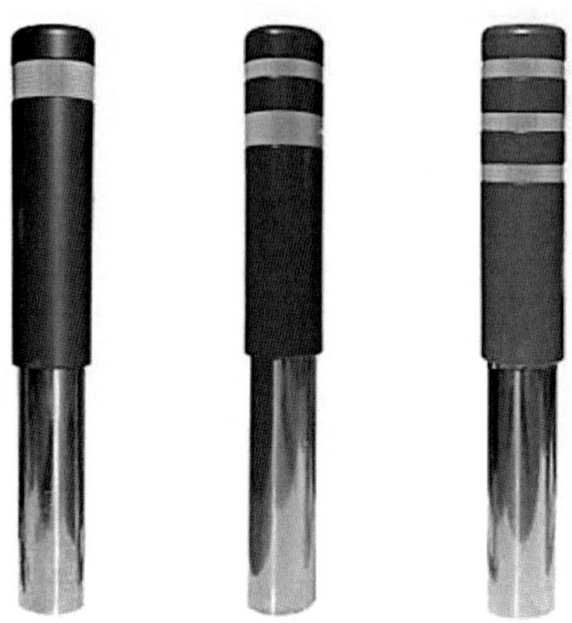

<스테인리스 우레탄 볼라드(매립식)>

우리는 그중 흔히 볼 수 있고 가장 보편적으로 사용되는 SUS304 스테인리스 스틸과 폴리우레탄이 사용된 스테인리스 우레탄 볼라드(매립식)로 선정하였다. SolidWorks를 이용해 모델링하고 자동차와 오토바이에 의한 응력 및 파손을 확인할 계획이다.

2. 모델링

2-1. 재질 선정 및 물성치

볼라드는 차량 진입 억제용 기둥으로서 차량의 충격을 견딜 수 있어야 하며, 차량이나 보행자가 부딪혔을 때 충격을 흡수해서 충격을 완화할 수 있는 재질을 사용해야 한다. 따라서 현재 볼라드를 제작하고 있는 주식회사 대청의 볼라드를 참고하여 뼈대 기둥은 내구성이 강하고 잘 녹슬지 않는 SUS304를 사용했고 충격 흡수 기능이 뛰어난 폴리우레탄을 기둥의 상단에 감싸 충격을 완화시켜줄 수 있도록 설계를 진행하였다.

SUS304의 물성치는 한국강구조 협회의 논문을 참고하였고 폴리우레탄은 종류와 상황에 따라 물성치의 범주가 너무 넓기 때문에 ACC 화학 산업 단체의 자료를 참고하여 최대 물성치와 최소 물성치의 평균 정도 되는 값을 임의로 정해 해석을 진행하였다.

해석을 위해서 오토바이의 타이어와 차량의 범퍼도 간단하게 형상을 만들었다. 타이어는 보통 폴리우레탄을 사용하는 경우가 많기에 타이어의 재질을 폴리우레탄으로 지정했다. 범퍼는 차량마다 다르지만 주로 복합 PP. 즉, 폴리프로필렌(PP)이라는 탄성체 소재를 사용한다. 따라서 범퍼를 폴리프로필렌으로 지정했고, 물성치는 어디를 참고했다. 볼라드를 매립하는 구멍의 경우 포장도로를 예시로 하여 콘크리트로 지정하였으며 상세 물성치는 ANSYS에 기본 물성치를 참조하였다.

분류	SUS304	폴리우레탄	폴리프로필렌
항복강도 (σ_Y)	294.84MPa	30MPa	20MPa
인장강도 (σ_u)	712.84MPa	40MPa	35MPa
탄성계수 (E)	152.32	500	200
푸아송비 (ν)	0.3	0.3	0.3

<SUS304와 폴리우레탄 물성값>

2-2. 모델링 과정 및 결과

볼라드의 규격은
[교통약자의 이동편의 증진법 시행규칙] 제9조[별표 2] 제7호에 근거하여

- 설치 간격 1.5m 이상, 높이 0.8~1m, 지름 0.1~0.15m
- 보행자 충돌 시 충격 완화가 가능한 재질 적용
- 야간 식별성을 위한 반사띠 필수, 반사 도료/발광 재질/조명 내장 권장
- 차량 진입 억제용 말뚝 전면 0.3m에 점형 점자블록 설치

위 조건들을 만족해야 한다.

따라서 위 법적 규격을 만족하고 있는 주식회사 대청의 스테인리스 우레탄 매립식 볼라드 규격을 참고하였다.

매립식 볼라드는 바닥에 구멍을 만들고 구멍에 볼라드를 매립해 고정 시키는 방법을 사용하는데 매립되는 볼라드 본체 부분의 경계조건을 단순히 Fixed Support 시키면 실제 환경과 많이 다를 것으로 생각되었다.

따라서 볼라드를 고정하는 구멍을 추가로 만들어 고정하고 볼라드를 구멍에 메우는 형상의 모델링을 하였다.

총 길이 1.05m, 매립 깊이 0.25m로 지면으로부터의 높이 0.8m가 돼도록 높이0.8m 최대 직경 0.13m로 설계했고 두께는 0.8mm로 하였다. 충격을 흡수하는 두께 14.2mm의 폴리우레탄 커버를 씌웠으며 제품 규격을 참고하여 상하에 반경 20mm의 필렛을 넣어줬다.

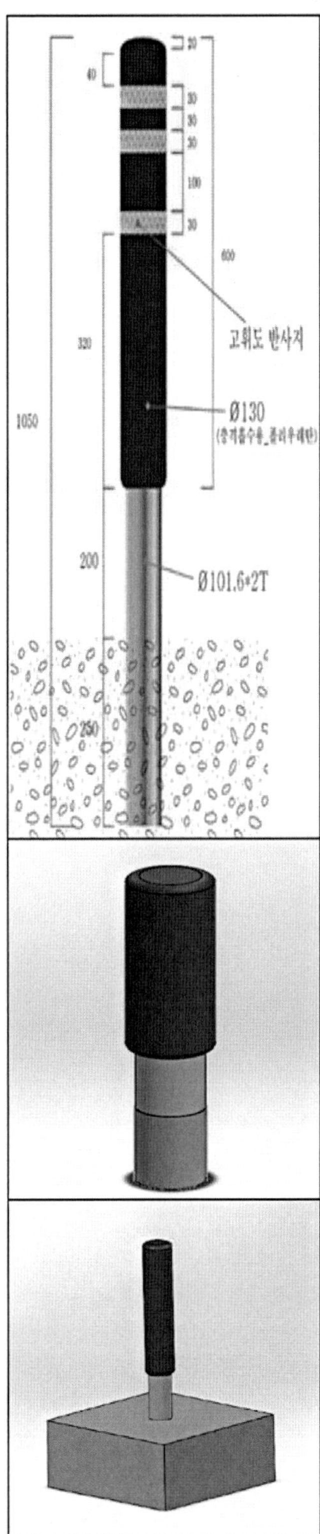

규격
● 내부 스테인리스 기둥 - 높이 : 1030mm - 지름 : 101.6mm - 두께 : 0.8mm ● 지면 고정용 바가지 - 깊이 : 250mm - 지름 : 101.9mm - 두께 : 0.8 mm ● 외부 우레탄 - 높이 : 600mm - 지름 : 130mm - 두께 : 14.2mm - 상하 필렛 반경 : 20mm ● 매립 - 깊이 : 250mm
비고
● 콘크리트 바닥에 구멍을 만들고 볼라드를 집어넣어서 고정하는 방법으로 설치를 진행한다.

1. 해석을 위해 간단하게 형상화한 오토바이 바퀴와 볼라드
(190/55 ZR 17 타이어 참고)

오토바이의 경우, 우리나라에서 가장 흔히 쓰이는 타이어 모델인 190/55 ZR 17 타이어를 사용했다. 오토바이가 충돌할 경우, 앞 타이어가 부딪치게 되며 타이어의 외경은 642mm로 y=+321mm인 위치에서 타이어와 볼라드가 부딪히게 된다.

원통을 채운 이유에는 타이어 내부에 오토바이 부품과 다리가 들어가기에 원통으로 모델링을 제작하였습니다.

2. 해석을 위해 간단하게 형상화한 범퍼와 볼라드
(아우디 8 모델의 도면 참고)

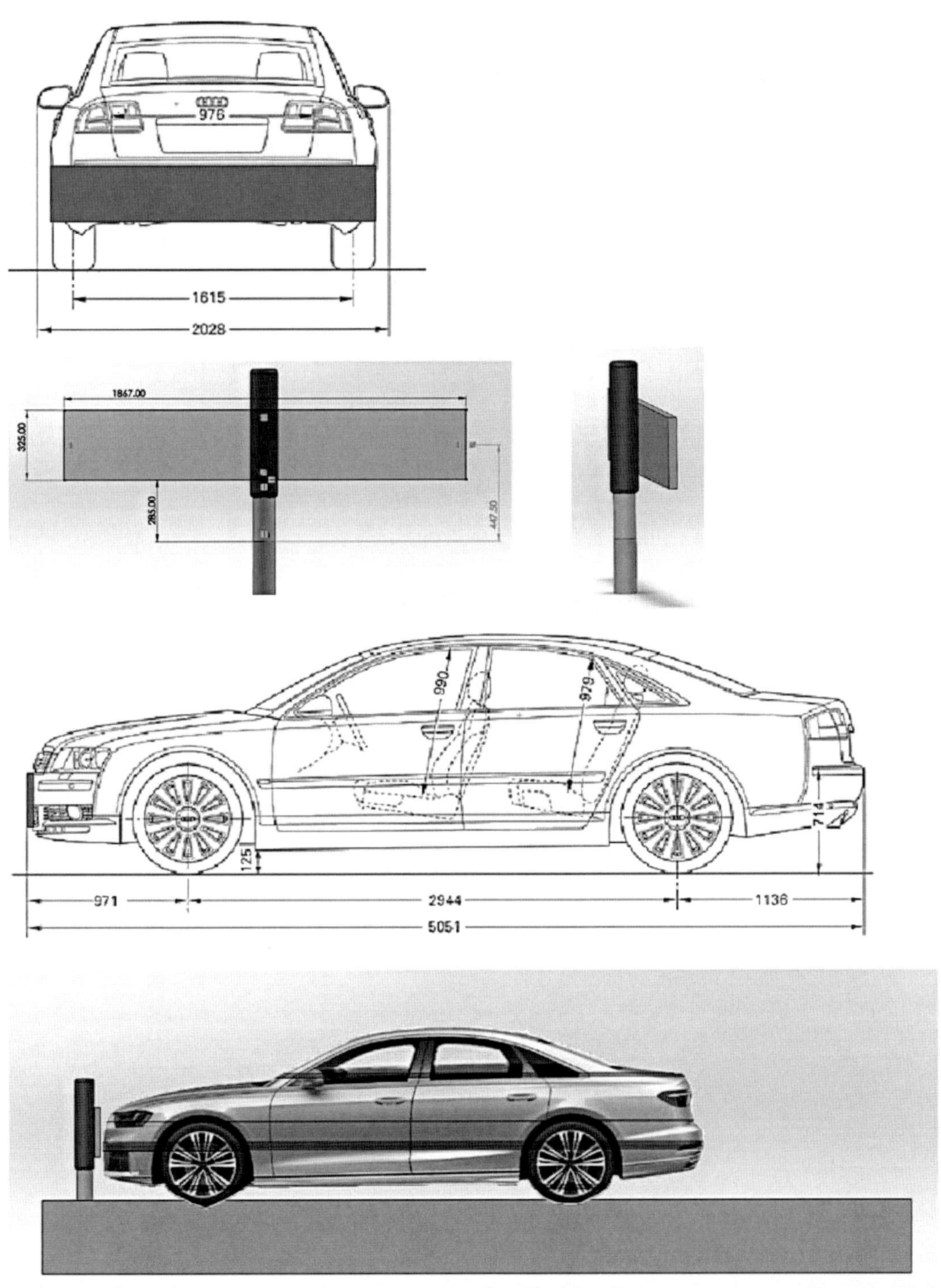

차량의 경우 우리나라에서 흔히 사용하는 중형 승용차 아우디 a8의 도면을 가져와서 사용했으며 이중 범퍼의 크기를 가져와 충격 면적을 만들었다.

자동차 안전기준에 관한 규칙 **제93조** [별표 11의 4] 범퍼의 안전기준으로 충격시험에서 충격 지점의 높이는 기본적으로 445mm를 사용한다.

범퍼의 안전기준(제93조 관련)

구분		정면 충격	모서리 충격
시험기준	진자 속도	4km/h	2.5km/h
	충격선 높이	445mm ※ 다만, 다목적형 승용자동차의 경우에는 제작·조립하거나 수입하는 자가 제시한 충격선 높이를 적용한다.	
	진자 중량	차량중량	
	충격 방법	- 앞면 범퍼에 2회 충격 - 뒷면 범퍼에 2회 충격	- 앞면 범퍼의 좌측·우측 모서리에 각각 1회 충격 - 뒷면 범퍼의 좌측·우측 모서리에 각각 1회 충격

아우디 a8 차량 도면을 토대로 간단한 범퍼 형상을 만들었을 때 범퍼의 높이가 447.5mm 가 되었다.

3. 경계조건

3-1. 경계조건

차량이 볼라드에 충돌할 때 차량은 정지하게 되며 진행하는 방향의 반대 방향으로 가속도를 받는다고 가정할 수 있다. 속도가 10km/h라고 가정하면 m/s 단위로 환산할 경우 2.78m/s이며 차량이 정지할 때까지 0.2초에 걸쳐 정지했다고 하면

가속도는 a=$\dfrac{v2-v1}{\Delta t}=\dfrac{0-2.78}{0.2}=-13.9m/s^2$ 이다.

0.2초를 잡은 기준은 차량 기술 법인에서 명시된 교통사고-차량 운동에 대한 충격 시간이 0.2초로 명시되어 있어 기준을 잡게 됐습니다.

차량이 받은 힘 $F=335\times(-13.9)=-4656.5N$ 이며, 따라서 볼라드가 받은 힘은 작용 반작용 법칙에 따라 4656.5N의 힘을 받는다. 위와 같은 방식으로 속도가 10, 20, 30, 40(km/h)일 때의 힘을 구해 해석을 진행하였다.

1) 오토바이에 의한 충격

오토바이의 중량은 '차량 총중량 = 공차중량 + 탑승자의 무게'임을 이용하여 대략 270+65=335kg으로 지정한다.

속도(m/s)	2.78	5.56	8.33	11.11
0.5초 동안의 가속도(m/s^2)	13.9	27.8	41.6	55.6
무게(kg)	335	335	335	335
힘(N)	4656.5	9313	13969.5	18626

2) 차량에 의한 충격

차량의 무게는 차량 총중량 = 공차중량 + 탑승자의 무게 = 평균 1500kg + 65kg = 1565kg으로 지정한다. 이제 속도의 경우 10, 20, 30, 40, 50(m/s)의 경우를 조사했다.

속도(m/s)	2.78	5.56	8.33	11.11
0.5초 동안의 가속도(m/s^2)	13.9	27.8	41.6	55.6
무게(kg)	1565	1565	1565	1565
힘(N)	21723.5	43507	65104	87014

3) 구속 경계조건

매립식 볼라드의 구멍 부분을 Fixed Support로 고정한다.
타이어와 범퍼에 대해 힘을 주는 방향에 대해 각각의 Force를 주었다.

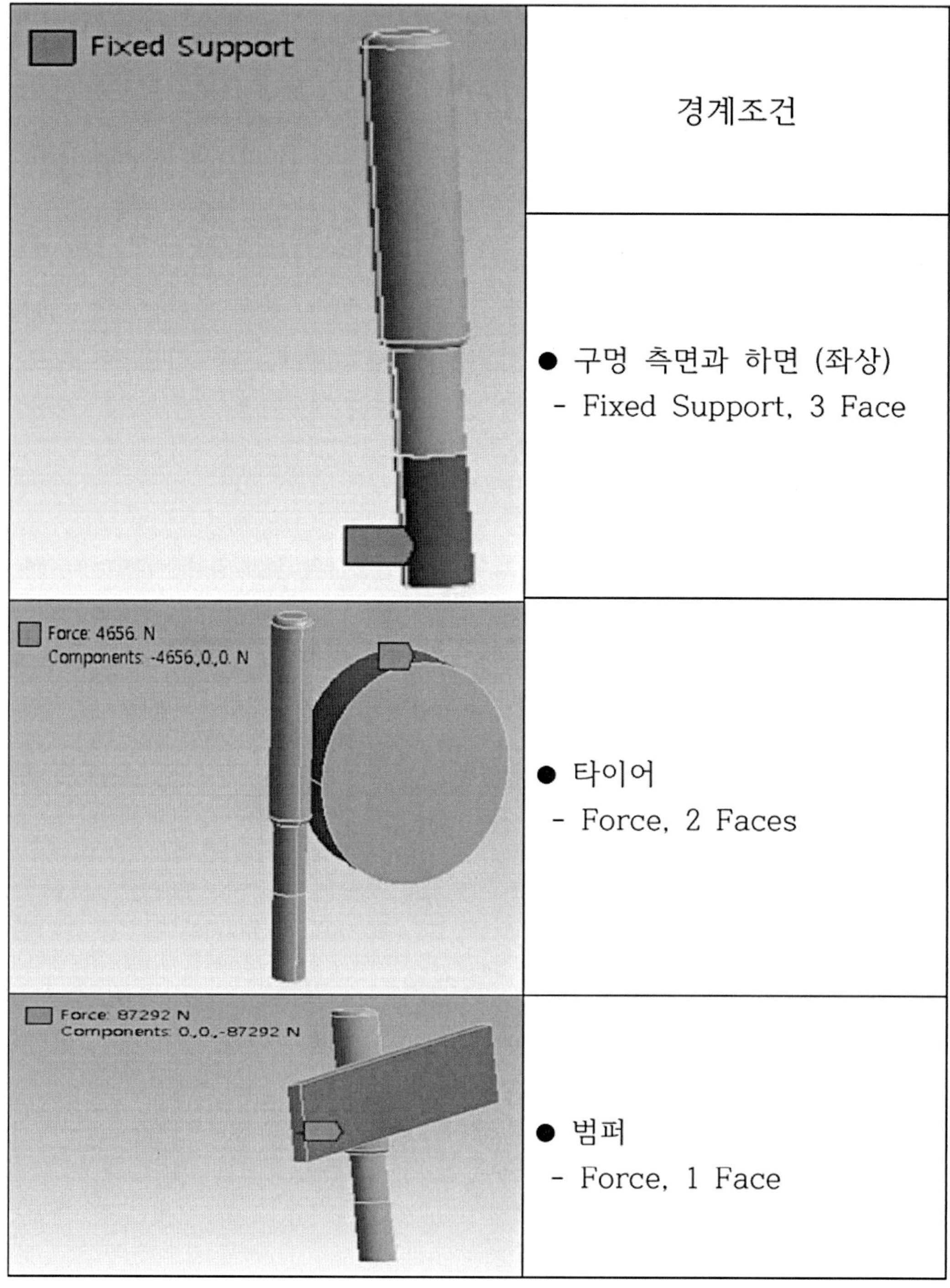

3-2. 최종 Mesh 및 경계조건

Mesh의 값은 분석이 가능해지는 값인 30mm부터 20, 10mm…. 로 값을 줄여나간 결과, 안전도와 응력에 대해 값의 차이가 거의 없어지는 분기점이 30mm라고 판단하였기에 원활한 관찰 및 해석을 위해 최댓값인 30mm로 지정하였다.

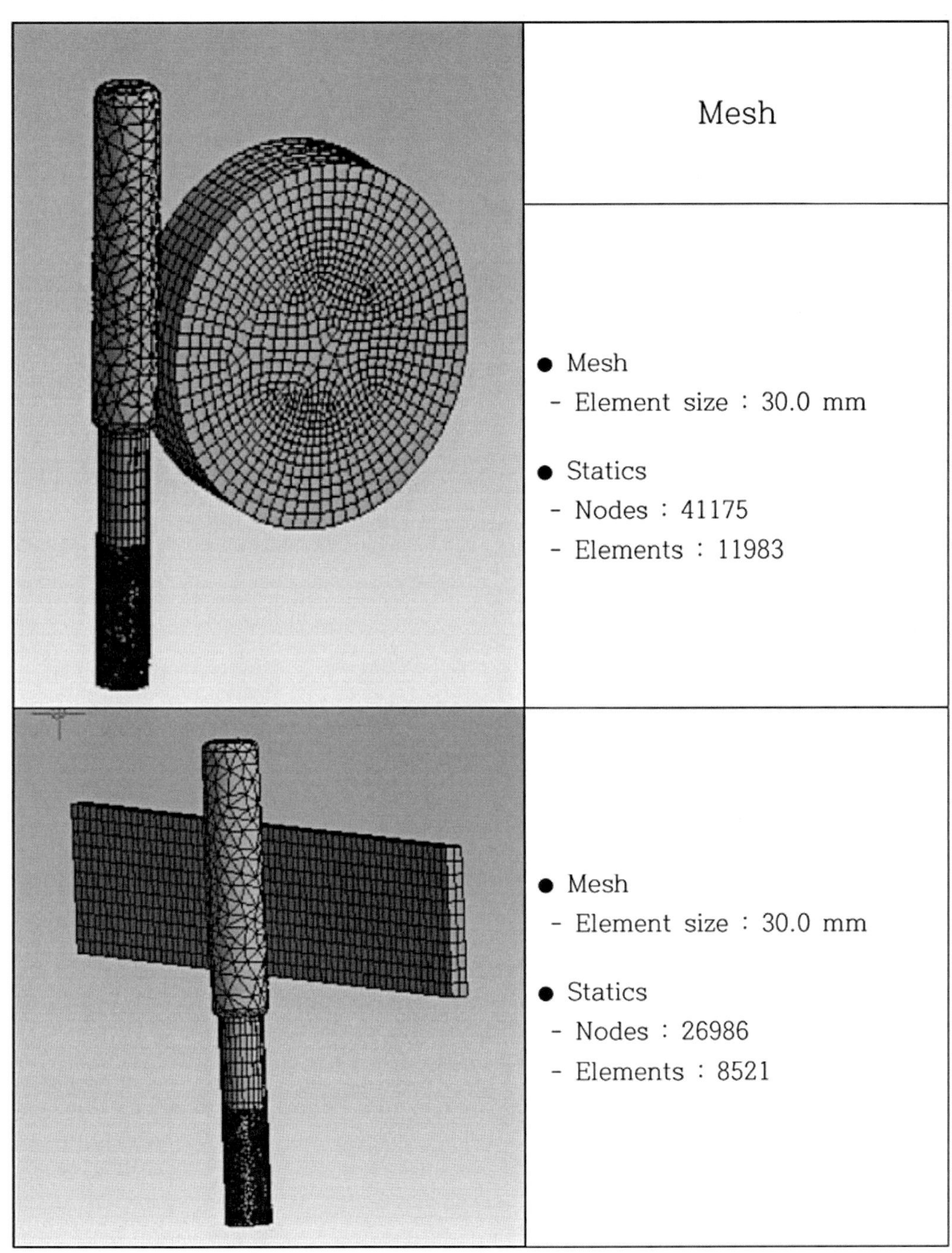

	Mesh
	● Mesh - Element size : 30.0 mm ● Statics - Nodes : 41175 - Elements : 11983
	● Mesh - Element size : 30.0 mm ● Statics - Nodes : 26986 - Elements : 8521

4. 해석 및 결론

4-1. 모델 해석 결과

본 프로젝트에서 구조해석을 통해 차량에 의한 충격으로 나타나는 볼라드의 안전성을 분석하기 위함이므로 Equivalent Stress와 Safety Factor를 도시하였다.

probe로 표기할 때 충격으로 인한 거동에서 가장 취약할 것으로 예상하는 볼라드 본체 부분을 표기하였다. 이때 표기와 원활한 관찰을 위해 구멍과 타이어, 범퍼 모델링을 Hide body 하였다.

Equivalent stress와 Safety Factor 결과를 볼라드의 폴리우레탄 부분을 Hide body를 한 결과와 하지 않은 결과를 순서대로 나타내었다.

① 오토바이의 경우

1) 속도 10km/h일 때

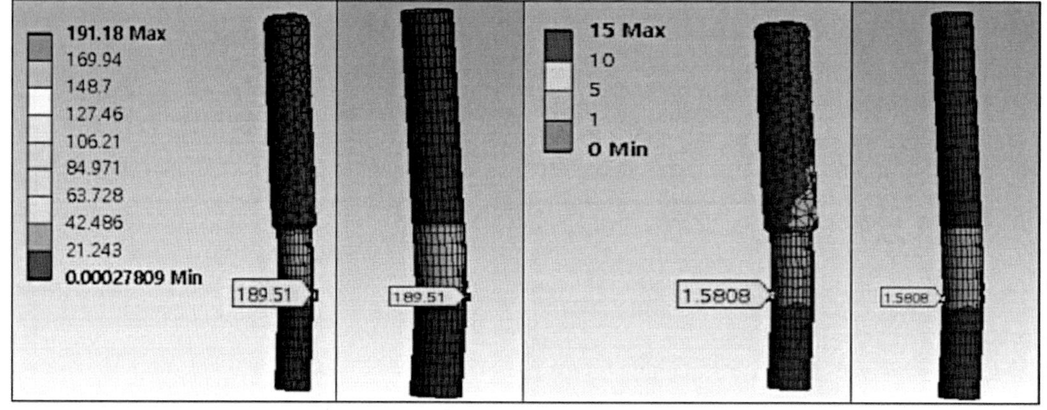

2) 속도 20km/h일 때

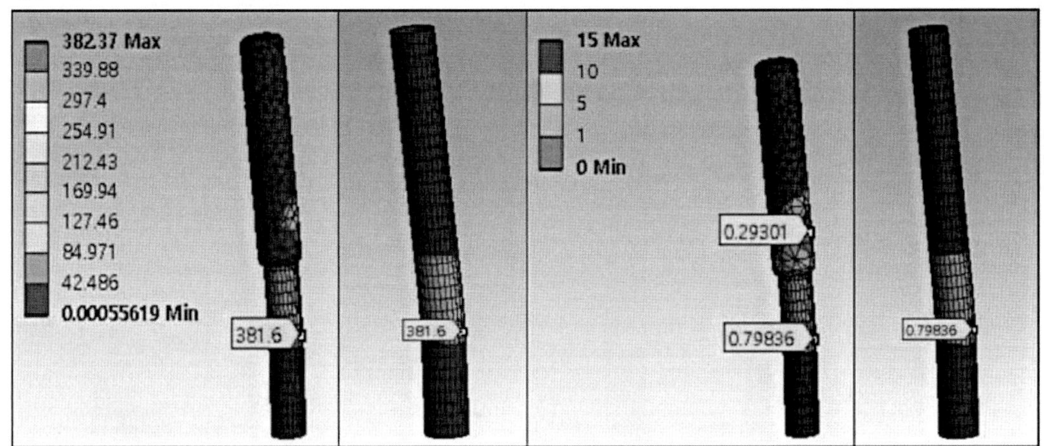

3) 속도 30km/h일 때

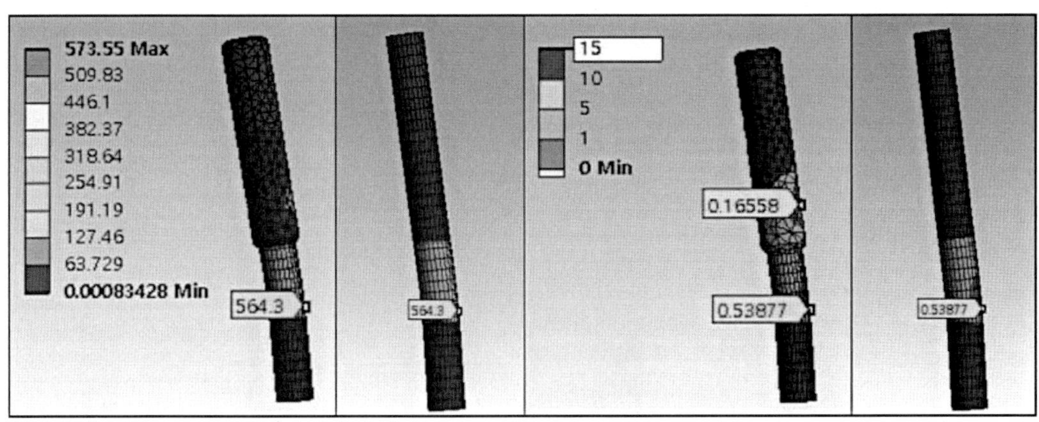

4) 속도 40km/h일 때

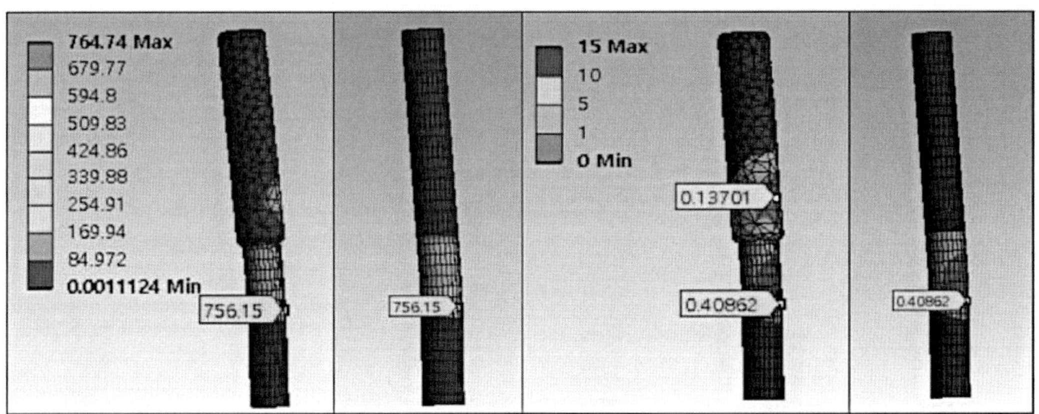

② 승용차의 경우

1) 속도 10km/h일 때

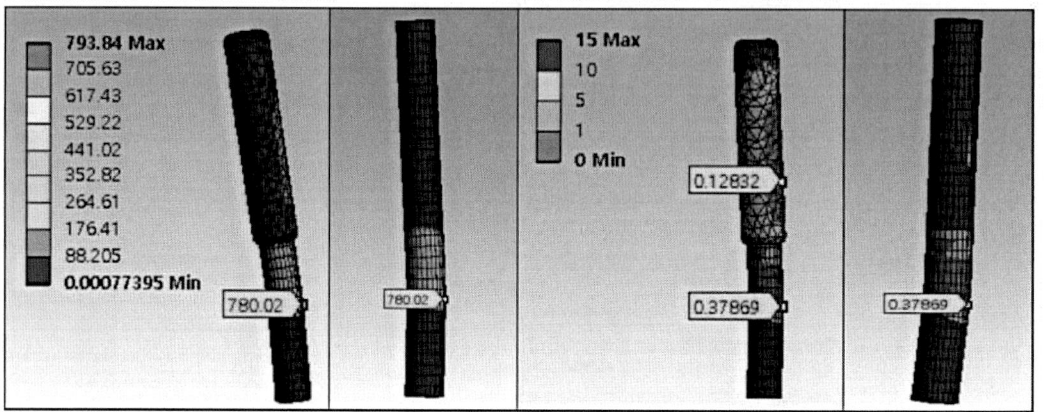

2) 속도 20km/h일 때

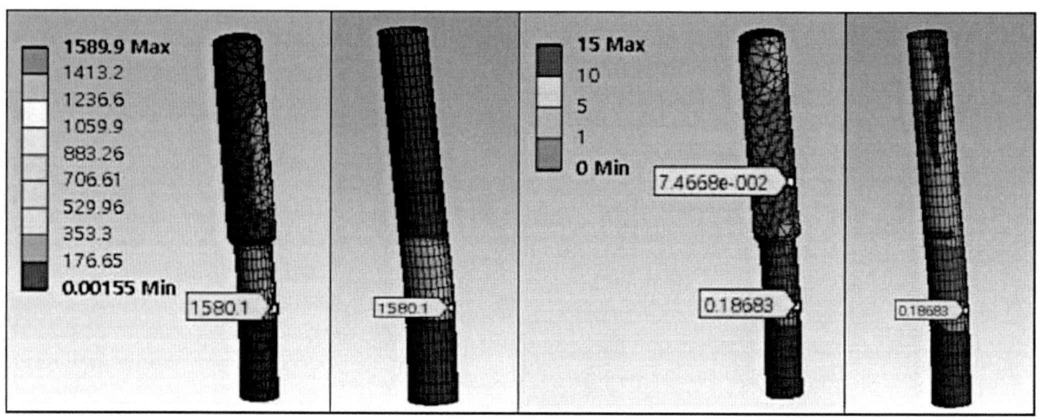

3) 속도 30km/h일 때

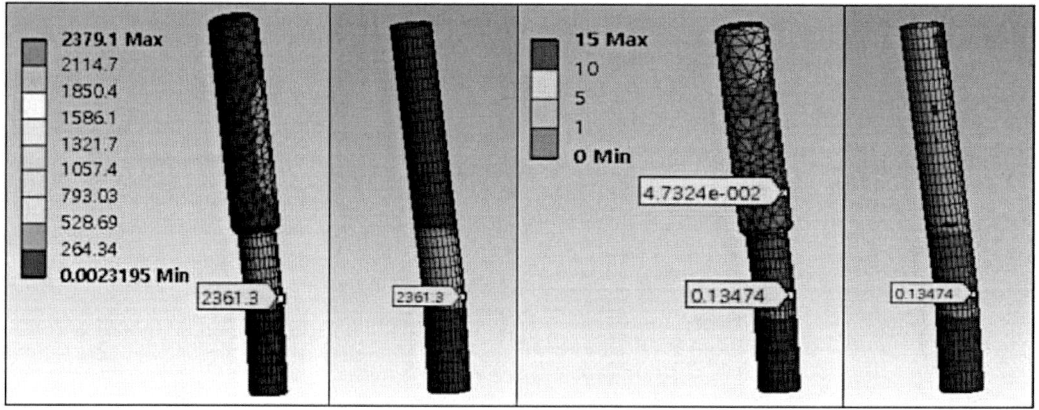

4) 속도 40km/h일 때

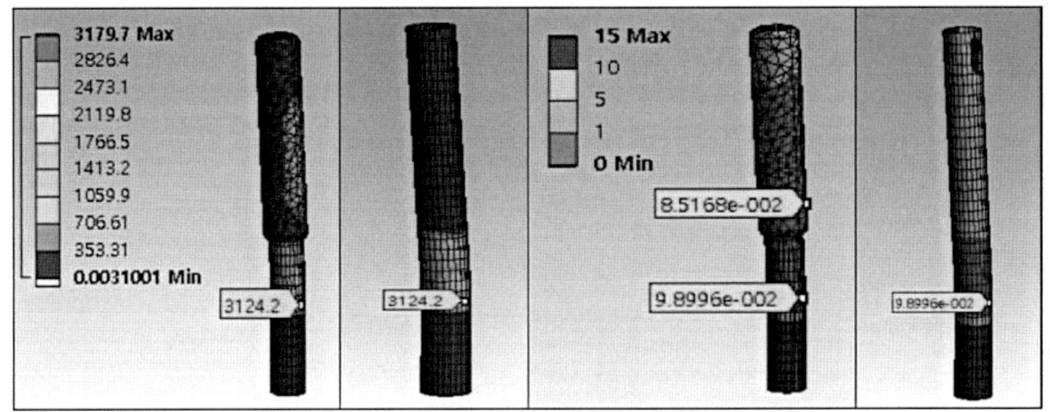

4-2. 해석 프로젝트 결론

볼라드에 오토바이 또는 차량이 충돌했을 때 오토바이가 10km/h의 속도로 부딪혔을 경우를 제외하고는 안전도가 1 이하로 심각하게 떨어져 차량의 진입을 막아줄 수 없다는 것을 확인할 수 있었다. 또한, 상단 우레탄 부분은 매우 낮은 안전도로 차량 충격을 버티는 데에 크게 도움이 되지 않는 것을 확인할 수 있었다.

볼라드는 국내 국토교통부령 제120호 교통약자의 이동편의 증진 법 시행규칙에서 설치기준 및 규격만이 법적으로 정의되어있다. 국내에서는 볼라드를 “차량 진입 억제용 말뚝”으로 정의하고 있는데 해외처럼 차량 테러 방지를 위한 구조물이 아닌 보행자의 편의와 저속 차량의 충격만이 고려되어 있으며 성능 기준이 존재하지 않아 볼라드를 판매하는 회사에서 성능 기준을 명시하지 않고 있으며, 해석 결과로 알 수 있듯이 차량의 진입을 막아주지 못한다는 것을 알 수 있다.

미국의 UFC-4-022-02에서 제공하고 있는 차량 테러 방지를 위한 볼라드 규격을 확인해 보면 콘크리트로 속이 찬 강관 볼라드의 경우 강관의 외경은 20cm, 두께 1.2cm, 길이 2.1m를 넘어야 하며, 볼라드는 지반으로부터 최소 0.9m 깊이에 설치해야 한다.

국내 볼라드 규격과 비교하면 훨씬 더 자세하고 명확한 기준이 세워져 있으며 더 강한 충격에 견딜 수 있도록 설계되어있는 것을 확인할 수 있다. 따라서 기존에 해석했던 국내 볼라드를 간단하게 두께를 8mm에서 16mm로 상승시키는 방법과 속을 콘크리트로 채우는 방법으로 다시 모델링 해서 해석해 보았다. 볼라드는 주로 어린이 보호구역에 많이 설치되어있으며 어린이 보호구역의 속도제한은 보통 30km/h로 제한되어있다. 따라서 차량 속도가 30km/h일 때로 해석을 진행하였다.

Figure 6-12 DOS Passive Anti-Ram Bollard Example

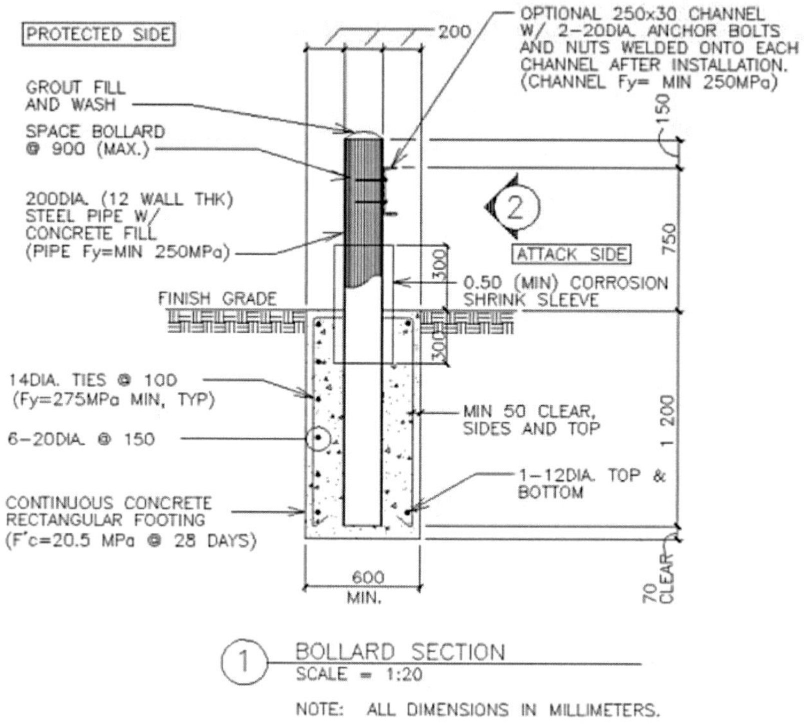

(1) 속이 콘크리트로 가득 찬 볼라드

볼라드 기둥을 콘크리트로 가득 채워 차량이 30km/h로 부딪혔을 때 Ansys 분석을 하였다.

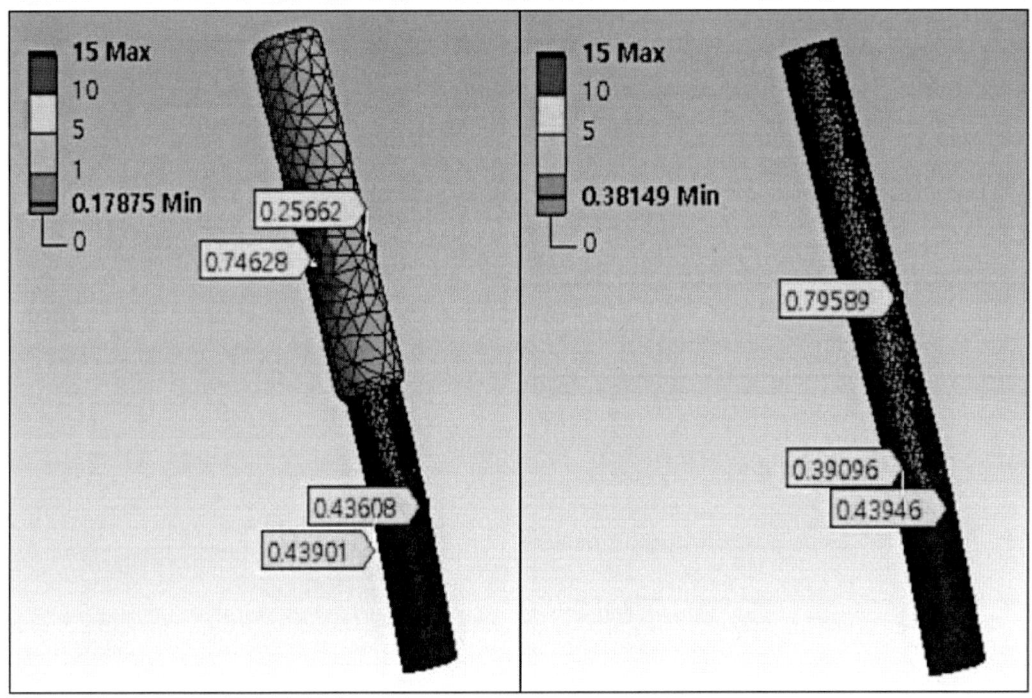

여전히 안전도가 1 이하인 모습이 보이지만 전보다 빨강 면적이 눈에 띄게 줄어듦을 확인할 수 있었다.

(2) 두께를 늘린 볼라드

볼라드 본체의 두께를 2배 늘려 두께를 16mm로 모델링하고 차량이 30km/h로 부딪혔을 때 Ansys 분석을 하였다.

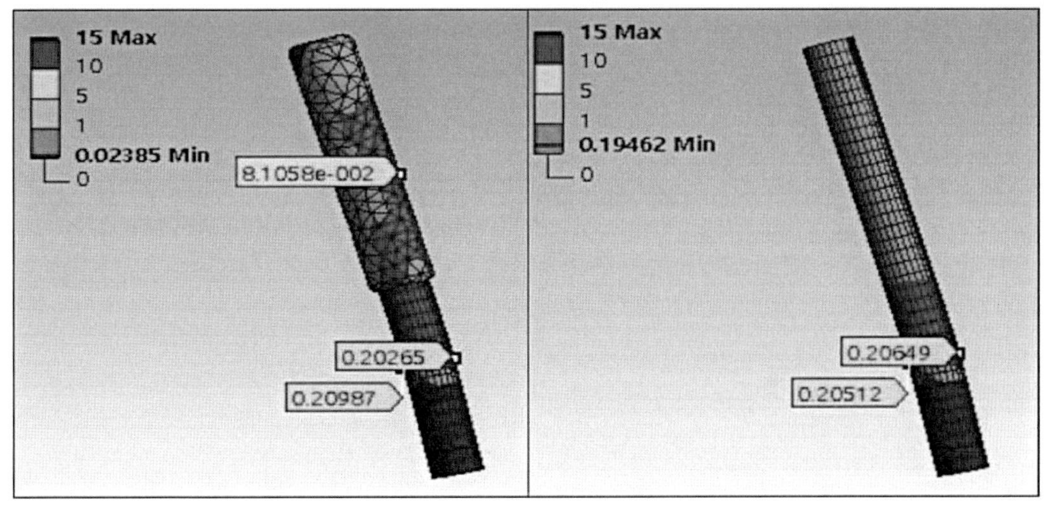

안전도가 상승하기는 했지만, 여전히 0.2 정도로 매우 낮은 수치로 차량 진입을 막아줄 수 없는 것을 확인할 수 있다.

마지막으로 해외의 규격을 참고하여 기존에 모델링 했던 볼라드에서 두께를 1.2cm로 늘리고 속을 콘크리트로 채워서 다시 해석해 보았다.

(3) 두께 1.2cm + 속이 콘크리트로 가득 찬 볼라드

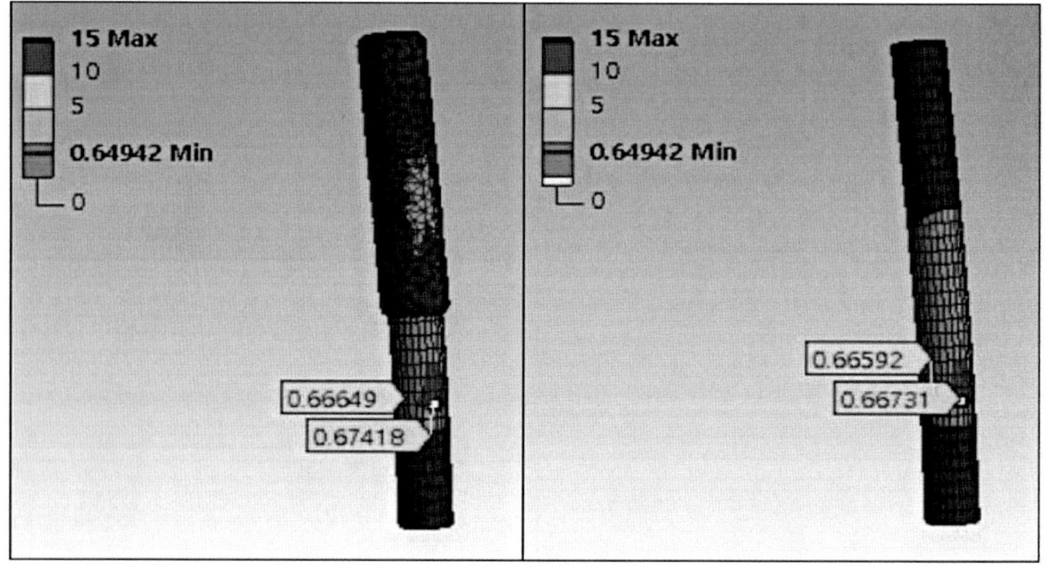

여전히 안전도가 1 이하지만 기존에 0.13 정도였던 안전도가 0.65 정도까지 상당히 많이 상승한 것을 확인할 수 있었다.

해외 볼라드 규격을 만족하도록 볼라드를 개선하고 싶지만, 국내 볼라드는 법적으로 높이 1m를 초과해서는 안 되고 지름이 15cm를 넘어서는 안 된다.

이런 해외 볼라드의 설계는 더 강한 충격에 견딜 수 있도록 설계되어있기에 해외 규격에 만족하도록 설계하면 안전도가 1 이상이 되도록 설계할 수 있을 것으로 예상한다.

5. 참조 및 출처

1) 프로젝트 선정 배경 및 필요성 中 이미지 출처
+ 볼라드 이미지 - 서울매일신문, 김기수, 20.10.30
+ 파손된 볼라드 이미지 1 - 파워뉴스, 22.07.01
+ 파손된 볼라드 이미지 2 - 한국 NGO 신문, 노경민, 22.12.31
+ 볼라드 종류 이미지 - 신영안전
+ 스텐 우레탄 볼라드(앙카식) 이미지 - 주식회사 대청, 제품 규격

2) 재질 물성치
+ sus304 - 한국강구조학회 논문집 제33권 제2호(통권 제171호) 2021.04
+ 폴리우레탄 - ACC 화학 산업 단체 사이트
+ 폴리프로필렌(pp) - 동진화학-폴리프로필렌의 특성과 성질

3-1) 고정규격
+ 차량 총 중량에 대한 명시 - 자동차 안전도 평가 방법, 국토 교통부, 정책 정보
+ 오토바이 타이어 규격 - BRIDGESTONEmc.홈페이지 190/55 ZR 17 타이어 규격 이미지
+ 오토바이 측면 모습 혼다 PCX - 혼다 코리아
+ 차량 승용차 범퍼 - 자동차 및 자동차부품의 성능과 기준에 관한 규칙 제93조(범퍼)
+ 아우디 a8 측면 모습 - 고진모터스 아우디 a8
+ 아우디 a8 자동차 도면 - **솔리드웍스_자동차 도면_audi-a8-new**
ㄴ **[출처]** 솔리드웍스_자동차 도면_audi-a8-new|**작성자** 기구쟁이

4) 미국 볼라드 규격 UFC-4-022-02
+ WBDG 국방부 통합시설기준

12 비닐하우스 보강대 설치에 따른 적설하중 해석

작성자 : 김민영, 금민섭

1. 프로젝트 선정

1) 프로젝트 선정 배경 및 필요성

비닐하우스는 경제적이고 간편한 설치로 인해 많은 농가에서 사용되고 있습니다. 그러나 폭설과 같은 자연재해로 인해 큰 피해가 발생하는 문제가 있습니다. 이를 해결하기 위해 다양한 구조의 비닐하우스가 개발되었지만, 기존 비닐하우스를 철거하고 새로운 비닐하우스를 설치하는 것은 경제적으로 어려운 일입니다. 그래서 기존 비닐하우스의 구조를 유지하면서도 더 큰 하중에 대비할 방안을 찾게 되었고, 보강대 설치를 통한 버팀, 목적으로 하였습니다.

보강대가 있을 때의 응력과 없을 때의 응력을 비교하여 보강대를 설치했을 때의 효율을 해석하고 보강대가 없는 비닐하우스에 보강대를 설치하여 더욱 효과적으로 자연재해로부터 보호할 수 있게 합니다. 또한, 보강대를 사용하면 기존 비닐하우스를 철거하지 않고도 보강할 수 있으므로 경제적인 부담을 줄일 수 있습니다.

2) 프로젝트 해석 계획

비닐하우스의 설치 기본 모델은 터널형, 아치형, 각형, 쓰리쿼터형, 원각형, 연동형 등이 있다. 이 중에서 KOSIS 국가통계포털의 자료에 의해 가장 많이 사용되고 있는 터널형을 기준으로 하며 그중에서도 흔히 찾아볼 수 있는 단동 비닐하우스를 선정하였다.

비닐하우스를 제작할 때 사용되는 지지대의 재료는 일반적으로 많이 사용되는 원형 파이프(아연도 강관)로 설정했다. 정사각형, 직사각형 파이프를 사용하지 않고 원형 파이프를 사용한 이유는 다른 파이프에 비해 밑에서 지지하는 힘없이도 기둥을 길게 고정하여 중력을 덜 받게 할 수 있기 때문이다. 보강대의 재료도 구조의 일관성을 주기 위해 지지대와 같이 설정하였다. 치수를 설정하는 과정에서 비닐하우스의 모델은 좌우대칭이므로 일부분을 잘라서 남은 부분만 해석을 돌리기로 했다.

지역별로 적설량이 다르므로 우리나라에서 눈이 많이 내리는 강원도의 대관령, 평창, 속초로 나누어 적설량에 따른 하중을 국가교통부에서 제공한 건축 구조기준 설계하중을 계산하고 비닐하우스 지지대에 하중을 주어 발생하는 변형량, 응력, 안전도와 어느 지점에서 가장 취약한지 파악해보고자 한다.

최종적으로 보강대가 설치된 모델에 똑같은 하중을 주어 기존 모델과 비교하여 변형양이 얼마나 줄어들고 얼마나 안정되었는지 비교해서 결과를 얻어낸다.

2. 모델링 및 재료선정

1) 비닐하우스의 재료 및 치수

(1) 일반 비닐하우스 재료

비닐하우스용 아연도 강관	
밀도	7750kg/m^3
탄성계수	2.10 E+09Pa
푸아송비	0.33

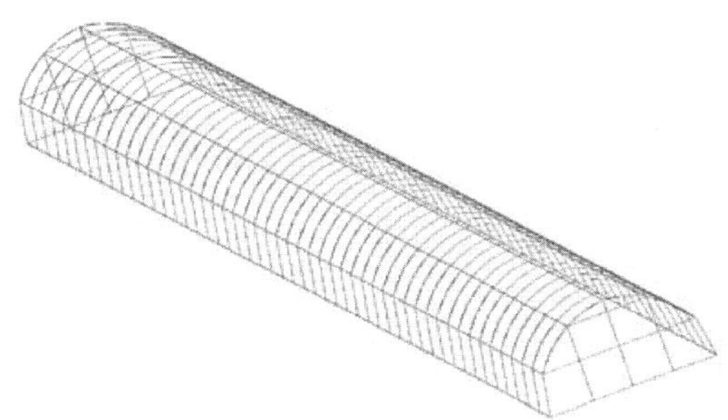

- 탄성계수는 KS 비닐하우스 구조용 아연도 강관의 강도 효과 및 표기 식별 연구 결과 참조. 푸아송비는 아연합금의 푸아송비를 사용하였음.

(2) 일반 비닐하우스 치수

라-1-1. 단동비닐하우스(07-단동-1형) 설계도

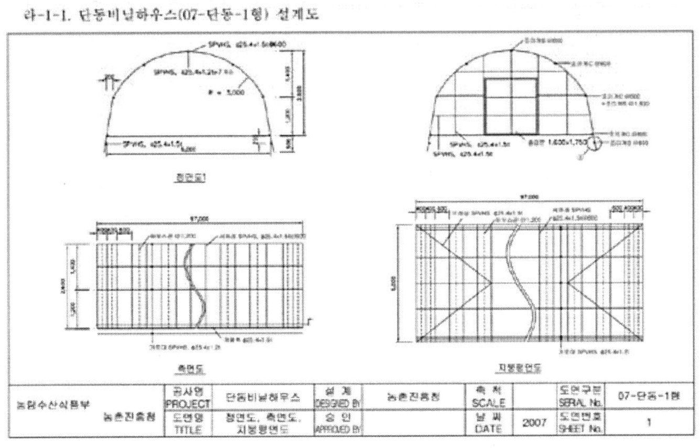

- 비닐하우스의 크기는 일반적으로 많이 사용되는 단동 비닐하우스의 치수와 유사하게 모델링 하였음.

(2) 모델링 과정

1차 수정)

비닐하우스를 모델링하고 mesh 과정에서 오류가 발생함. 오류가 난 이유를 생각해보니 실제로는 파이프를 연결하고 조리개를 사용하여 고정한다. 구조해석을 하기 위해 파이프끼리 Body를 합쳐 만들다 보니 이 과정에서 끝부분이 조금씩 튀어나온 걸 확인하여 이 부분들을 최대한 제거하였다.

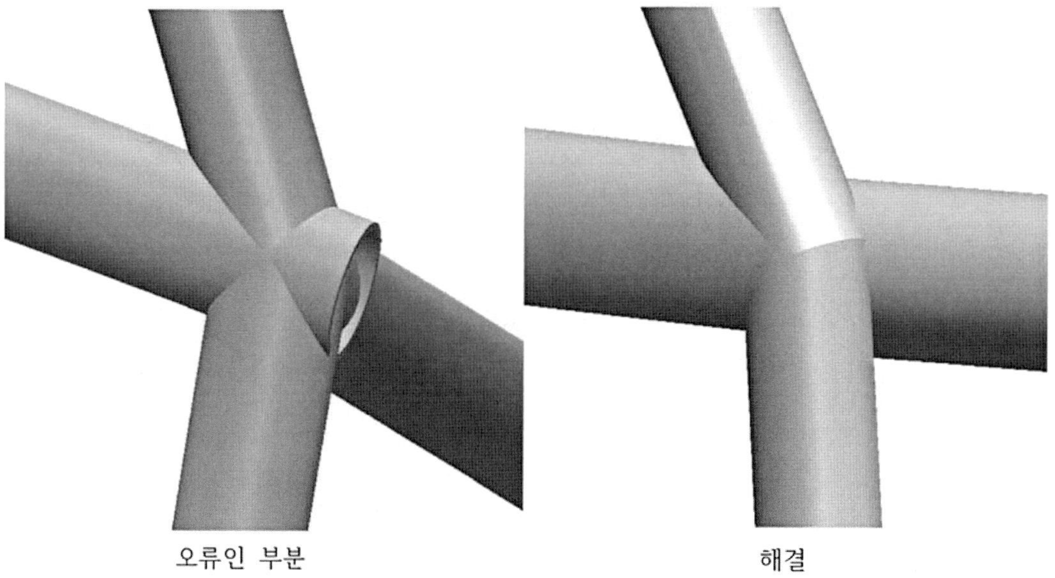

오류인 부분　　　　　　　　　　해결

2차 수정)

1차 수정 후 mesh 과정에서 여전히 오류가 발생함. 파이프의 경우 안쪽면적까지 전부 mesh가 이루어지기에 오류가 날 수 있다는 피드백을 받고 파이프 속을 채운 형태의 모델로 수정하게 되었다.

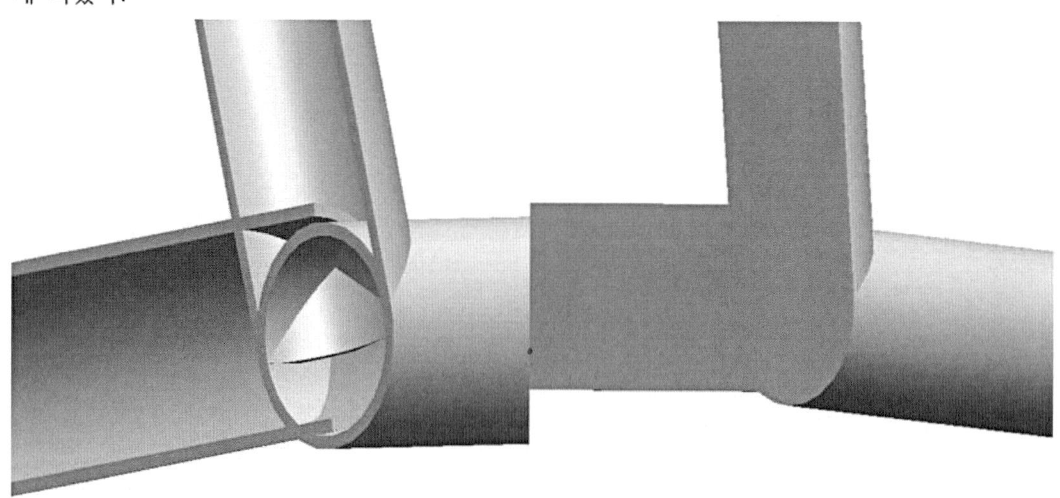

오류인 부분　　　　　　　　　　해결

2차 수정 후 정상적으로 mesh가 이루어짐.

눈의 적설 하중을 pressure를 주기 위해 지지대 위에 두께 0.1mm 비닐을 모델링 하여 덮음. 그러나 pressure의 해석 과정에서 오류가 발생하여 비닐의 두께를 변경하며 시도해보았지만, 해석에 실패하였다.

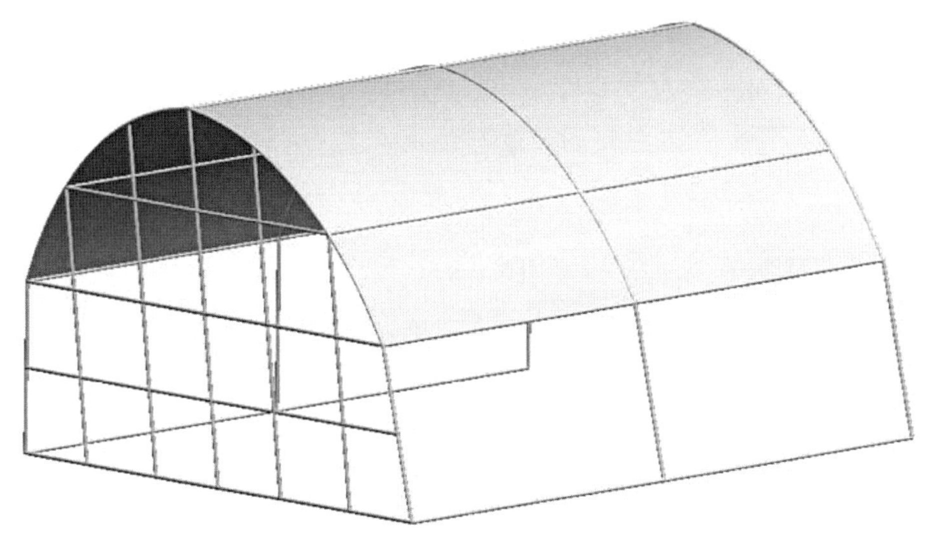

비닐 지붕을 덮은 모델

비닐을 덮어 Pressure 을 주는 방법으로는 해석할 수 없다고 생각하여 Pressure에서 바닥면적을 곱하여 Force를 눈을 지지하는 각 파이프에 주는 방식으로 해석해야겠다고 방향을 바꾸었다. 최종 모델은 비닐을 포함하지 않은 비닐하우스로 선정하게 되었다.

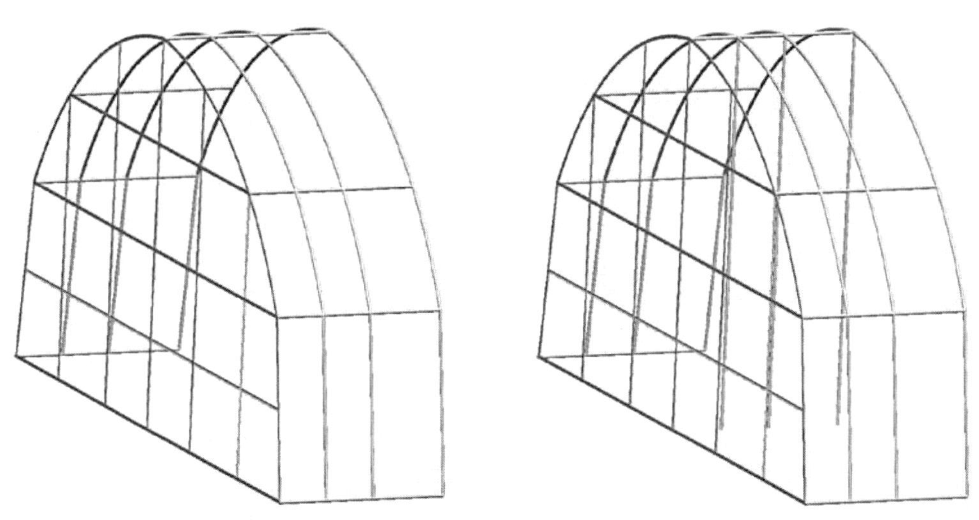

최종 지지대　　　　　　　　　　　　보강대가 들어간 지지대

위쪽 파이프 전부를 선택하고 아래 방향으로 Force를 줘서 최종적으로 구하고자 하는 최대 VM응력과 안전도 최대변위를 구하게 되었다.

1. 적설 하중 구조해석

비닐하우스에 작용하는 적설 하중의 크기(S_f)는 국토교통부 건축구조기준(2016)에 나와 있는 평지붕 적설 하중 식을 사용하였음.

$S_f = C_b \cdot C_e \cdot C_t \cdot I_S \cdot S_g (kN/m^2)$

1) 기본 지붕 적설 하중 계수 C_b는 일반적으로 0.7로 한다.

2) 노출 계수 C_e는 표에 따라

표 4.3-1 노출계수 C_e

주변 환경	C_e
A. 지형, 높은 구조물, 나무 등 주변환경에 의해 모든 면이 바람막이가 없이 노출된 지붕이 있는 거센바람 부는 지역	0.8
B. 약간의 바람막이가 있는 거센바람 부는 지역	0.9
C. 바람에 의한 눈의 제거가 지형, 높은 구조물 또는 근처의 몇몇 나무들 때문에 지붕 하중의 감소를 기대할 수 없는 위치	1.0
D. 바람의 영향이 많지 않은 지역 및 지형과 높은 구조물 또는 몇몇 나무들에 의하여 지붕에 바람막이가 있는 지역	1.1
E. 바람의 영향이 거의 없는 조밀한 숲 지역으로서, 촘촘한 침엽수 사이에 위치한 지붕	1.2

주 1) 주변환경은 구조물의 수명기간에 지속되는 환경을 말한다.
2) $10h_o$(지붕면에서 장애물까지의 높이) 거리 내에 있는 장애물들은 바람막이가 된다.
3) 겨울에 잎이 떨어지는 낙엽수에 의한 장애물인 경우 C_e는 0.1만큼 저감할 수 있다.

바람에 의한 눈의 제거가 지형, 높은 구조물 또는 근처의 몇몇 나무들 때문에 지붕 하중의 감소를 기대할 수 없는 위치를 주변 환경으로 선택하였다. 따라서 노출 계수 C_e=1.0

3) 온도계수 C_t

표 4.3-2 온도계수 C_t

난방상태	C_t
난방구조물(적설하중 제어구조)	1.0
비난방구조물(적설하중 비제어구조)	1.2

본 프로젝트에서 모델로 한 비닐하우스는 비 난방 구조물이기에 C_t = 1.2로 설정하였다.

4) 중요도 계수 I_s

표 4.3-3 중요도계수 I_s

중요도	특	1	2	3
중요도계수 I_s	1.2	1.1	1.0	0.8

건축물의 중요도를 선정하는 중요도 계수는 3으로 선정하여 I_s = 0.8로 설정하였다.

5) 기본 적설 하중 선정

건축구조기준 설계하중

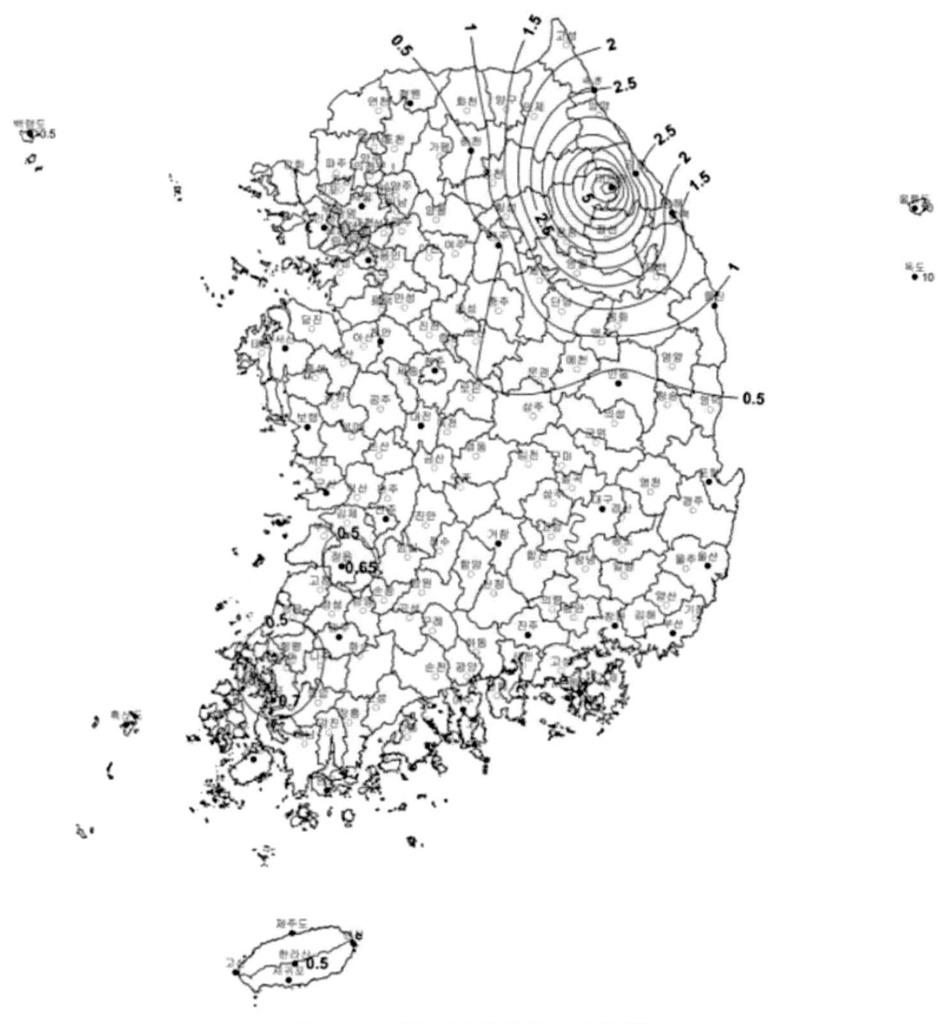

그림 4.2-1 기본지상적설하중 S_g(kN/㎡)

눈이 많이 내리는 지역인 강원도지역 중 눈이 많이 내리는 순으로 3 지역을 선택하였다. **대관령(S_g=5), 평창(S_g=3), 속초(S_g=2.5)**

- 지역별 적설 하중 계산

1. 대관령(S_g= 5)

   $S_f = C_b \cdot C_e \cdot C_t \cdot I_S \cdot S_g(kN/m^2)$ = $3.36(kN/m^2)$

2. 평창(S_g= 3)

   $S_f = C_b \cdot C_e \cdot C_t \cdot I_S \cdot S_g(kN/m^2)$ = $2.016(kN/m^2)$

3. 속초(S_g= 2.5)

   $S_f = C_b \cdot C_e \cdot C_t \cdot I_S \cdot S_g(kN/m^2)$ = $1.68(kN/m^2)$

- 해석용 모델의 바닥 면적

$5000mm \times 1400mm = 7m^2$

- 지역별 비닐하우스 지붕에 작용하는 하중 계산

1. 대관령

   : $7m^2 \times 3.36(kN/m^2) = 23.52(kN)$

2. 평창

   : $7m^2 \times 2.016(kN/m^2) = 14.112(kN)$

3. 속초

   : $7m^2 \times 1.68(kN/m^2) = 11.76(kN)$

- 공통 경계조건

비닐하우스의 하부 지지대는 땅에 고정되어 있다는 전제하에 Fixed support를 적용하였다.

2) 보강대를 설치하지 않은 지지대

(1) 하중 23.52kN 을 준 모델 (지역: 대관령)

요소(Element) : 320669개, 노드(Node) : 591583개

Total Deformation : 5539.8 mm

Equivalent Stress(VM) : 293.41MPa

Safety : 0.85206

Statistics	
Nodes	591583
Elements	320669

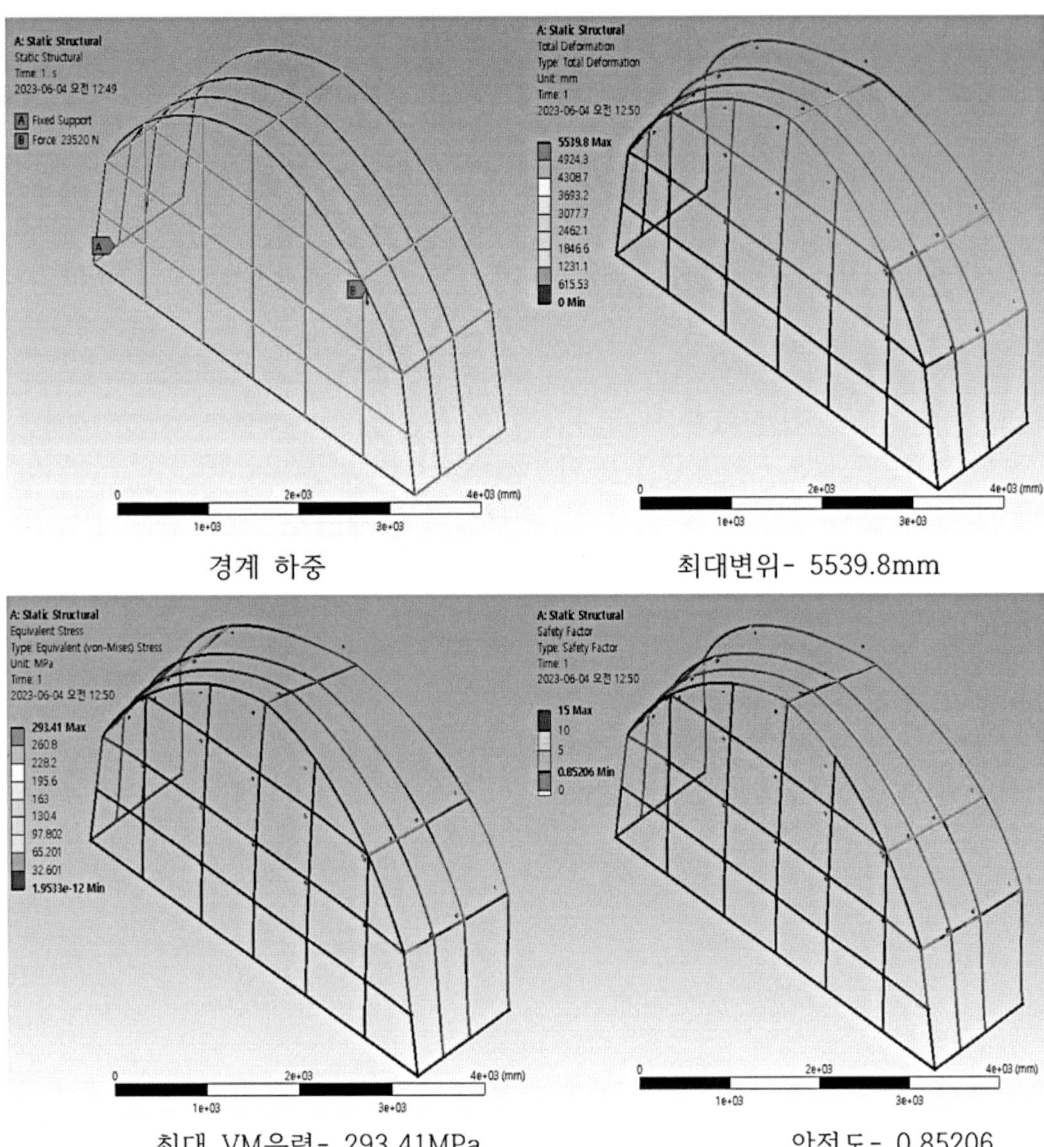

경계 하중 최대변위- 5539.8mm

최대 VM응력- 293.41MPa 안전도- 0.85206

(2) 하중 14.112kN 을 준 모델 (지역: 평창)

요소(Element) : 320669개, 노드(Node) : 591583개

Totla Deformation : 3323.9mm

Equivalent Stress(VM) : 176.04MPa

Safety : 1.4201

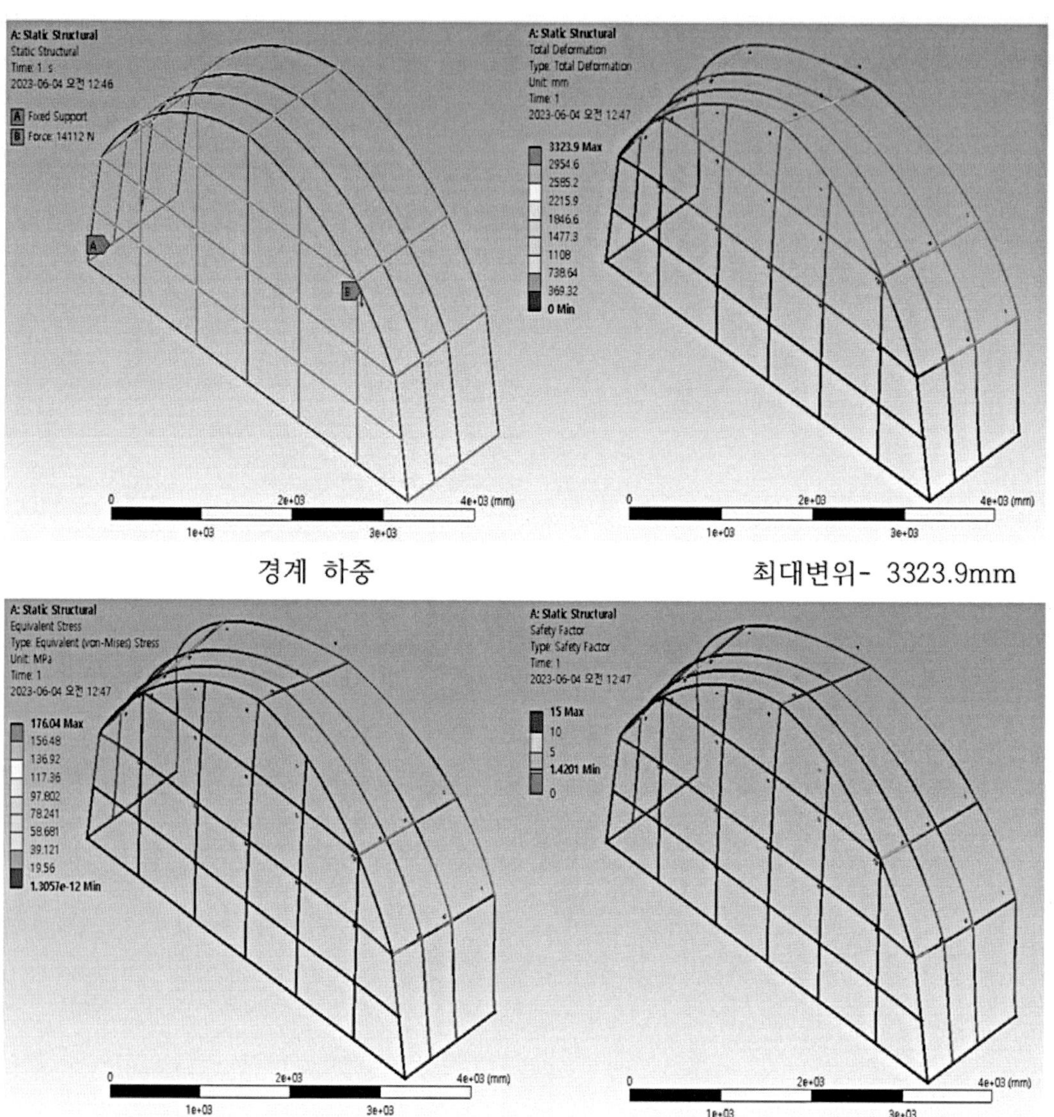

경계 하중　　　　최대변위- 3323.9mm

최대 VM응력- 176.04MPa　　　　안전도-1.4201

(3) 하중 11.76kN 을 준 모델 (지역: 속초)

요소(Element) : 320669개, 노드(Node) : 591583개

Total Deformation : 2769.9mm

Equivalent Stress(VM) : 146.7MPa

Safety : 1.7041

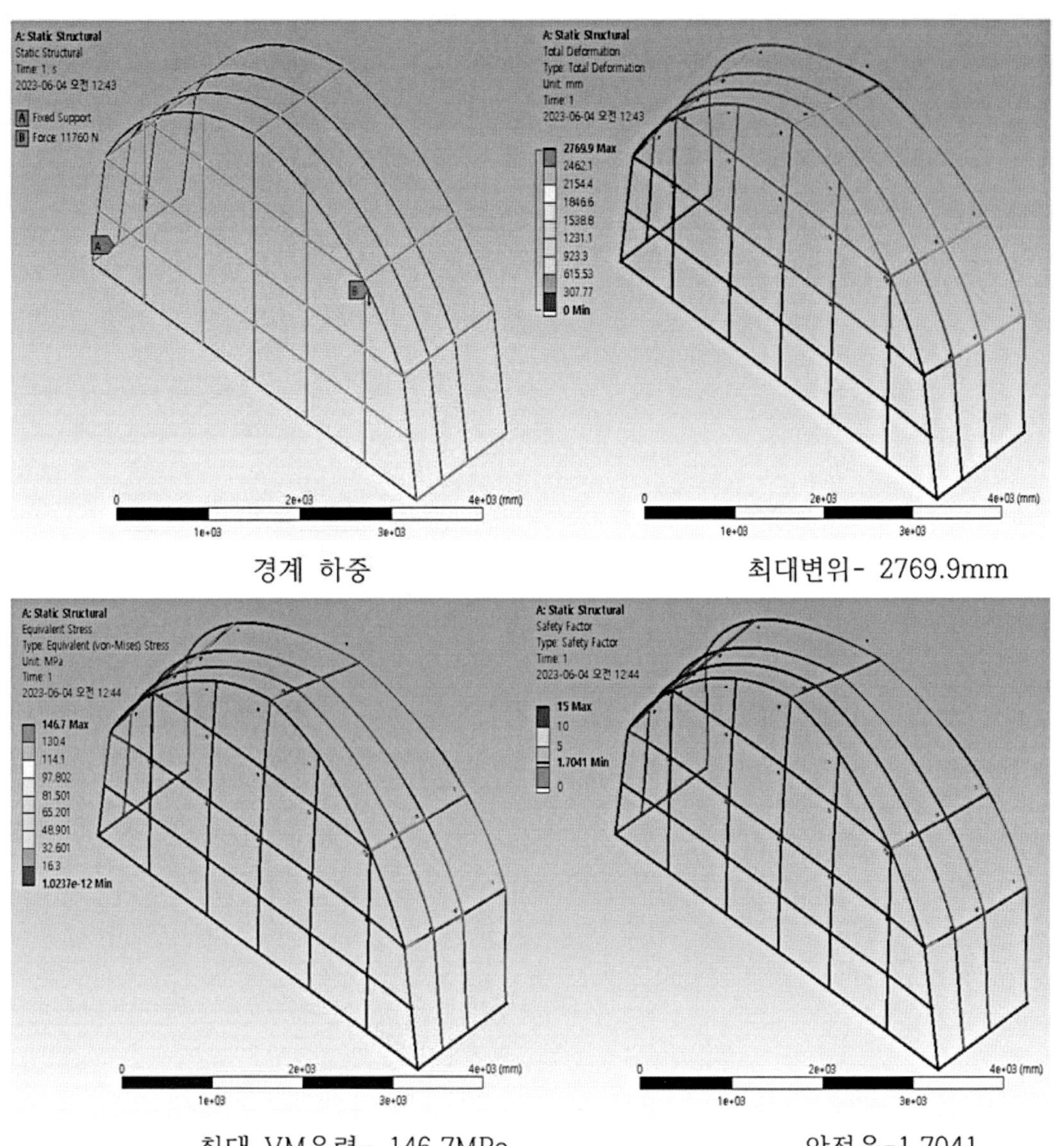

경계 하중 최대변위- 2769.9mm

최대 VM응력- 146.7MPa 안전율-1.7041

3) 보강대를 설치한 지지대

(1) 하중 23.52kN 을 준 모델 (지역: 대관령)
요소(Element) : 180233 개, 노드(Node) : 377455 개
Total Deformation : 1127.8 mm
Equivalent Stress(VM) : 145.25 MPa
Safety : 1.718

Statistics	
Nodes	377455
Elements	180233
Mesh Metric	None

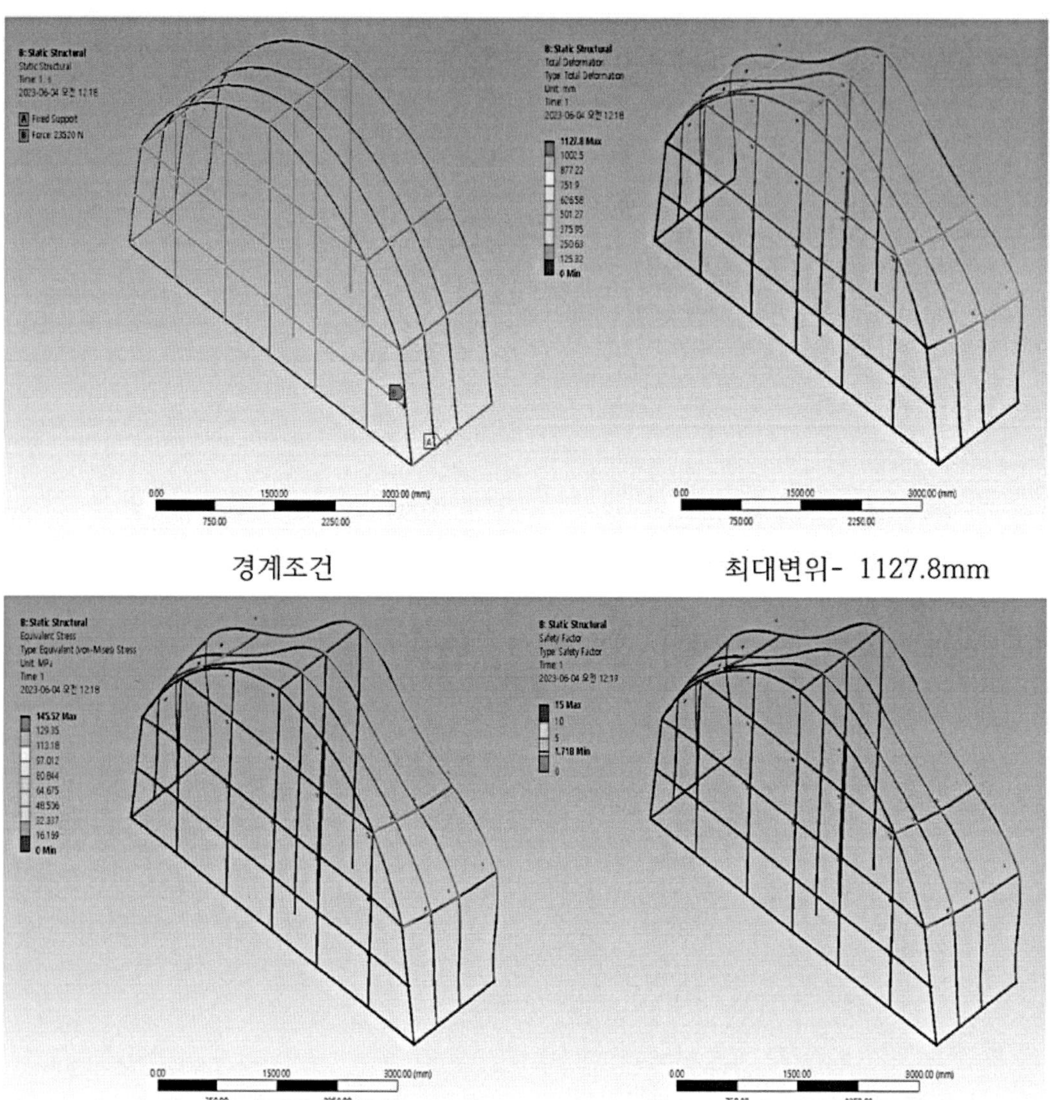

경계조건

최대변위- 1127.8mm

최대 VM응력- 145.25MPa

안전도- 1.718

(2) 하중 14.112kN을 준 모델 (지역: 평창)

요소(Element) : 180233개, 노드(Node) : 377455개
Total Deformation : 676.71mm
Equivalent Stress(VM) : 87.311 MPa
Safety : 2.8633

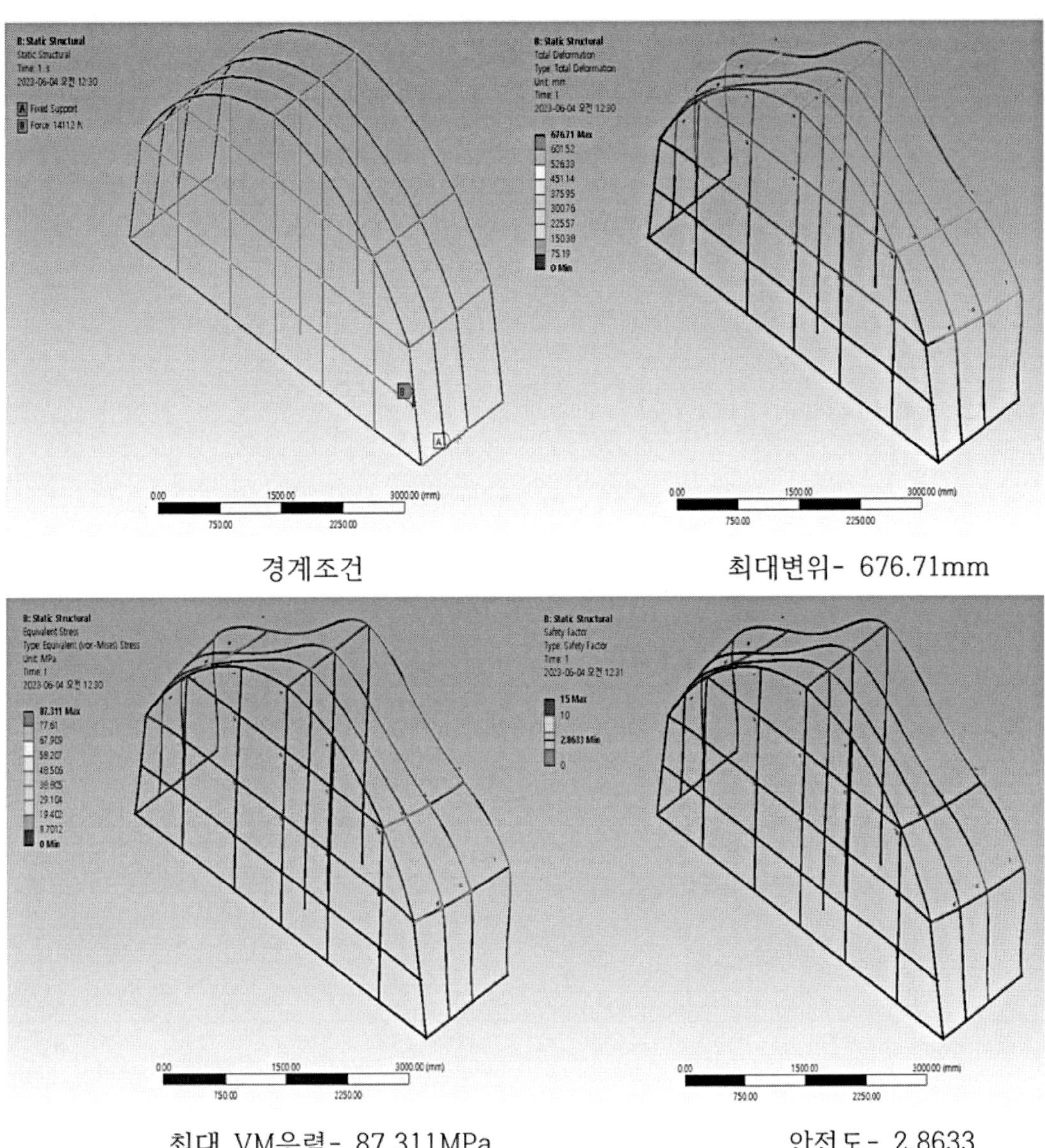

경계조건 최대변위- 676.71mm

최대 VM응력- 87.311MPa 안전도- 2.8633

(3) 하중 11.760kN을 준 모델 (지역: 속초)

요소(Element) : 180233개, 노드(Node) : 377455개
Total Deformation : 563.92mm
Equivalent Stress(VM) : 72.752MPa
Safety : 3.436

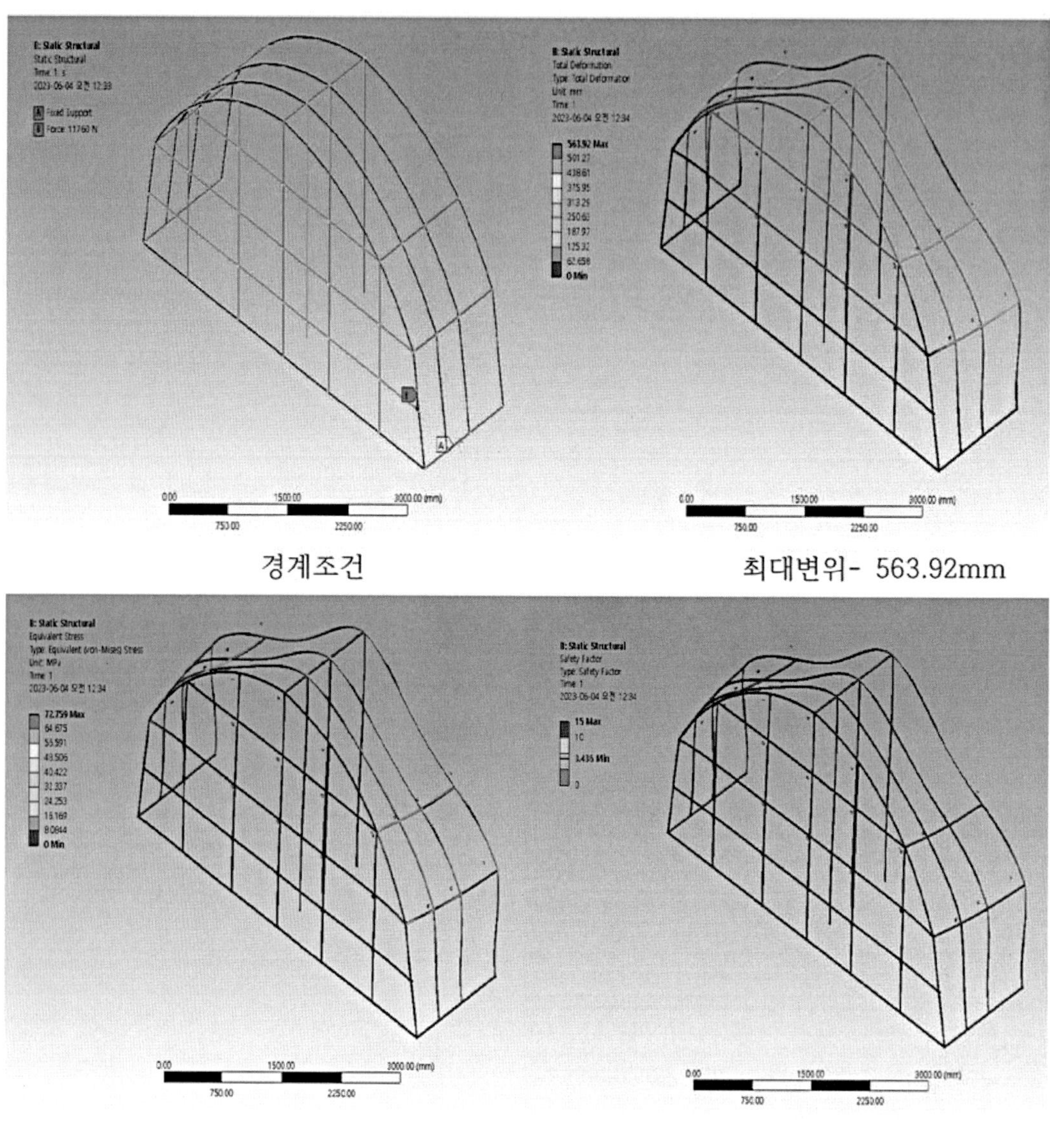

경계조건

최대변위- 563.92mm

최대 VM응력- 72.752MPa

안전도- 3.436

4. 해석 결과 종합

본 구조해석에서는 단동 비닐하우스에 작용하는 적설 하중을 지역별로 산정하고, 지붕 면의 상부에 있는 파이프에 가해지는 하중으로 작용할 수 있도록 계산하였고 적설 하중을 적용하여 구조해석을 하였으며 다음과 같은 결론을 얻었다. 다음 표는 보강대 설치 여부 및 지역별 결과를 종합한 표이다.

일반 비닐하우스	최대 응력	최대변위	안전도	파손 여부
대관령	293.41MPa	5539.8mm	0.8521	o
평창	176.04MPa	3323.9mm	1.4201	x
속초	146.70MPa	2769.9mm	1.7041	x

보강대 설치 비닐하우스	최대 응력	최대변위	안전도	파손 여부
대관령	145.25MPa	1127.8mm	1.718	x
평창	87.311MPa	676.71mm	2.863	x
속초	72.752MPa	563.92mm	3.436	x

1. 단동 비닐하우스 적설 하중 구조해석을 통해 보강대가 설치되지 않은 일반 비닐하우스의 최대변위와 최대 응력은 비닐하우스 입구 반대쪽 끝 단면의 중앙 서까래에서 나타났으며, 모델의 변위 및 변형률은 하중과 높은 선형관계를 보이는 것으로 나타났다.

2. 대관령의 적설 하중을 기준으로 보강대 설치를 통해 최대 500% 이상의 변형량을 줄일 수 있었다.

3. 파이프의 항복 인장강도는 207MPa이다. 대관령에서 일반 비닐하우스의 최대 응력이 293.41MPa이 나왔으므로 파이프의 인장강도보다 크다. 따라서 파손이 되고 안전도를 고려해 봤을 때도 1보다 낮으므로 파괴가 된다는 사실을 알 수 있다. 보강대를 설치하면 최대 응력이 낮아지므로 파손이 일어나지 않는다. 따라서 폭설을 대비하려면 보강대 설치가 필요하다.

결론적으로 보강대를 설치한 비닐하우스가 보강대를 설치하지 않은 비닐하우스보다 안전하다는 것을 확인했다. 특히나 적설량이 많은 대관령에서는 보강대를 설치하지 않으면 비닐하우스에 파손이 일어나는 것을 확인하였고 보강대 설치 시 안전도가 약 2배 정도 증가하는 것을 알 수 있었습니다.

5. 참조 및 출처

(1) 행정안전부 비닐하우스 지붕에 쌓인 눈, 보조 버팀기둥으로 붕괴 예방 보도자료
https://www.mois.go.kr/frt/bbs/type010/commonSelectBoardArticle.do?bbsId=BBSMSTR_000000000008&nttId=40595

(2) 적설하중 재하실험과 구조해석을 통한 단동 비닐하우스의 거동 연구 - 송호성, 김유용, 유석철, 임성윤
http://www.koreascience.or.kr/article/JAKO202221360611402.pdf

(3) 폭설시 비닐하우스의 구조해석에 의한 모델 개발 - 공주대학교 기계자동차 공학부 조재웅, 이은종, 남중송
https://koreascience.kr/article/JAKO201030650220221.pdf

(4) KDS 41 10 15 건축 구조기준 설계하중 - 국토교통부

13 OUTRIGGER 구조해석

작성자 : 안승범, 이원용

1. 프로젝트 선정

1-1. 프로젝트 용어 설명

1. OUTRIGGER

OUTRIGGER는 아웃트리거라고 불리며 이동식 양중기에 장착되어 있는 하중과 지반간지지 장치이다. 즉, 일상생활에서 흔히 보이는 사다리차, 차량탑재형 크레인, 고소작업대에 있는 다리 달린 장치이다. 이 장치의 존재를 알고 있는 사람은 많지만 이름을 모르는 경우가 대다수일 것이다.

2. 붐(붐대)

붐(붐대)은 차체와 대상 물체를 연결하는 암이다. 붐은 크레인의 작업 범위를 결정하고, 하중을 들어 올리거나 이동시키는 역할을 수행한다. 이동식 크레인의 붐은 다양한 제원과 사양으로 설계될 수 있으며, 이는 제조업체에 따라 다르다. 따라서 붐의 최대로 펼친 길이와 높이는 크레인의 설계 및 제원에 따라 다양하게 설정될 수 있습니다.

<그림 403: 이동식 크레인의 붐를 펼친 사진>

1-2. 프로젝트 선정방식 및 배경

이동식 양중기는 도심, 아파트, 산업현장 등 전문 운용인이 아니더라도 일반인이 쉽게 접할 수 있는 장치이다. 무심코 사다리차 아래로 지나가는 일반인, 작업 반경 접근 금지표시를 하지 않는 신호유도자 등 특히 작은 작업 현장에서 빈번하게 일어나는 것을 확인할 수 있을 것이다. 이는 모두 안전 불감증으로 인한 행동이며 이는 사고 원인이 되기에 충분하다.

고용노동부의 22.01.17 보도 자료에 의하면 사망사고의 60%는 차량탑재형 고소 작업대에서 발생한다고 밝혔다. 사고 원인으로는 안전 수칙 미 준수, 안전장치 미설치로 인한 사고가 80%에 육박한다. 또, 통계청에 따르면 이동식 크레인의 사망률은 다른 양중기 중 1위를 기록하였다. 아래의 표를 확인하면 타워 크레인 보다 사망자 수가 높은 것을 확인할 수 있다.

대분류	기인물(2)	사망자수(명)
양중기	곤돌라	7
	리프트	34
	이동식 크레인	**37**
	타워 크레인	32

<표 62: 통계청 산업재해 현황(04'~06')>

차량 탑재형 고소작업대, 이동식 크레인 모두 붐대와 아웃트리거가 존재하며 다양한 하중과 모멘트, 규정화되어 있지 않은 작업방식으로 운용자마다 안전성이 결정된다.

위처럼 하중과 모멘트에 의한 차량 전도, 안전장치의 부정절한 사용이 일반인, 작업인 모두 안전에 취약하다고 생각한다.

1-3. 프로젝트 방향

아웃트리거는 '산업안전보건기준에 관한 규칙 186조 2항 2호[4], 335조 4항[5]'에 명시되어있다. 하지만 그 내용을 살펴보면 아웃트리거의 손상과 설치를 잘 해야 한다. 명시되어있을 뿐이다. 또, 한국산업안전보건공단에서 발표한 17년 9월 재해 사례의 예방대책 中 "제조사의 사용 매뉴얼에서 정한 허용 작업 반경을 준수하여 선회 작업 시행"처럼 언급되어있는 것을 확인할 수 있다. 따라서 아웃트리거는 산업 안전 관련법의 사각지대에 놓여있다. 아웃트리거의 제조사의 규정에 따른 운영 및 설치 여부를 구조 해석한다. 이에 따른 위험성의 정도를 평가하고 중요성을 알아본다.

4) 갑작스러운 이동을 방지하기 위하여 **아웃트리거** 또는 브레이크 등을 확실히 사용할 것
5) 작업 중에 지반의 침하, **아웃트리거**의 손상 등에 의하여 콘크리트 펌프카가 넘어질 우려가 있는 경우에는 이를 방지하기 위한 적절한 조치를 할 것

2. 모델링

2-1. 대상 시스템 선정

작업 차량은 임의로 설계하기에는 시중에 있는 설계된 제원과 거리가 있으므로 아웃트리거를 분석하기 위해 대상 차량을 선정해야 한다. 통계청에 고시되어있는 이동식 양중기 보유 사업장 수를 기반으로 가장 많이 사용되는 차종은 정격하중 2톤 이상의 차량이다. 또, 사업장이 작고 개인 사업장일수록 안전 수칙 적용의 사각지대에 놓여있고 일반인이 실생활에서 접하기 쉽다고 판단하여 잠재적 위험성이 높은 것으로 생각한다.

이동식 양중기의 정격하중	2019년	
2톤 미만	추정 사업장 수(개)	672
2톤 미만	추정오차(개)	±54
2톤 미만	조사 사업장 수(개)	601
2톤 이상	**추정 사업장 수(개)**	**1,314**
2톤 이상	추정오차(개)	±74
2톤 이상	조사 사업장 수(개)	1,189

<표 63: 통계청 작업환경 실태조사(19')>

종합적으로 이동식 양중기 중 차량탑재형 고소작업대로 선정하여 실제 대상 차량을 이용하여 간소화된 모델링을 한다. 대상 차량은 3.5톤이며 한신 특징 社의 'HS350M'으로 선정하였다. 그 이유는 우리 생활에서 가장 쉽게 접할 수 있고 그중에서도 이삿짐을 옮길 때와 같이 높이 올라가는 것을 골랐기 때문이다.

탑재 차량	현대 3.5 ton 중축 Mighty	
총 중량	10,230kg	
붐	단수	8단
작업 최대 높이	차체+붐+탑승함 높이	33.5m
최대 작업 하중	400kg(2인용)	
자재 재질	STRENX 社의 900, 700	
아웃트리거	형식	X Type.
	인출 폭	전방: 6,675mm 후방: 6,675mm

<표 64: 한신 특장 社'HS350M'>

2-2. 경계조건

HS350M의 제원중 붐의 인출 길이와 높이에 따른 작업 반경도를 보면 0~400kg의 경우와 작업 금지구역 등을 확인할 수 있다. 이때 전도 위험, 탑승함의 최대무게에 따른 아웃트리거의 파손 위험도가 가장 높은 상황을 결정한다.

1) 차체에 가해지는 모멘트 크기 결정 요인

- 붐의 자중: 일정한 하중과 무게 중심의 이동 변화량과 인출 각의 변화량이 작은 값이므로 위험도의 순위 산정 시 고려하지 않는다.

$$\text{붐의무게} \times \Delta(\text{무게중심거리} \times \cos(\text{붐대인출각}))$$

- 아웃트리거의 인출 폭: 전, 후방 최댓값 (6,675mm)

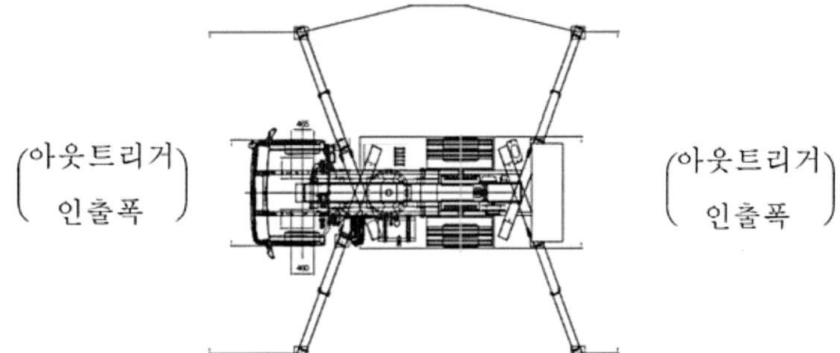

-최대 작업 하중에 따른 붐의 인출 길이: <그림 4>, <그림 5>의 정상 제원을 고려한다.

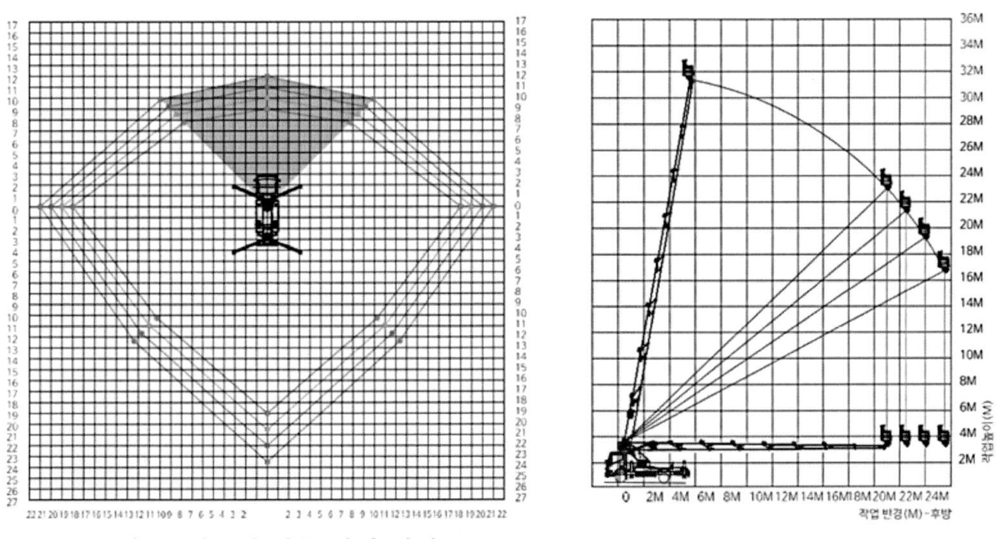

<그림 4: 하중에 따른 작업 반경> <그림 5: 하중에 따른 붐의 길이>

정해진 가능 작업 반경에 따른 모멘트를 산정하여 <표 4와>와 같다.

NO.	탑승함 하중	최대 작업 반경	붐의 최대 인출 길이	탑승함의 최대 높이	모멘트 (붐 자중고려X)
1	**400kg**	**18m**	**31.50m**	**25.85m**	$70{,}632N \cdot m$
2	300kg	19m	29.09m	22m	$55{,}917N \cdot m$
3	200kg	20m	28.28m	20m	$39{,}240N \cdot m$
4	100kg	21m	27.66m	18m	$20{,}601N \cdot m$

<표 65: 작업 하중에 의한 모멘트 변화>

가장 모멘트가 많이 가해지는 측면으로 400kg의 하중이 작용하며, 작업 반경의 거리가 가장 멀 때 제원상 위험도가 가장 높은 것을 확인할 수 있다.

2) 물성 결정 요인

물성은 STRENX社의 900E/F를 사용하여 자중에 의한 모멘트를 적용하였다. 이때 물성을 900E/F를 택한 이유는 실제 제원상 항복강도 900MPa의 강재를 사용하며, 그 중 강한 하중을 지지하는 용도인 900E/F를 택하였다.

STRENX 社 900E/F				
두께 (mm)	항복강도	인장강도	연신율 (최소)	무게 (물성이 비슷한 Titanium Alloy로 대체)
4.0-53.0	900MPa	940-1100MPa	12%	$4620kg/m^3$
53.1-120.0	830MPa	880-1100MPa	12%	

<3D 모델링 결과>

3. 경계조건

1) 하중

(1) 차체로 인한 하중

: 차에 무리가 가지 않도록 차체를 들어 올린 상태에서 작업을 하므로 차체로 인한 하중을 아웃트리거에 적용하였다.

$$10230kgf = 100,254N$$

(2) 작업에 의한 하중

: 작업과 인원수에 따라 무게가 달라지며 제원상 한계치를 주었다.

$$400kgf = 3,920N$$

총 중량 = 104,174N

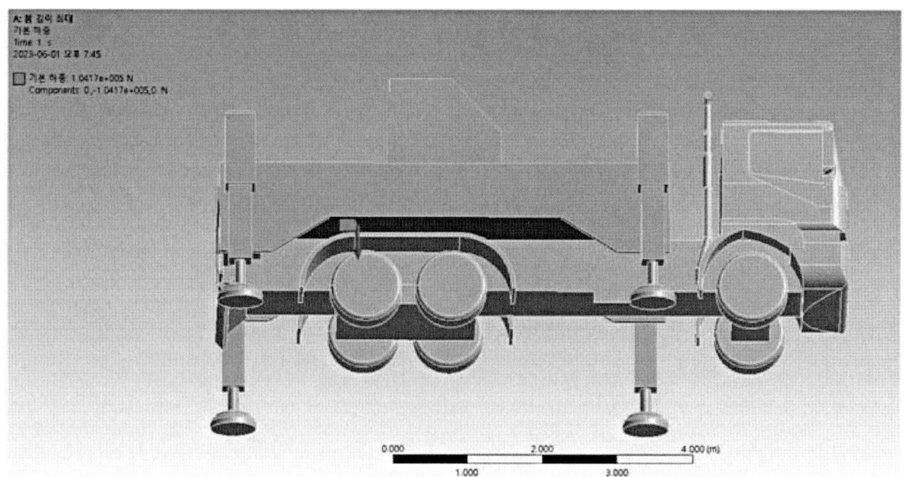

2) 모멘트

: 현재 적용하고 있는 최대 인출 길이에서 탑승함의 제한 높이는 25.85m이다. 탑승한 높이가 낮아지면, 작업 반경이 커지면서 모멘트가 커지는 현상을 볼 수 있다. 따라서 탑승함의 제한 높이를 낮추면서 모멘트의 변화에 따른 아웃트리거의 변화를 확인하기 위해서 한계점에서 변화를 주어서 5가지의 경우의 수를 만들어서 어떠한 변화가 생기는지 확인해보았다.

NO.	탑승함 하중	최대작업반경	붐의 최대 인출 길이	탑승합의 최대 높이	모멘트 (탑승함 하중)	모멘트 (붐대 자중)	총 모멘트(Nm)
1	400KG	18m	31.5m	25.85m	70632	2835120	2905752
2	400KG	23.6m	31.5m	20.85m	92559	3720150	3812709
3	400KG	27.2m	31.5m	15.85m	106709	4288400	4395109
4	400KG	29.6m	31.5m	10.85m	115922	4658686	4774608
5	400KG	30.9m	31.5m	5.85m	121333	4876071	4997404

<그림 410: 탑승한 높이에 따른 모멘트 변화>

3) 고정

(1) Fixed support

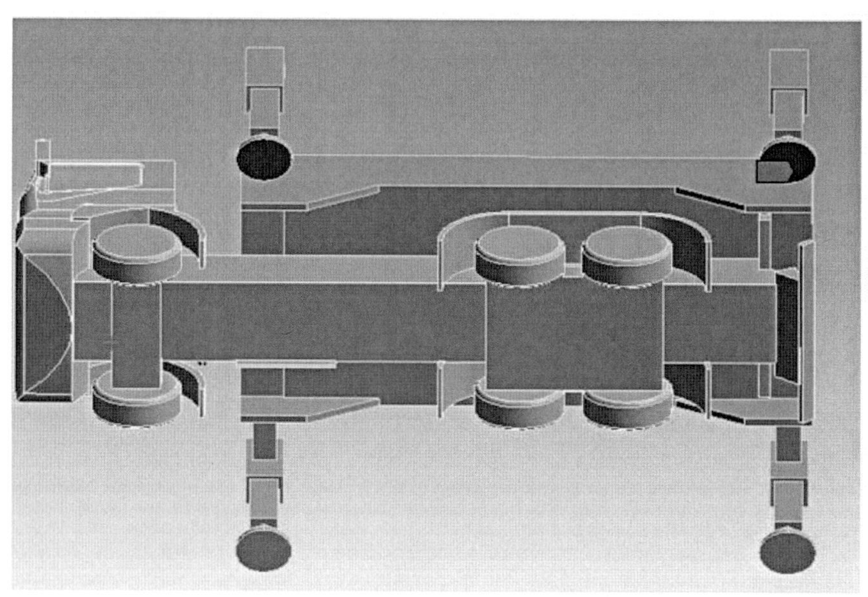

(2) Displacement

하중과 모멘트로 인한 밀림 현상을 확인하기 위해 Fixed support가 아닌 Displacement를 적용하였다.

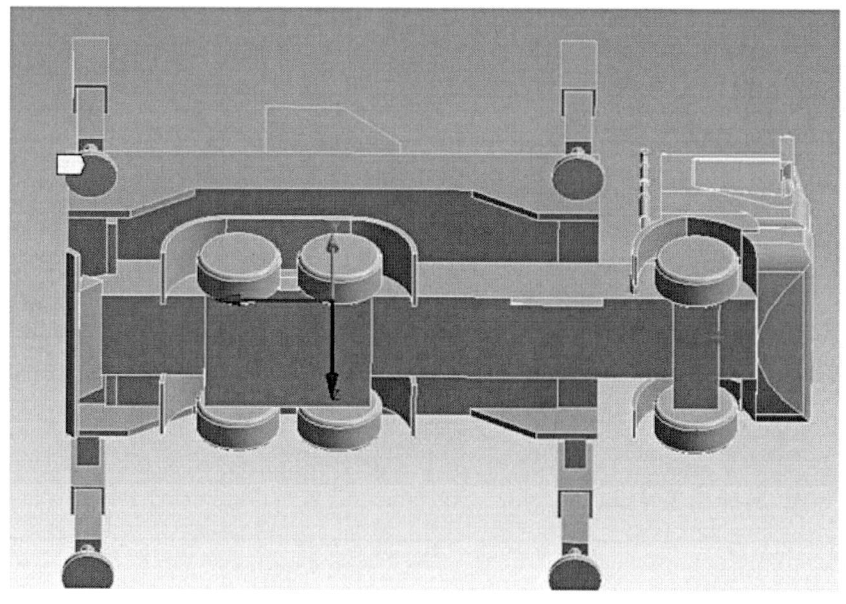

4. 해석 및 결론

4-1. 해석 및 결과

Case 1 (최대가능 작업 반경:18m&탑승함의 최대 높이: 25.85m)
<Total deformation>

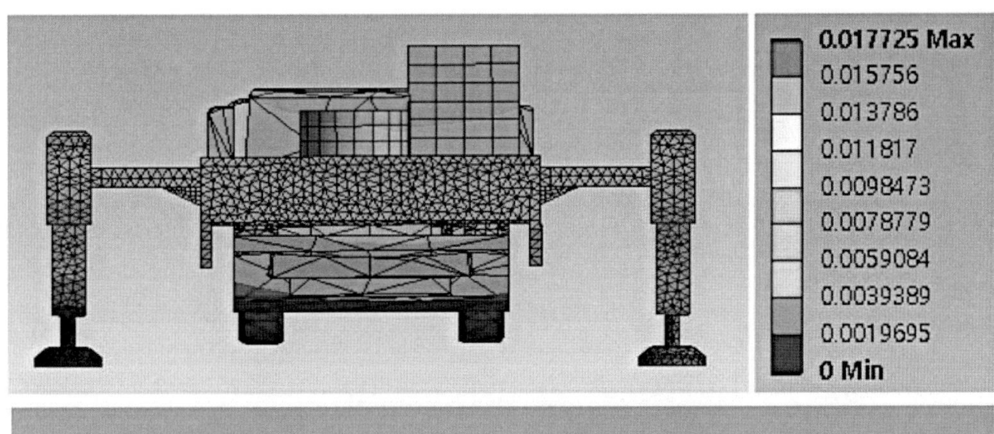

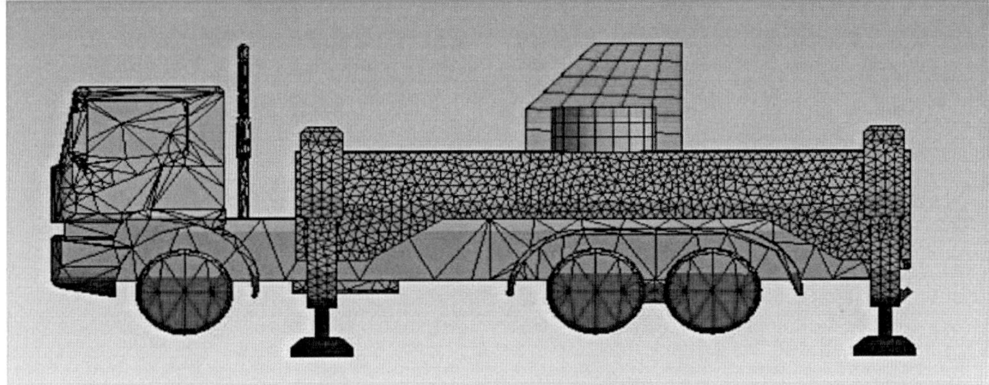

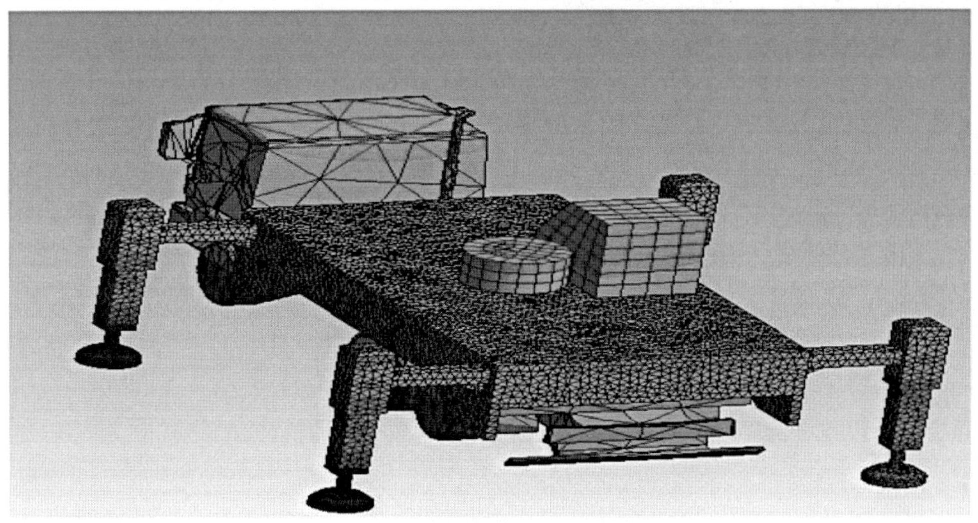

<Equivalent stress>

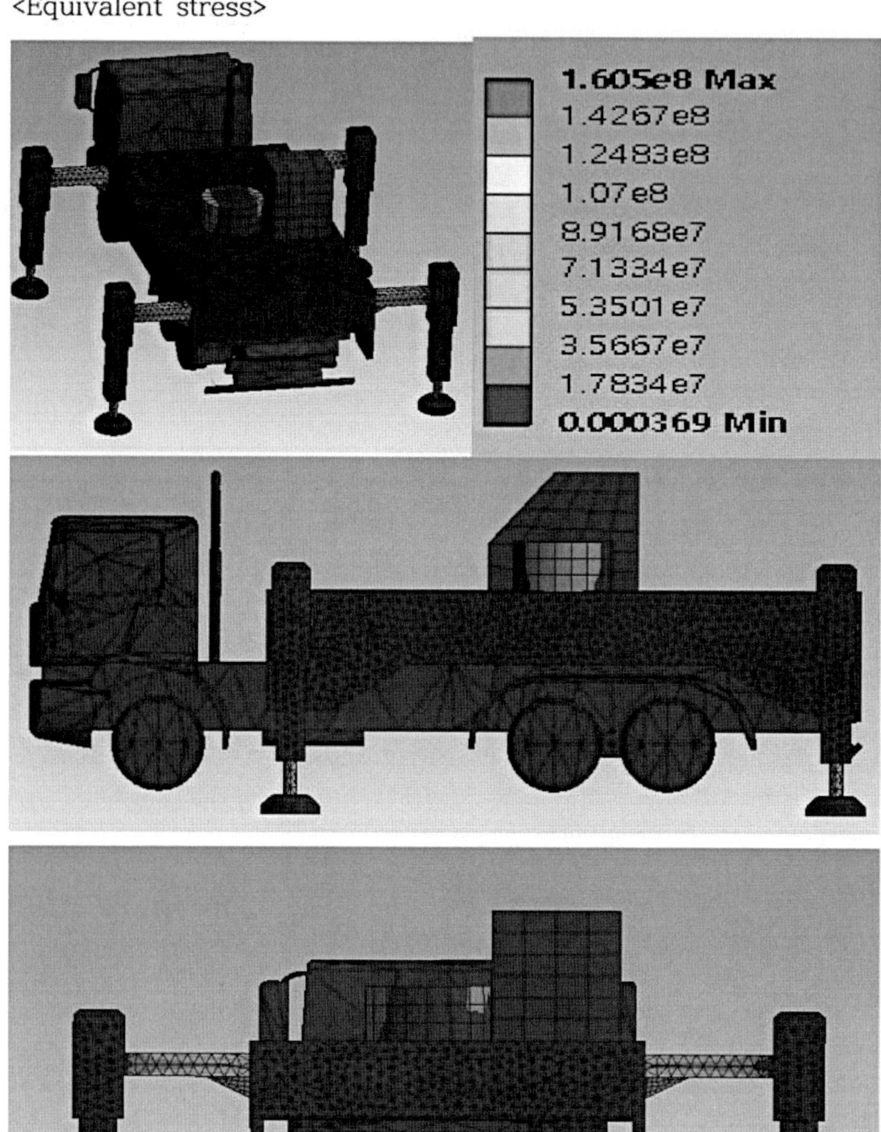

<Safety factor>

Case 2 (탑승함의 높이: 20.85m & 작업 반경: 23.6m)

<Total deformation>

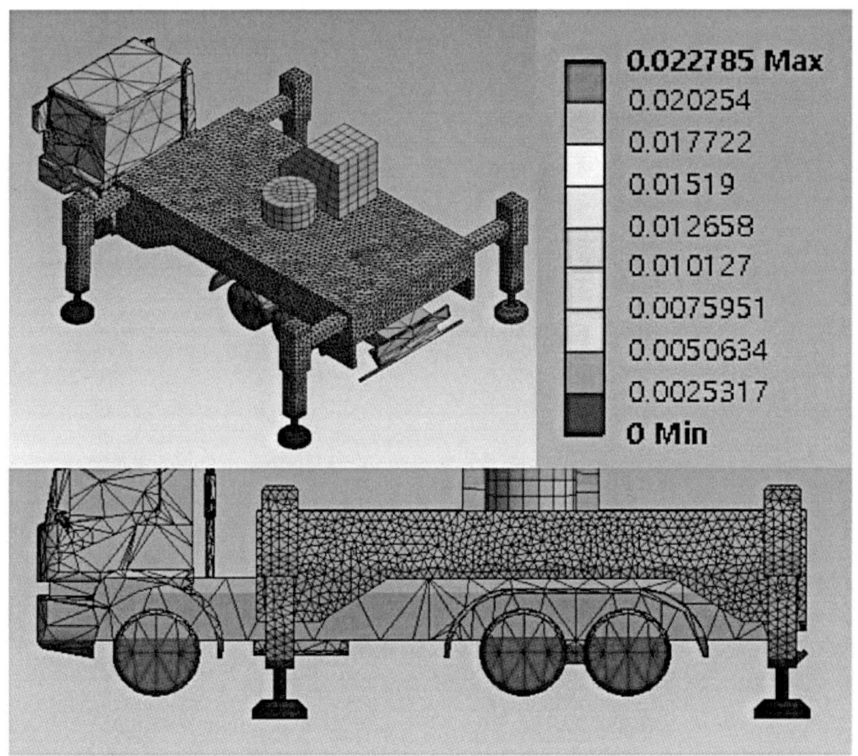

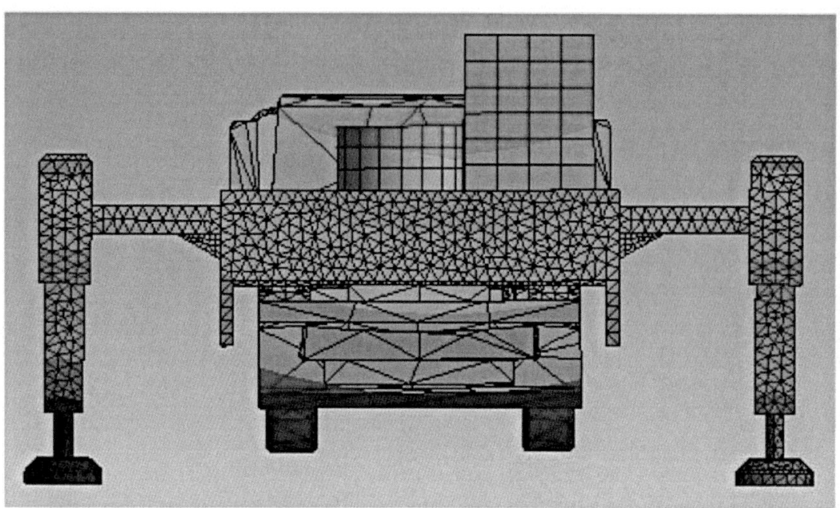

<Equiavalent stress>

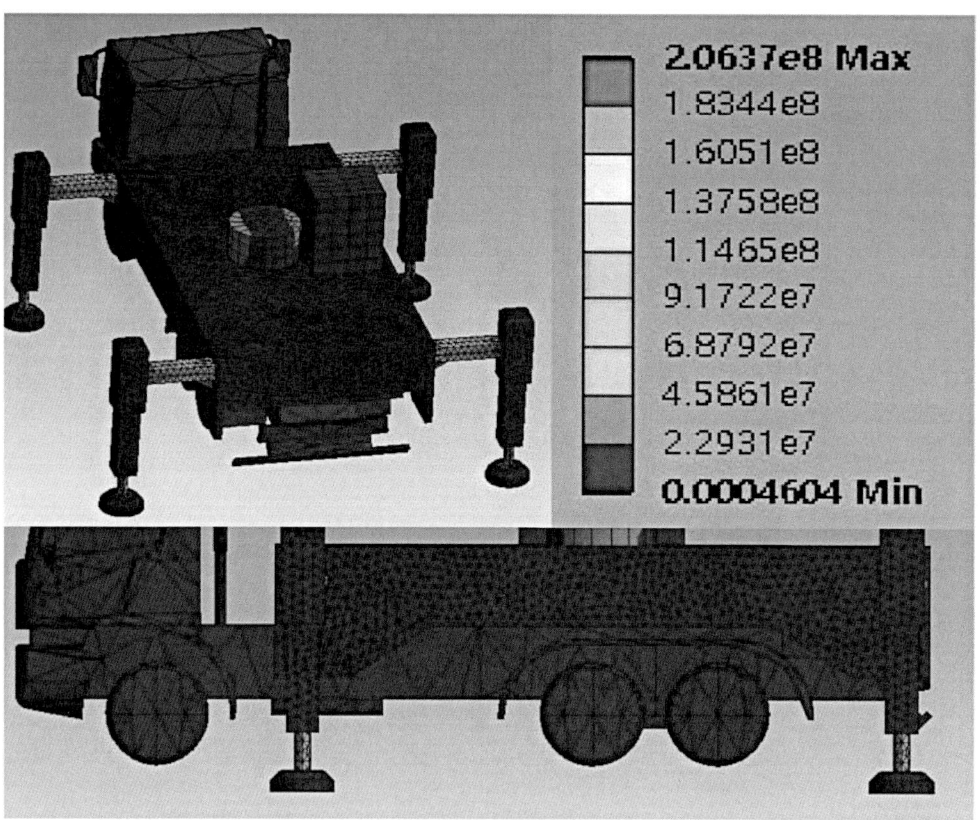

<Safety factor>

Case 3 (탑승함의 높이: 15.85m & 작업반경: 27.2m)

<Total deformation>

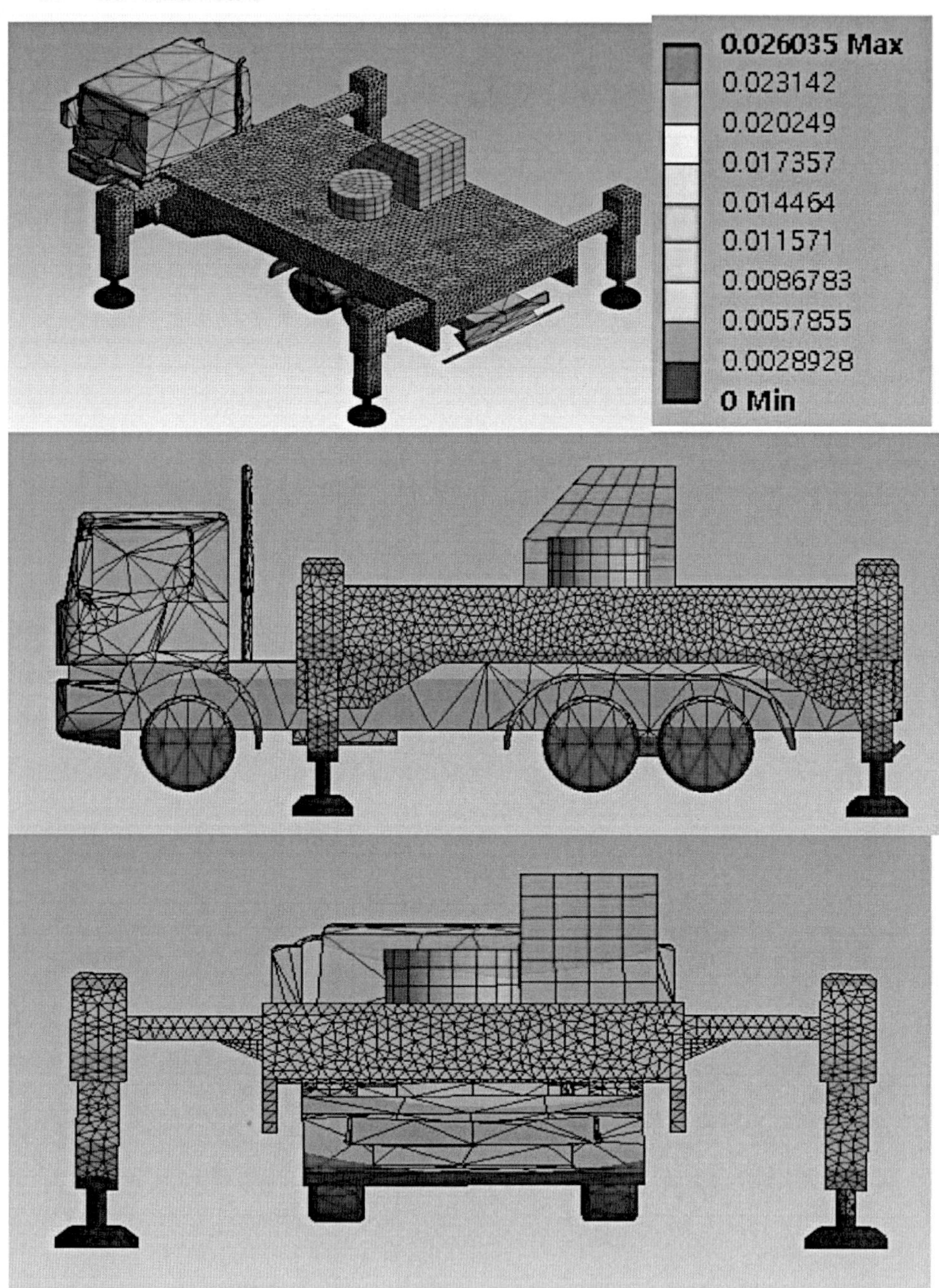

<Equivalent stress>

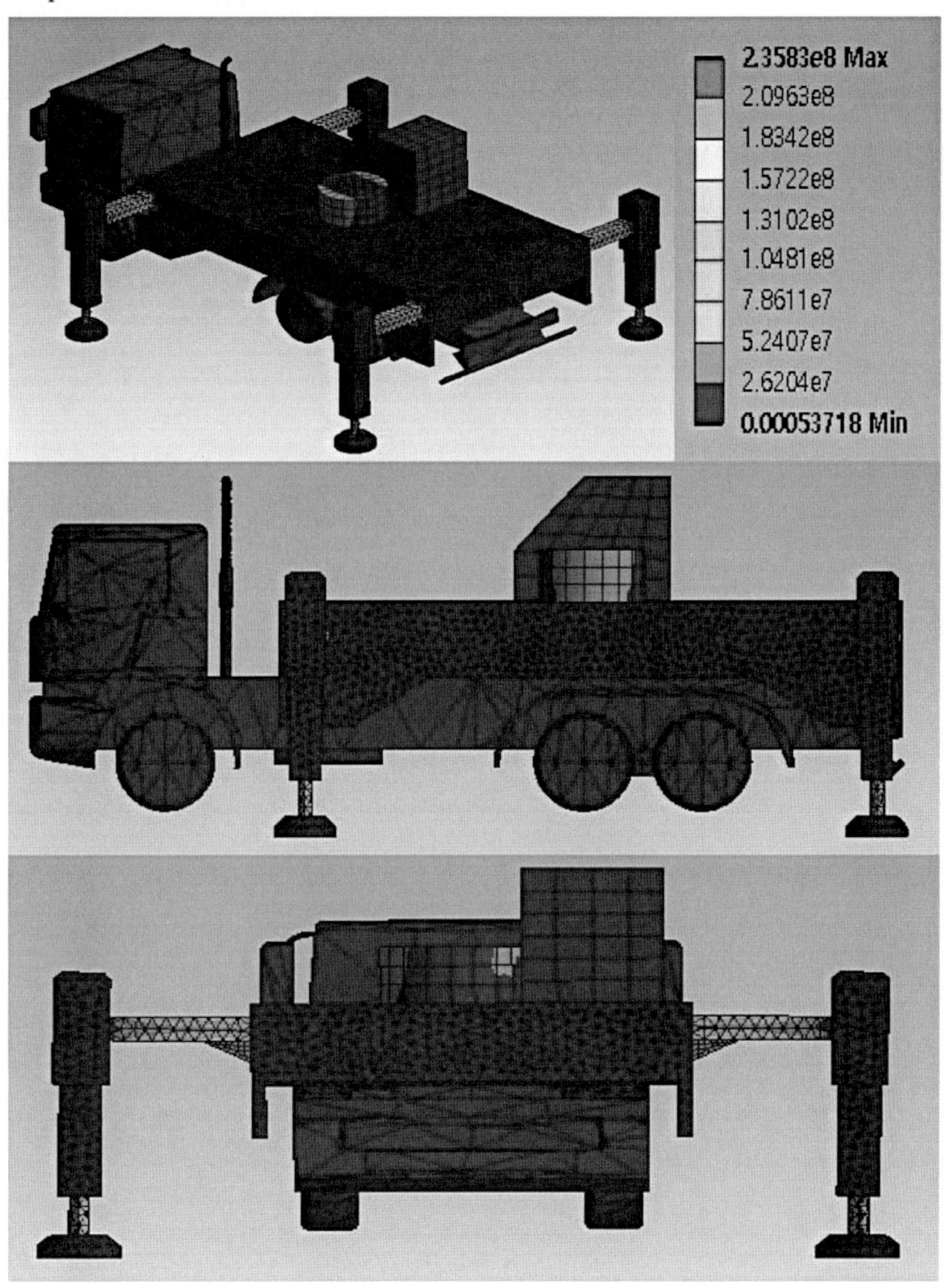

<Safety factor>

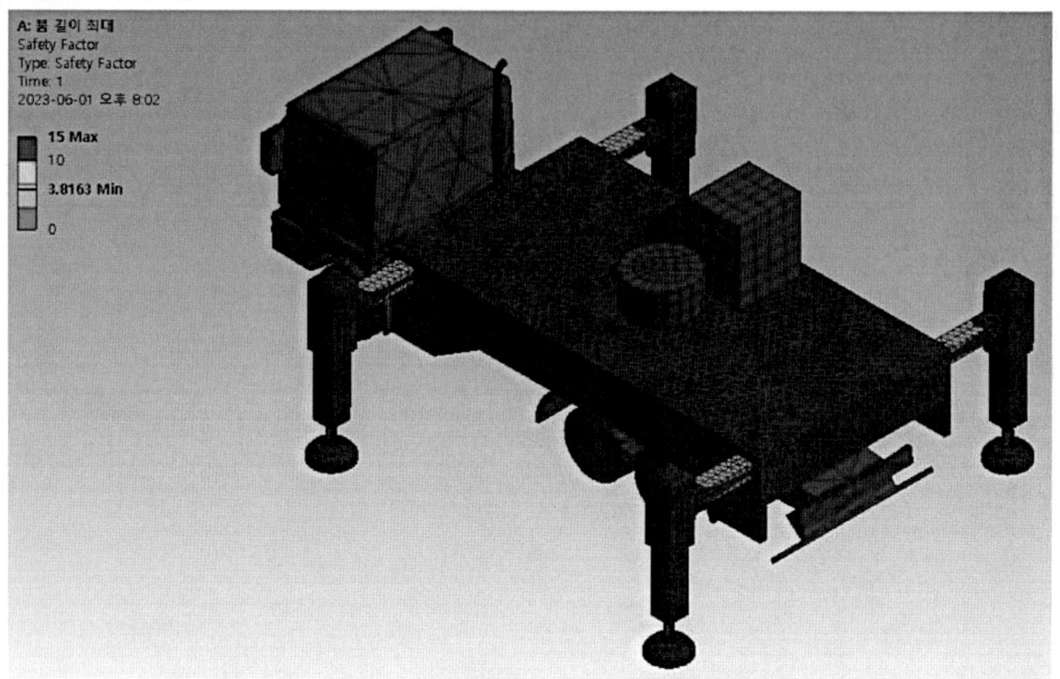

Case 4 (탑승함의 높이:10.85m & 작업반경: 29.6m)

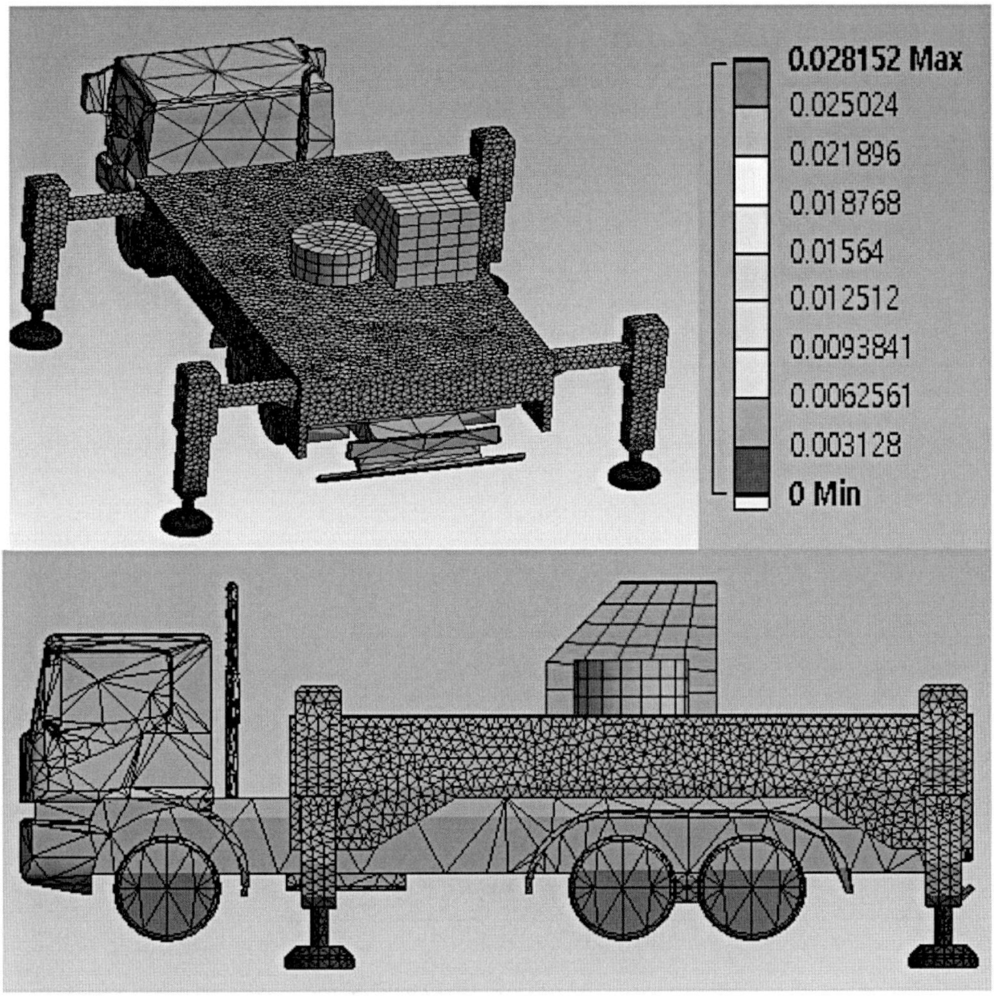

0.028152 Max
0.025024
0.021896
0.018768
0.01564
0.012512
0.0093841
0.0062561
0.003128
0 Min

<Total deformation>

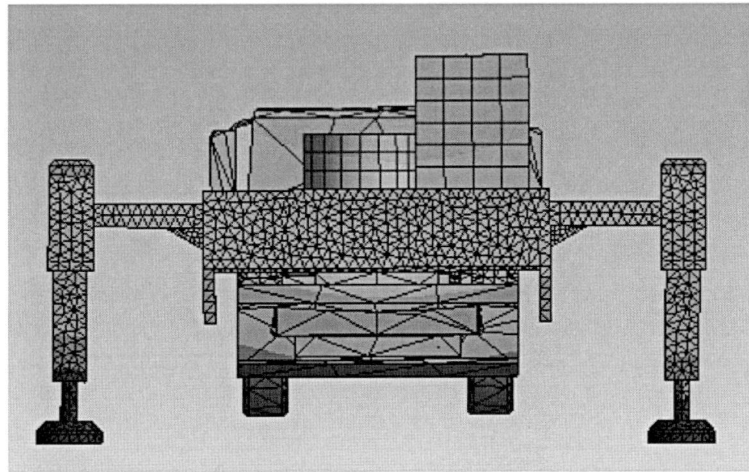

<Equiavalent stress>

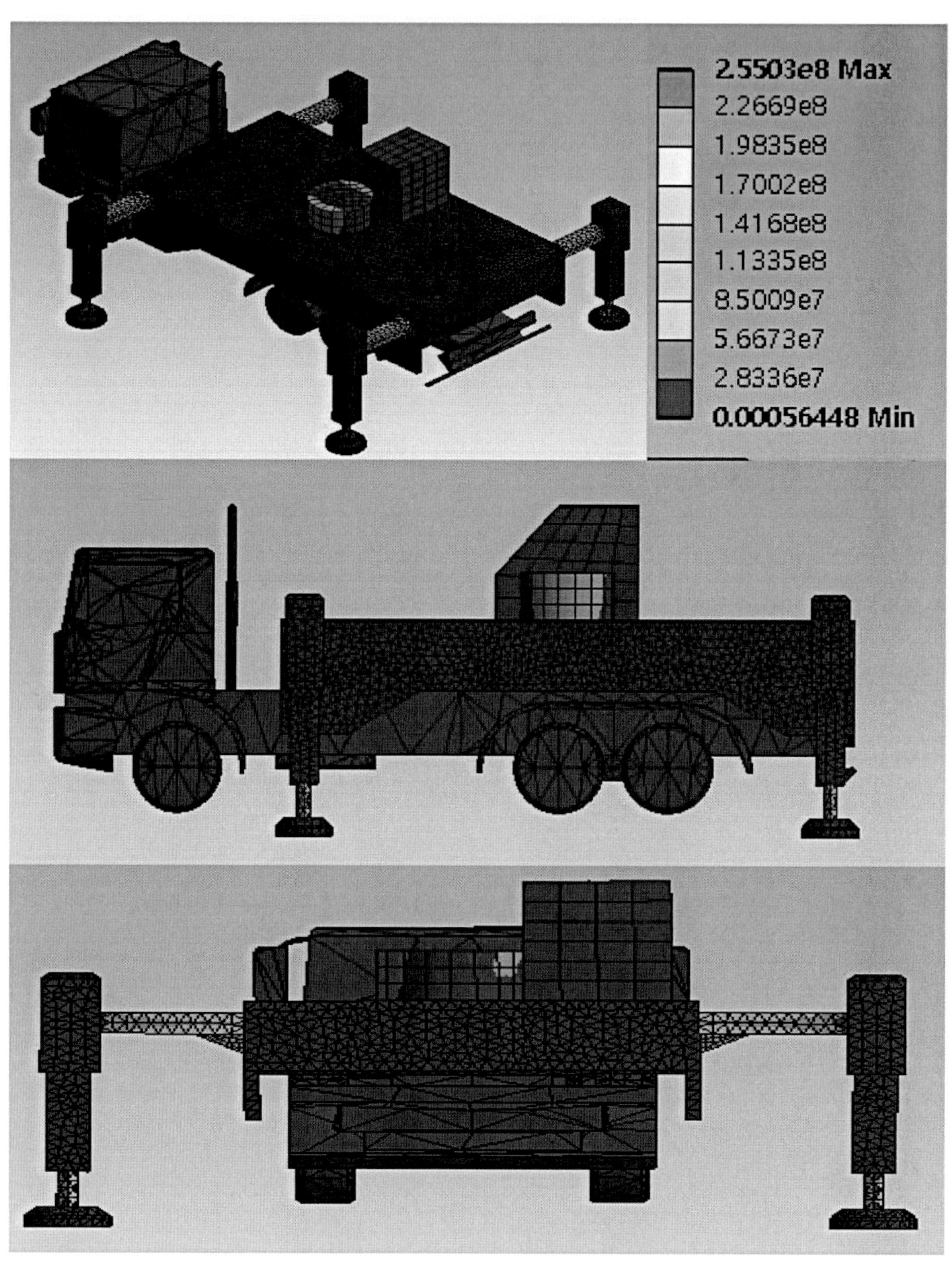
2.5503e8 Max
2.2669e8
1.9835e8
1.7002e8
1.4168e8
1.1335e8
8.5009e7
5.6673e7
2.8336e7
0.00056448 Min

Case 5 (탑승함의 높이: 5.85m & 작업반경: 30.9m)

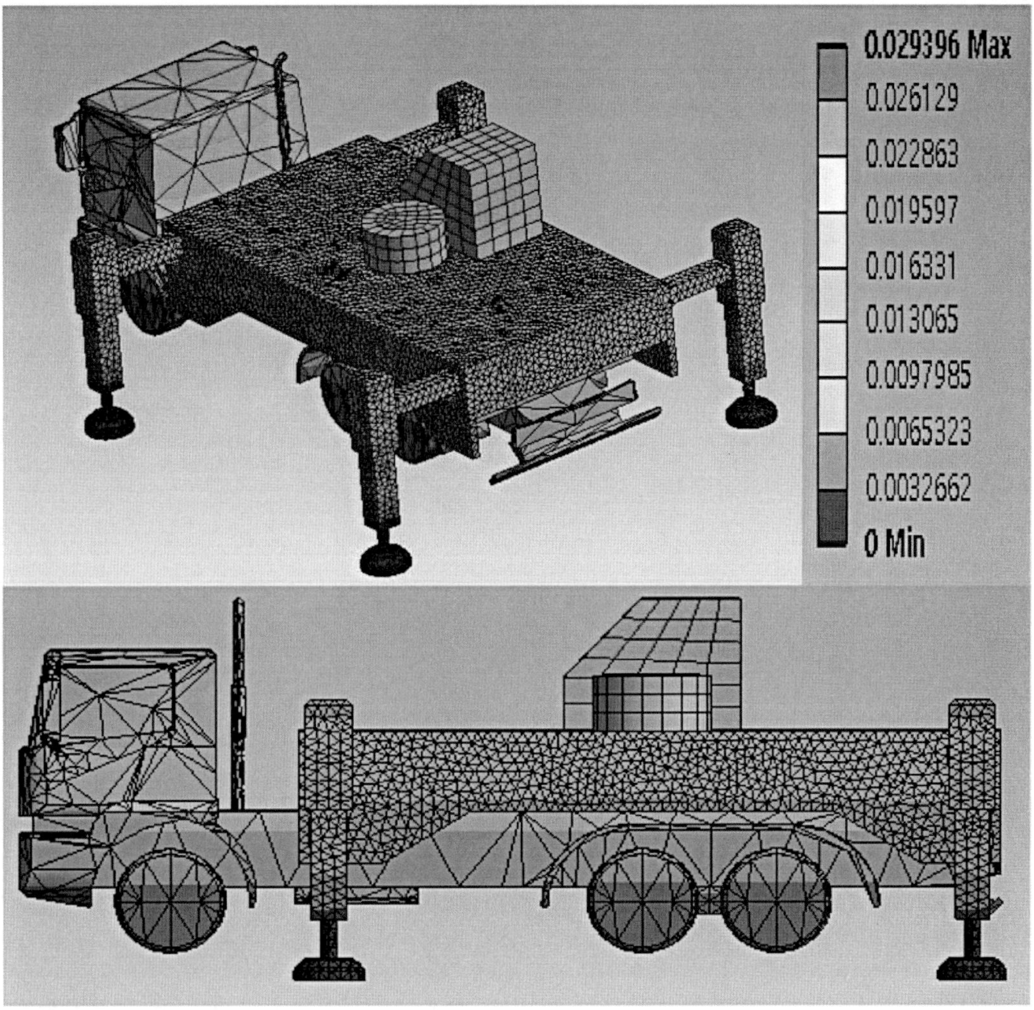

<Total deformation>

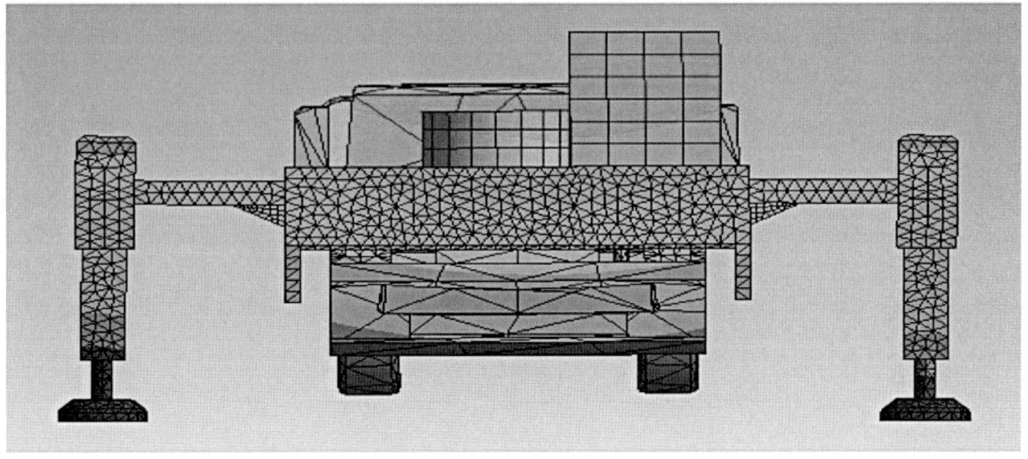

<Equivalent stress>

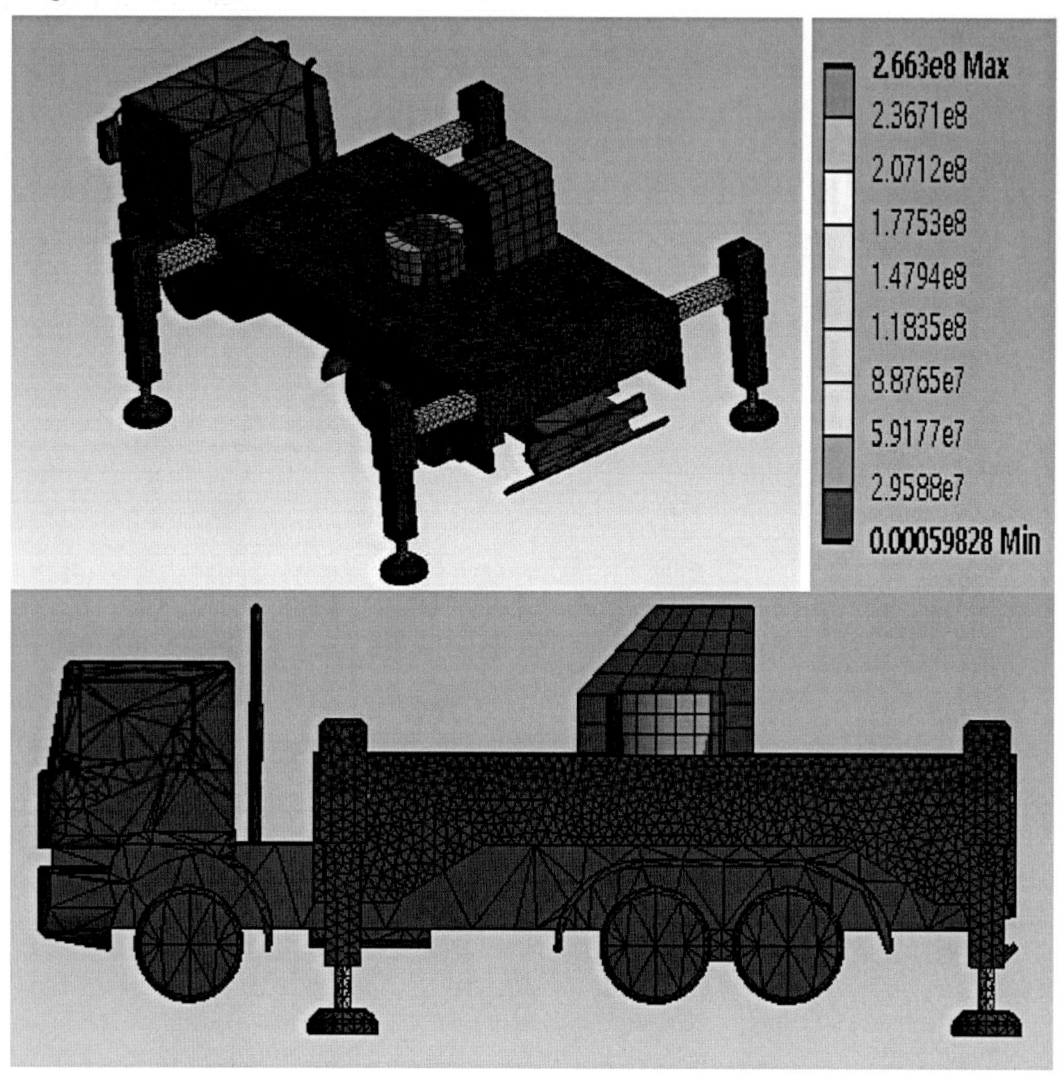

<Safety factor>

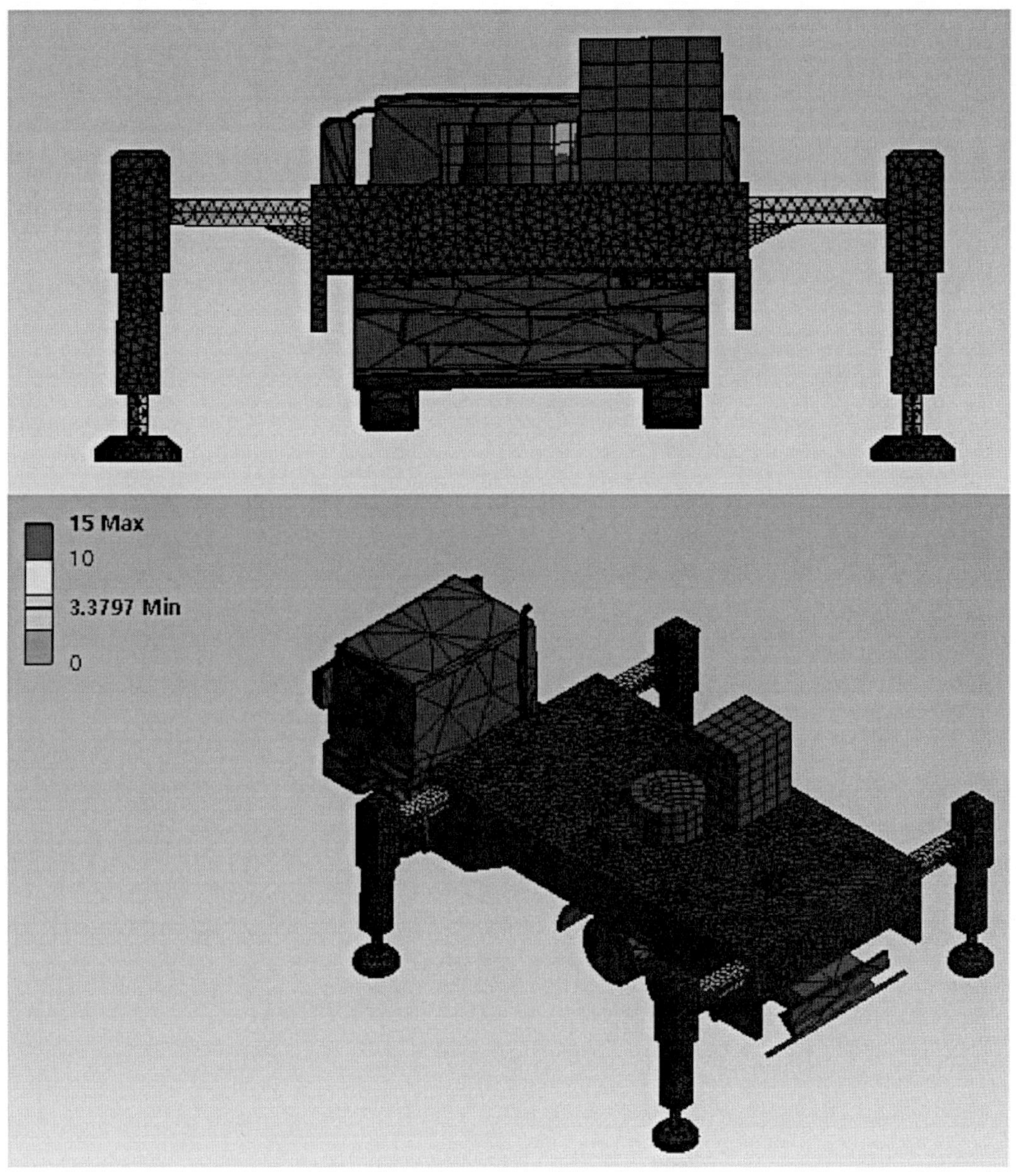

4-2. 결과 분석

Ansys를 통한 구조해석 결과, 아웃트리거의 응력 집중은 아우트리거의 다리부분 구조물에 발생하였으며 안전도가 가장 낮은 부위로 나타났다. 이러한 결과로 아웃트리거의 보강대, 아웃트리거의 최 하단 구조물 받침대의 역할을 알 수 있다.

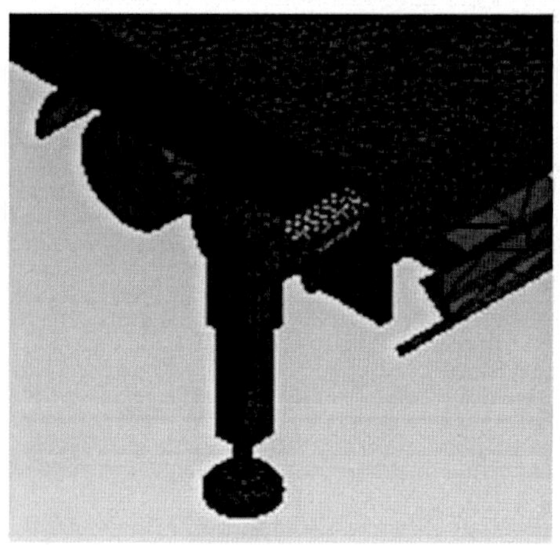

변형량, 응력, 안전도의 변화는 아래와 같이 정리할 수 있으며, 장비의 제한된 작업 높이보다 5m씩 하강할 때마다 안전도가 현저히 낮아지는 것을 알 수 있다. 특히 Case 2의 경우 안전도가 5 이하로 내려가는 것을 확인할 수 있다.

	Total deformation (mm)	Equivalent stress (MPa)	Safety factor	변화율
Case 1	0.017725	160.5	5.607	0%
Case 2	0.022785	206.37	4.361	-22%
Case 3	0.026035	235.83	3.816	-32%
Case 4	0.028152	255.03	3.529	-37%
Case 5	0.029396	266.30	3.380	-40%

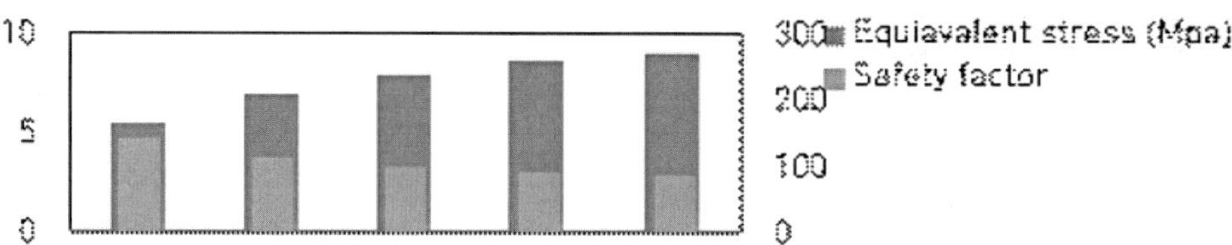

오차 요인: 상 모델의 아우트리거의 내부 형상에 대한 정확한 치수를 측정하지 못하여 아우트리거의 속이 꽉 찬 기둥 형상으로 모델링을 하였다. 이는 실제보다 강한 하중을 버틸 수 있으므로 해석결과의 안전도가 높게 나온 요인으로 작용하였을 것이다. 하지만 안전도의 감소 비율은 근사한 결과가 나왔을 것이다

5. 결론

이동식 고소작업에서는 아우트리거가 분명히 필요하다. 그렇지만 아우트리거를 사용한다고 해서 완전하게 안전한 작업이 이루어진다고는 할 수 없다. 그 이유는 위에 경계조건에서 언급했듯이 봄의 인출 길이 설정, 탑승함과 지면으로부터의 높이차, 작업반경, 작업 하중에 따라서 아우트리거가 받는 힘은 달라지기 때문이다. 따라서 우리는 이번 해석을 통해 이 설정값들을 달리해서 아우트리거에 가해지는 변화를 확인하였고 한곗값에서 변화를 준 결과, 붐이 최대 인출 길이면 안전도 5 이상으로 하기 위해 18m로 현재 제한을 둔 상태라는 것을 확인하였고 18m보다 더 낮은 높이와 더 큰 작업 반경을 하면 아우트리거의 응력 값이 커지고 처짐이 커지고 안전계수가 낮아지는 것을 확인하였다.

현재 고소작업은 전문운용인이 아니더라도 일반 작업자들이 쉽게 접할 수 있다. 그 결과 다양한 하중 조건, 모멘트 조건 등이 규정화되어있지 않아서 작업자, 작업방식에 따라 안전성이 좌우되는 것이 현실이다. 이번 해석을 통해 이 현실이 더 와 닿았고 우리는 이 사실을 해결하기 위해서 방안을 준비했다.

제품의 작업 반경, 붐의 인출 길이, 탑승함과 지면과의 높이, 작업 하중 기준은 장비별로 고시되는 것이 원칙이다. 하지만 작업마다 제원표를 확인하며 운용을 하는 것이 아니며, 작업 무게와 지반의 기울기[6]에 따른 작업 높이와 아웃트리거의 좌우 적정 인출 높이는 알 방법이 없다. 더불어 숙달된 전문가가 아닌 일반 작업자가 안전성을 보장받으면서 작업을 할 수 있도록 정해진 모든 변위에 따른 안전도를 초과할 시 센서를 이용하여 일반 작업자가 쉽게 알 수 있도록 하는 그런 센서 장치를 생각해보았다. 이러한 센서 장치를 이용한다면 앞서 얘기한 사고들이 대폭 감소할 것이라고 우리는 생각한다.

6) 현재 산업안전보건관련법령상 지반의 기울기는 5% 미만일 경우에만 고소작업을 하도록 한다.

14 댐 구조해석

작성자 : 양지훈, 정회창

1. 프로젝트 선정

1-1. 프로젝트 선정 배경 및 필요성

(소양강 댐)

댐은 대규모 수력발전의 핵심 장비 중 하나로서, 수도 및 농업용 물 공급과 홍수, 퇴적물 제어, 그리고 관광 산업까지 다양한 목적으로 사용됩니다. 그러나 댐이 일정 수위 이상으로 물을 저장할 경우, 상승한 물에 대한 압력으로 인해 댐의 안전성에 문제가 발생할 수 있습니다. 특히, 지진, 호우, 폭풍우 등의 자연 재해 발생 시 댐의 안전성이 매우 중요하며 만약 댐이 파괴된다면, 매우 큰 인명피해와 재산피해를 줄 수가 있습니다.

(반차오 댐 붕괴사고)

위의 사진은 반차오라는 호수에 건설되었던 댐으로 7월 20일부터 23일까지 계속되는 폭우로 인해 댐 붕괴사고가 발생하였습니다. 매우 강한 비로 인해 댐의 수위가 급격히 상승하면서 댐을 지탱하는 벽체 중 하나가 붕괴하였고, 그로 인해 대규모의 침수가 발생하였습니다. 이로 인해 수백 명의 사망자와 실종자가 발생했으며, 인명 및 재산피해가 발생했습니다.

이처럼 특히 대규모 댐은 한번 문제가 발생하면 수많은 인명 및 재산피해가 발생할 수 있어서 안전성에 대한 문제점은 항상 주목받는 문제입니다. 따라서 이번 프로젝트에서는 구조해석과 유체해석을 적용해서 댐의 안전성에 대해 해석해보고 이를 개선하는 방안에 대해 고민해보고자 하였습니다.

1-2. 프로젝트 해석계획

댐은 역학적 구조에 따라 중력 댐7), 아치댐8), 중공중력댐9), 부벽식 댐10)으로 분류된다.

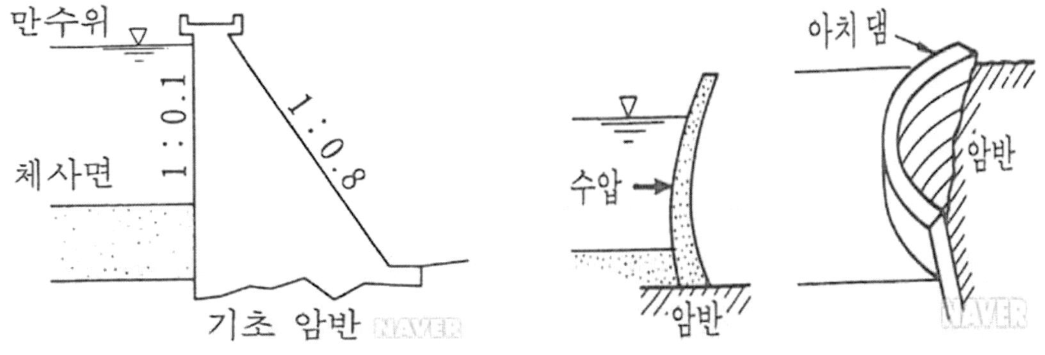

<중력 댐(좌), 아치 댐(우)>

7) 중력식 댐 : 댐 본체의 콘크리트 중량으로 수압이나 그 밖의 외력에 견디도록 설계된 댐.
8) 아치댐 : 수평 단면은 아치형, 수직 단면은 외팔보(캔틸레버)로 구성되는 콘크리트제의 댐.
9) 중공중력댐: 중력댐의 상류 쪽을 경사 시켜 수압을 아래쪽으로 향하게 하고 댐의 내부에 공동을 만들어 댐의 자중을 작게 하며, 수압과의 합력이 댐 바닥 면의 핵을 지나도록 설계한 댐.
10) 부벽 댐: 물을 막기 위하여 철근 콘크리트제의 차수벽(遮水壁)과 이 수압을 지탱하기 위한 철근 콘크리트와의 부벽으로 되어 있다.

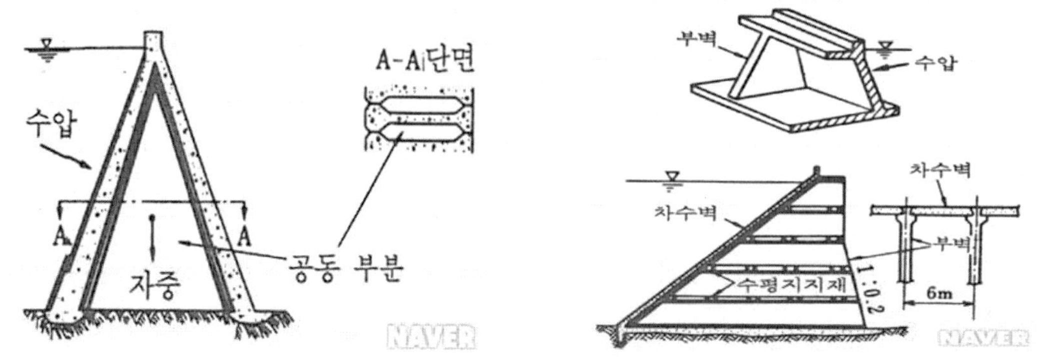

<중공중력댐(좌), 부벽 댐(우)>

위 그림과 같이 댐 구조는 크게 네 가지로 되어 있는데, 본 프로젝트에서는 가장 보편적으로 사용되는 댐의 안전 여부를 검토하는 것이 바르다고 판단되어, 위 댐 중 **중력댐과 아치댐을** 선정하였고 중력댐과 아치댐을 Soildworks를 이용하여 모델링을 하고, 댐이 저장하고 있는 물의 높이에 따른 안전도 및 지진에 따른 진동 등을, 해석을 통해 확인할 계획이다.

2-1 재질선정 및 물성값

댐은 크게 댐 몸체, 취수탑, 그 외수로나 수문 등등으로 구성된다. 댐 몸체는 콘크리트로 되어있으며, 본 프로젝트에서는 댐 지지부나 그런 부분이 완벽하다고 가정하고, 댐 몸체 부분만 모델링 한다.

댐 몸체는 고려해야 할 사항이 많은데, 우선 타설 방식에 따라 블록을 일일이 쌓아나가는 방식인 block 별 타설, 한 층씩 쌓아 올리는 Layer타설(층으로 쌓는 방식)이 있다. 본 프로젝트는 시간관계상 Layer 타설 방식을 따르기로 했다. 그리고 댐 안쪽에는 이음[11]이라고 해서 댐 내부 균열방지 목적으로 설치되는데, 이음은 대형 댐부터 이음이 많이 들어가, 우리가 모델링 해야 할 소형댐은 이음이 대형 댐에 비해선 무시할만한 수준으로, 모델링에는 반영하지 않았다.

콘크리트의 물성값은, 댐에 쓰이는 콘크리트의 경우 주로 2종 중용열인 포틀랜드 시멘트가 쓰이는데 배합과 시간에 따라 압축강도나 이런 물성값이 달라지므로 본 프로젝트에서는 좀 더 효율적인 접근을 위해 Ansys workbench Engineering data에 있는 콘크리트의 물성값을 이용하기로 했다.

분류	콘크리트 (댐 몸체)
압축강도(σ_Y)	41MPa
인장강도(σ_u)	5MPa
탄성계수(E)	30GPa
푸아송비(ν)	0.18

2-2 모델링 과정 및 결과

중력댐을 모델링 할 때는 이번 프로젝트의 목적이 단순히 구조와 수위에 따른

11) 이음: 온도 균열 발생 우려 때문에 미리 이음을 두어 균열을 방지한다.

댐의 안전성을 보는 것이므로 예를 들어, 충주댐같이 대형 댐보단 프로젝트 효율성을 위해 소형 댐에 초점을 맞췄다. 따라서 규격은 높이 10m, 너비 30m (소형 댐 설계기준[12])에 맞추었다.)이다. 그리고 추가로 고려해야 할 사항이 2-1.재질 선정 및 물성치에서 타설 방식을 Layer타설 방식을 따른다고 했으므로 모델링할 때도 이를 반영하여 3개 층으로 각각 파트를 만든 후 어셈블리를 해주는(합쳐서 댐 형상으로 만들어주는) 작업을 해주었다.

아치댐을 모델링 할 때는 중력댐과 마찬가지로 높이는 10m로 하되, 댐 몸체와 회전축 중심까지의 거리를 10m로 하고, 120도 회전을 해주어서 각각 3개의 층으로 나누어진 파트를 만든 후, 어셈블리하여 합쳐서 모델링을 완료했다.

규격
중력댐 윗변: 2000mm (옆면기준) 높이: 10000mm 옆면 구배 각: 60° 너비: 30000mm

비고
、 취수탑, 그 외수로나 수문 그리고 이음 등은 2-1. 재질선정 및 물성값에서 언급했듯이 제외하고 모델링 함.

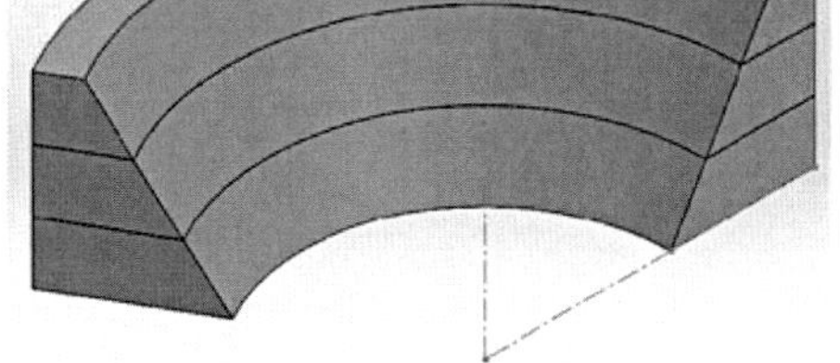

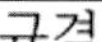

규격
아치댐 윗변: 2000mm (옆면기준) 높이: 10000mm 옆면 구배 각: 60° 회전각도: 120°

비고
、 취수탑, 그 외수로나 수문 그리고 이음 등은 2-1. 재질선정 및 물성값에서 언급했듯이 제외하고 모델링 함.

12) KDS 54 00 00 소규모 댐 설계기준(환경부) 15페이지.

3. 경계조건

3-1 경계조건

1) 정수압 (하중 경계조건)

댐이 받는 압력은 정수압*면적이다.
정수압은 $P=\gamma\times W\times H^2$로 계산하여 구할 수 있고 면적은 $W\times H$이므로 $P'=\gamma\times H$이다. 이 식에서 P는 정수압(N), P'는 댐이 물에 의해 받는 힘(N), γ는 물의 비중량(N/m^3), W는 댐의 폭(m), H는 물의 높이(m)를 의미한다.
γ같은 경우 액체에 따라 값이 달라지지만, 프로젝트에서는 순수한 물만 있다는 가정 조건을 줄 것이므로 γ=9800(N/m^3) 한다.

본 프로젝트에서는 높이 10m, 폭 30m인 댐에 수위에 따라 중력댐과 아치댐에 얼마나 변형을 주는지 해석을 하기 위함이다. 홍수위(Flood Water Level, FWL)가 상시 만수위보다 현저히 높을 때를 다룰 것이다.
위 내용을 표로 나타내면 아래와 같다.

수위	정수압
홍수위 (H=10m)	98000 [pa]

압력이므로 댐과 저장된 물이 만나는 면에 Pressure를 통해 하중 경계조건을 부여했다.

2) 구속 경계조건

댐의 양쪽 옆면 2개를 Fixed Support로 고정한다.

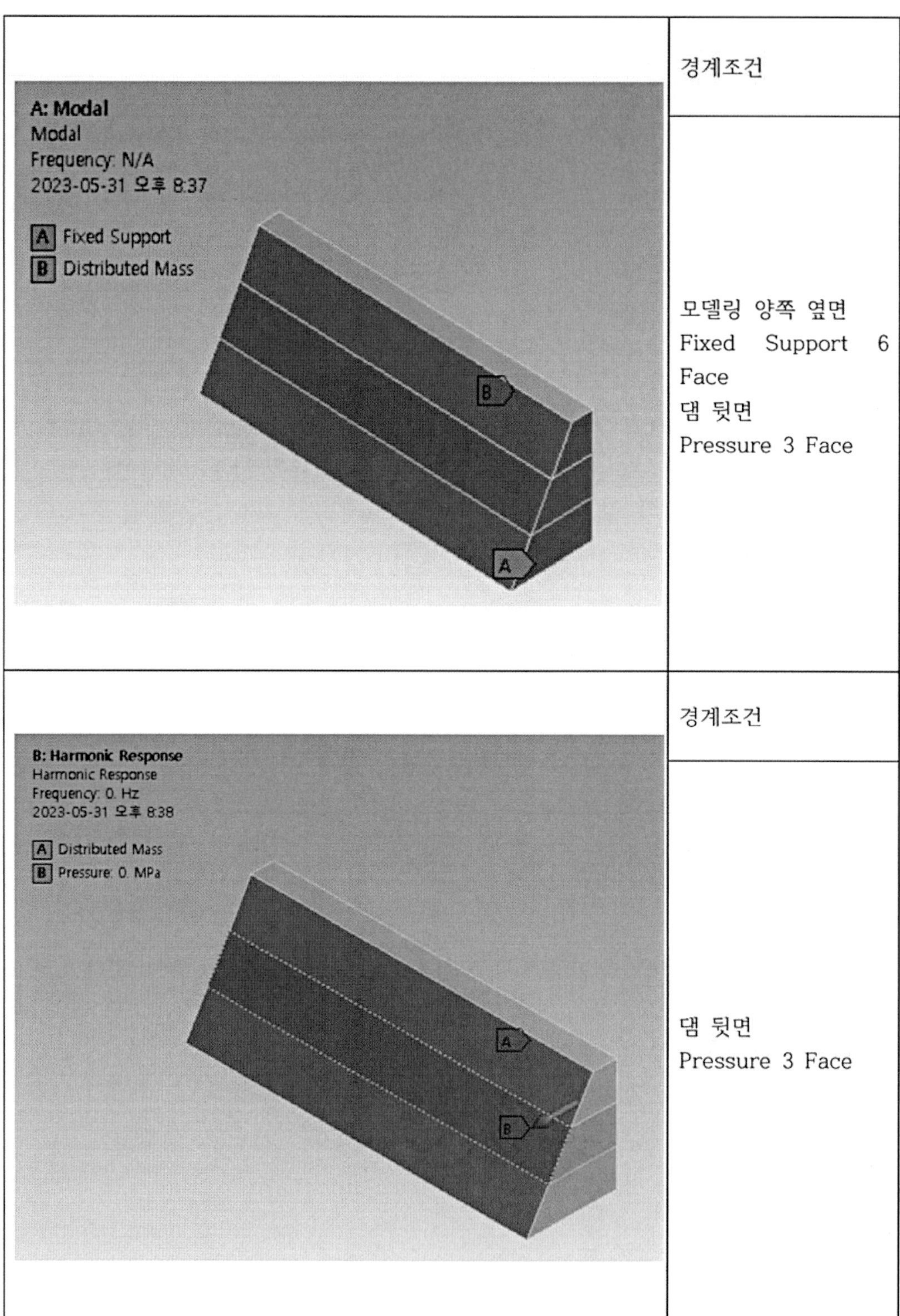

	경계조건
	모델링 양쪽 옆면 Fixed Support 6 Face 댐 뒷면 Pressure 3 Face
	경계조건
	댐 뒷면 Pressure 3 Face

3-2 최종 Mesh 및 경계조건

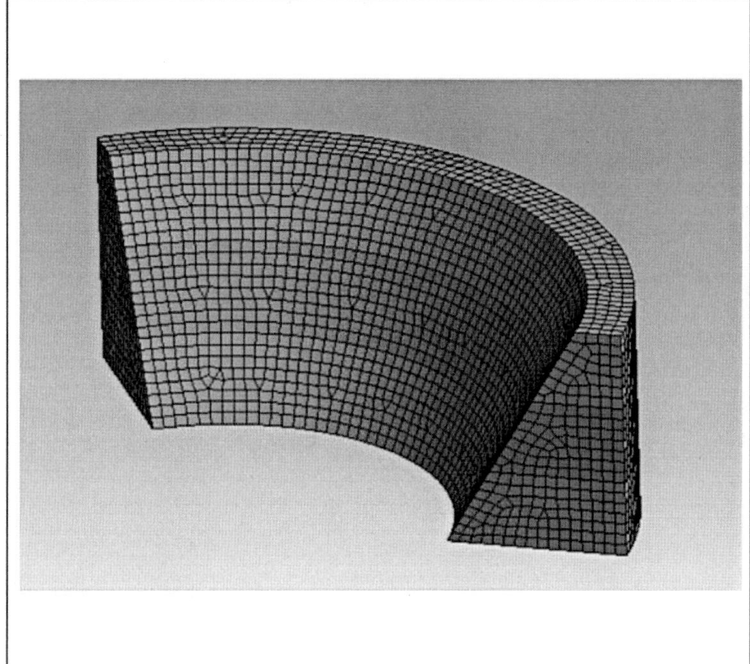	Mesh Statics Nodes: 70233개 Elements: 16787개 Sizing Default: 500mm

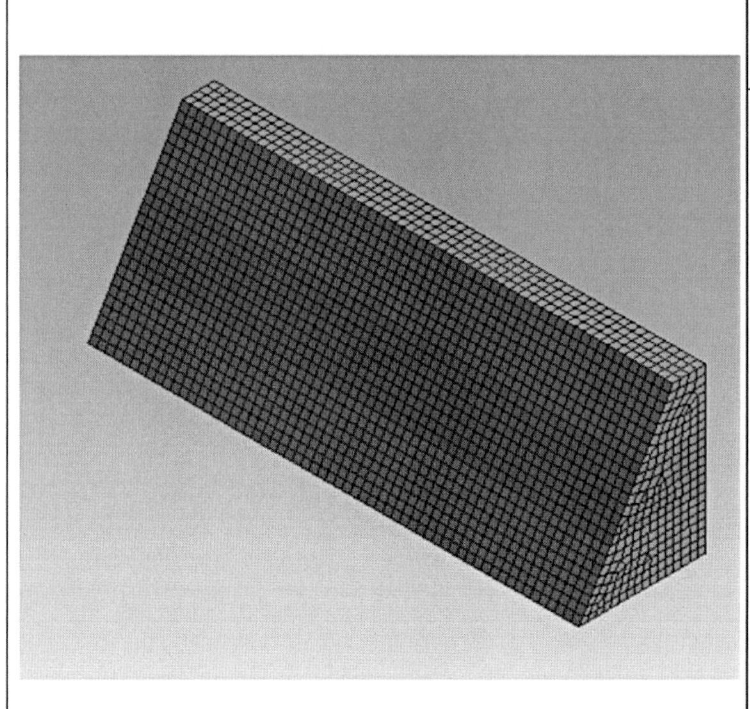	Mesh Statics Nodes: 66052개 Elements: 14598개 Sizing Default: 500mm

<table>
<tr><td rowspan="2"></td><td>Mesh</td></tr>
<tr><td>Statics
Nodes: 457903개
Elements: 104280개

Sizing
Default: 250mm</td></tr>
<tr><td rowspan="2">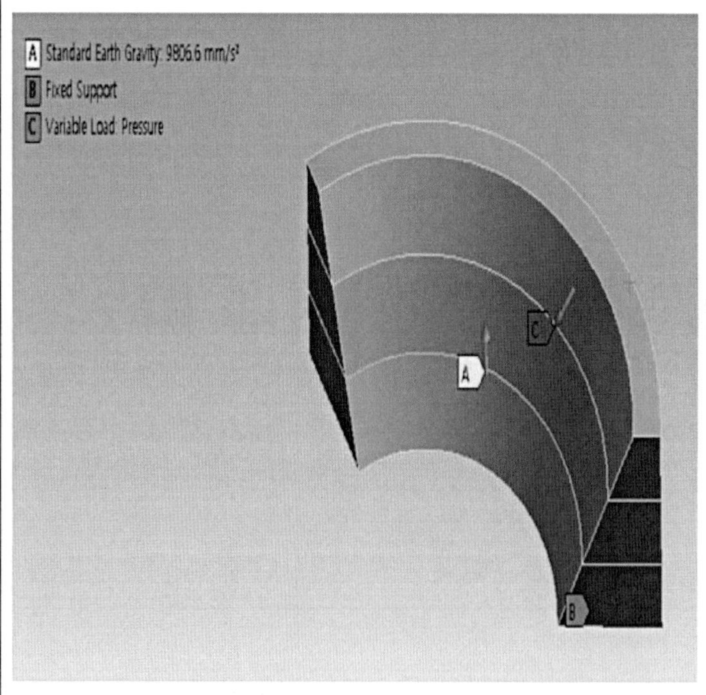</td><td>경계조건</td></tr>
<tr><td>모델링 양쪽 옆면
Fixed Support 6 Face

댐 뒷면
Pressure 3 Face

중력 all Body

접촉 조건
Bonded</td></tr>
</table>

<table>
<tr><td rowspan="2">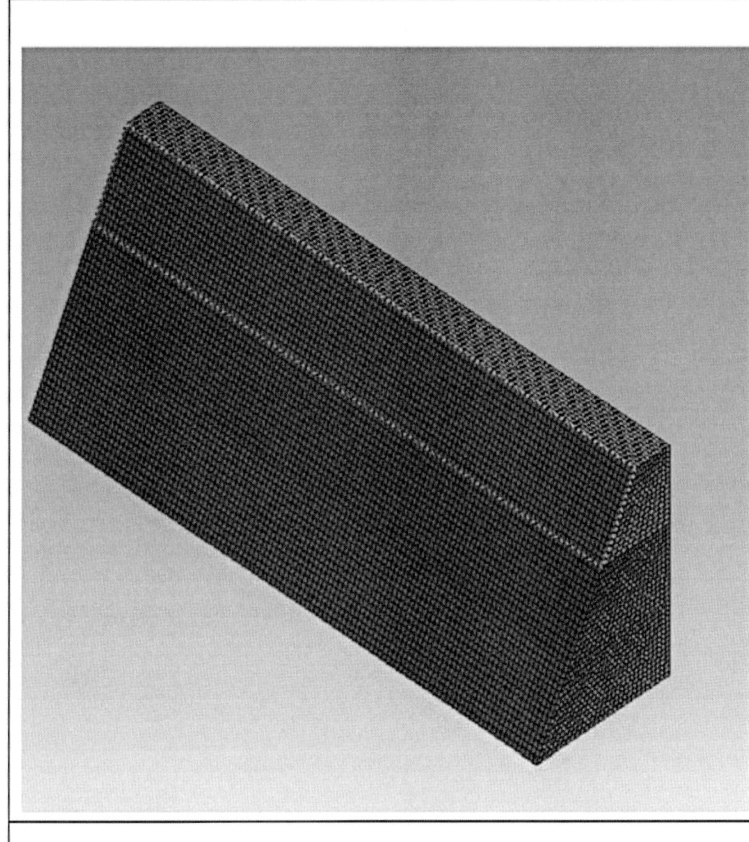</td><td>Mesh</td></tr>
<tr><td>Statics
Nodes: 465826개
Elements: 106200개

Sizing
Default: 250mm</td></tr>
<tr><td rowspan="2">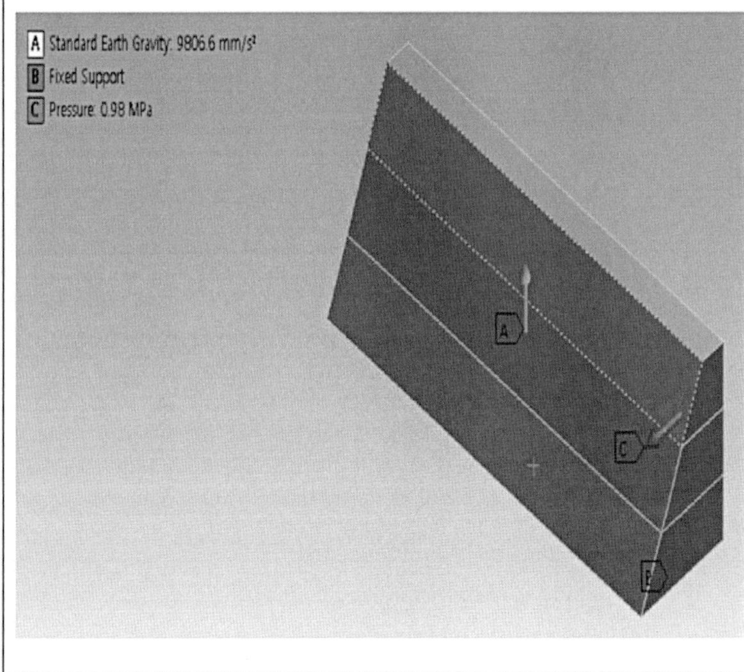</td><td>경계조건</td></tr>
<tr><td>모델링 양쪽 옆면
Fixed Support 6 Face

댐 뒷면
Pressure 3 Face

중력 all Body

접촉 조건
Bonded</td></tr>
</table>

3-2-1 모달 경계조건

-Analysis Settings
Max Modes to Find: 30
진동 범위[HZ] : 0~3000

-압력 조건
진동을 측정하는 데 있어 물의 무게는 매우 중요한 조건이므로 $W = \rho \times V$을 이용해서 물의 무게를 구하였습니다. 여기서 W는 물의 총무게, ρ는 물의 밀도, V는 물의 부피를 나타내는 기호입니다. 물의 ρ는 m^3당 1[ton]이고 부피는 30*20*1 [m]이므로 총 300 [ton]입니다.
-구속 경계조건
댐의 양쪽 옆면 2개를 Fixed Support로 고정한다.

3-2-2 Harmonic Response 경계조건

-Analysis Settings
진동 범위 [Hz]: 0~100
측정 개수: 50

-압력 조건
이전의 조건처럼 3개의 면에 정수압으로 주었습니다.

	경계조건
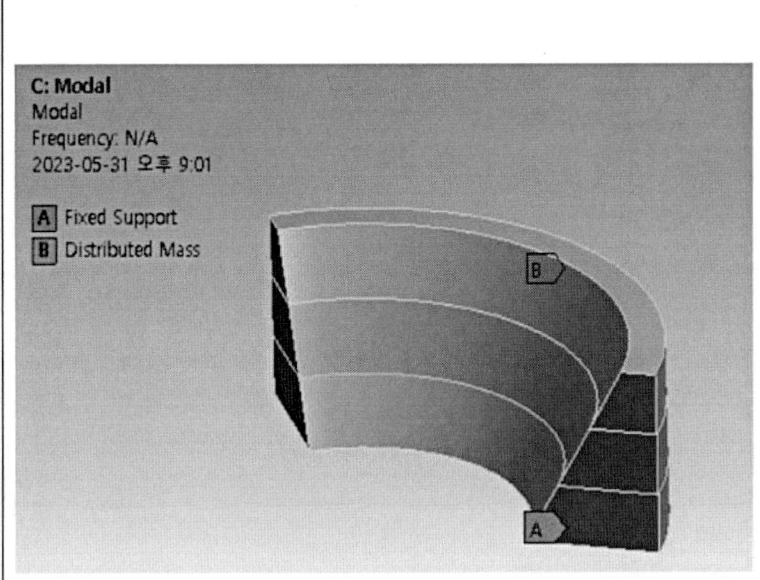	모델링 양쪽 옆면 Fixed Support 6 Face 댐 뒷면 Pressure 3 Face
	경계조건
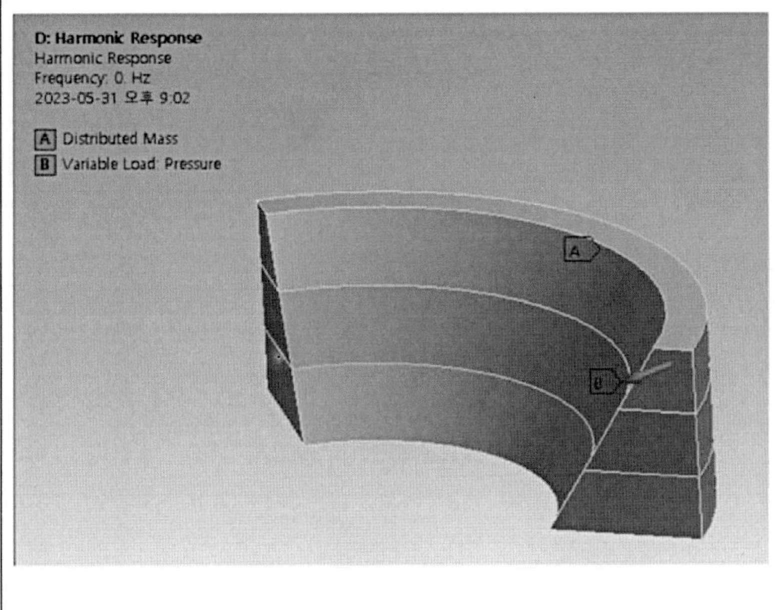	댐 뒷면 Pressure 3 Face

4. 해석 및 결론

4-1 모델 해석결과

본 프로젝트에서 구조해석을 통해 확인하고자 하는 것은 정수압과 진동에 대해서 중력댐과 아치댐의 변형과 고유진동에 대한 차이를 보는 것이므로 Total Deformation과 Frequency Response, 진동에 대한 응력을 도시하였다.

- 정수압에 대해서,

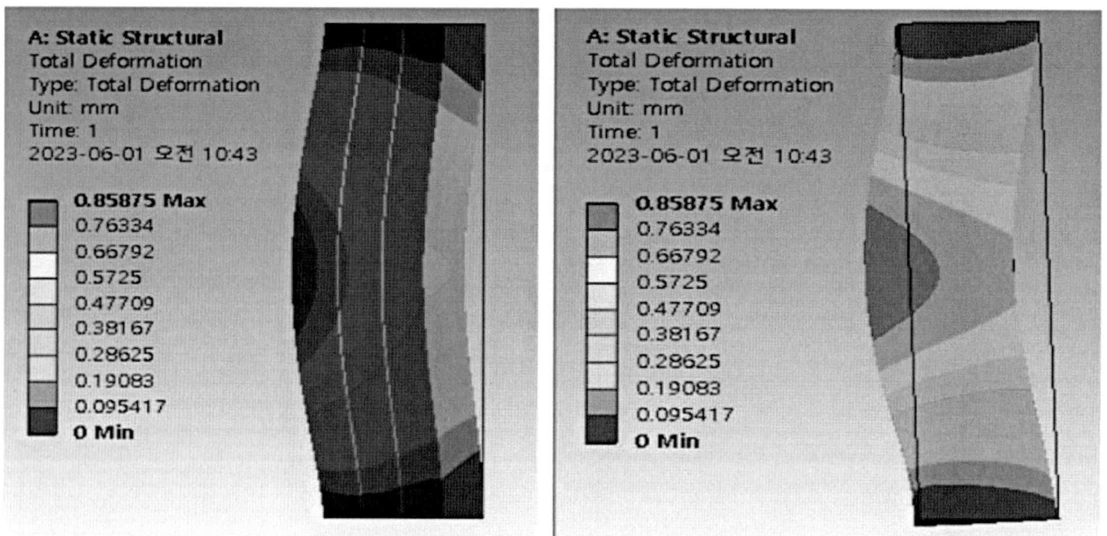

<중력댐>

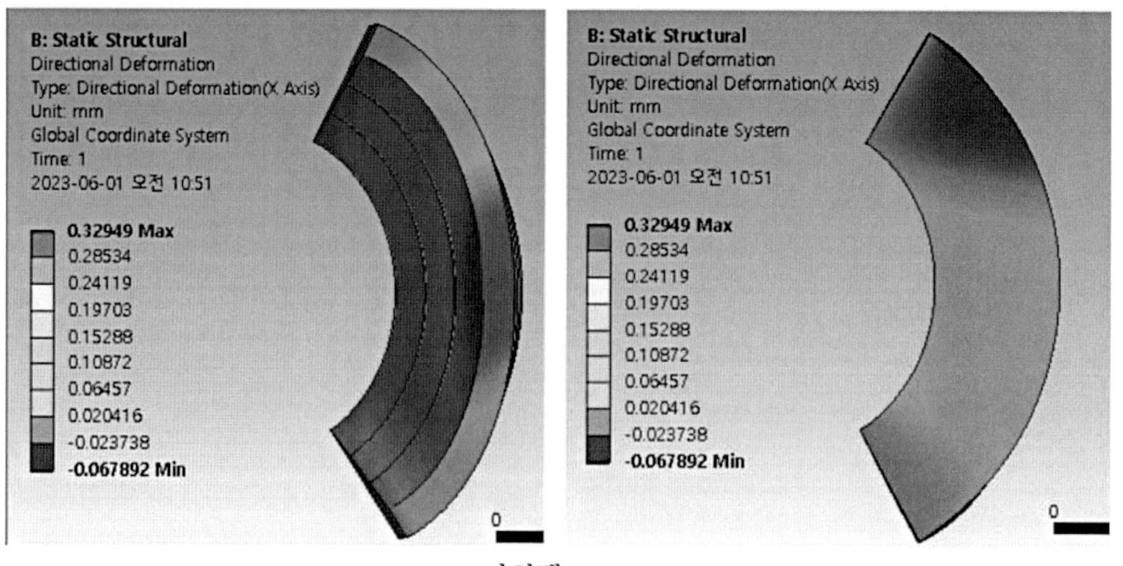

<아치댐>

- 진동에 대해서,

<중력댐>---(Frequency Response)

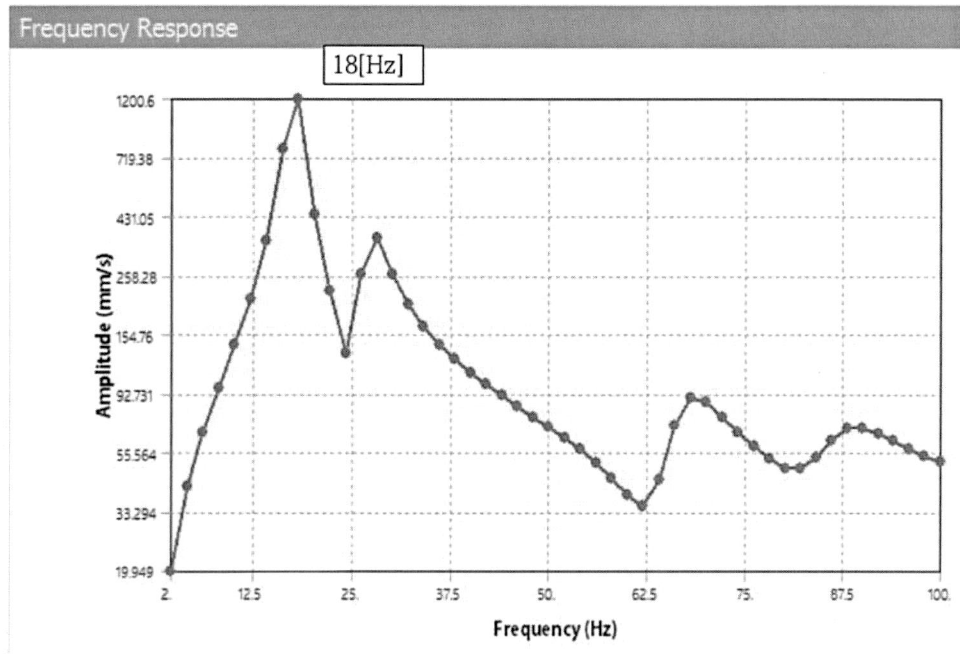

<중력댐>---(진동에 대한 응력)

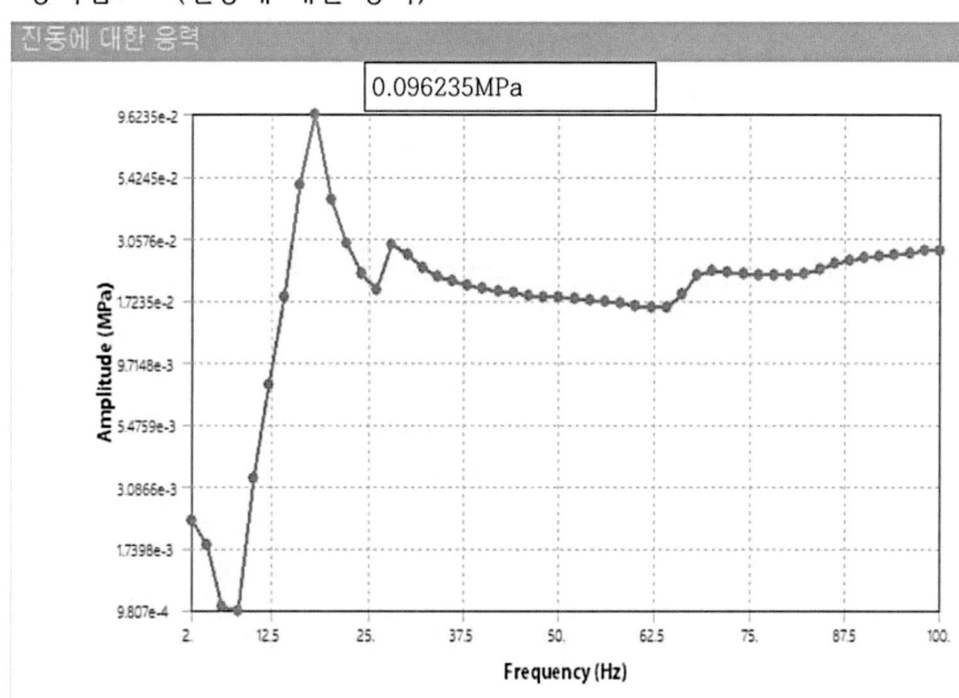

<아치댐>---(Frequency Response)

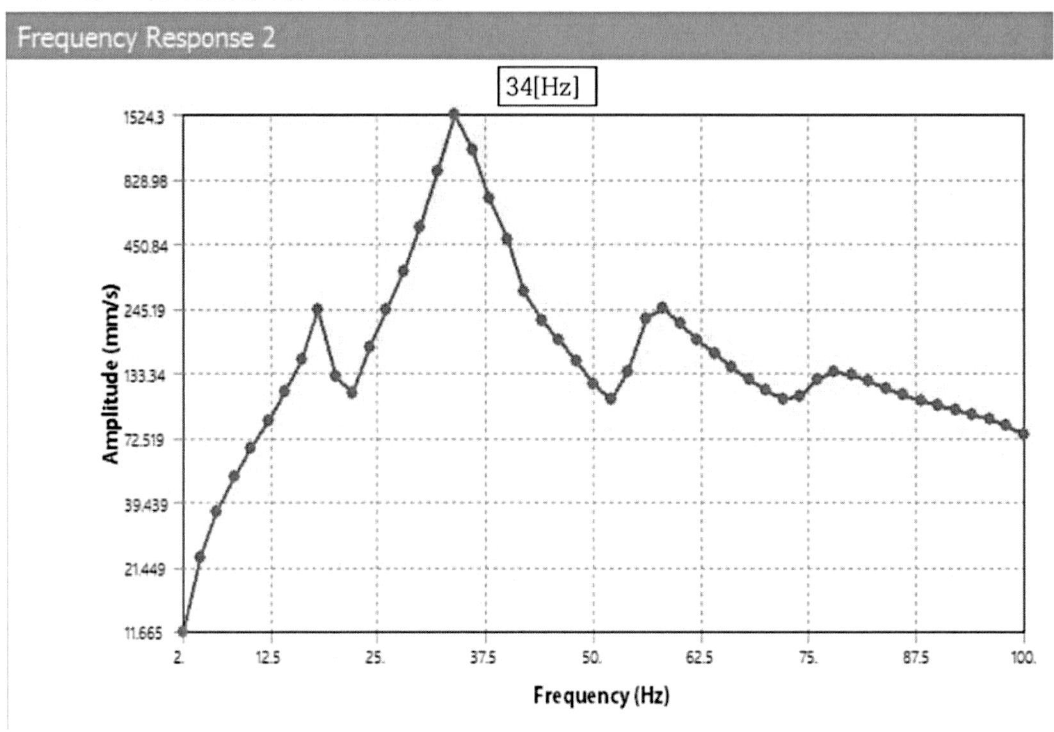

<아치댐>---(진동에 대한 응력)

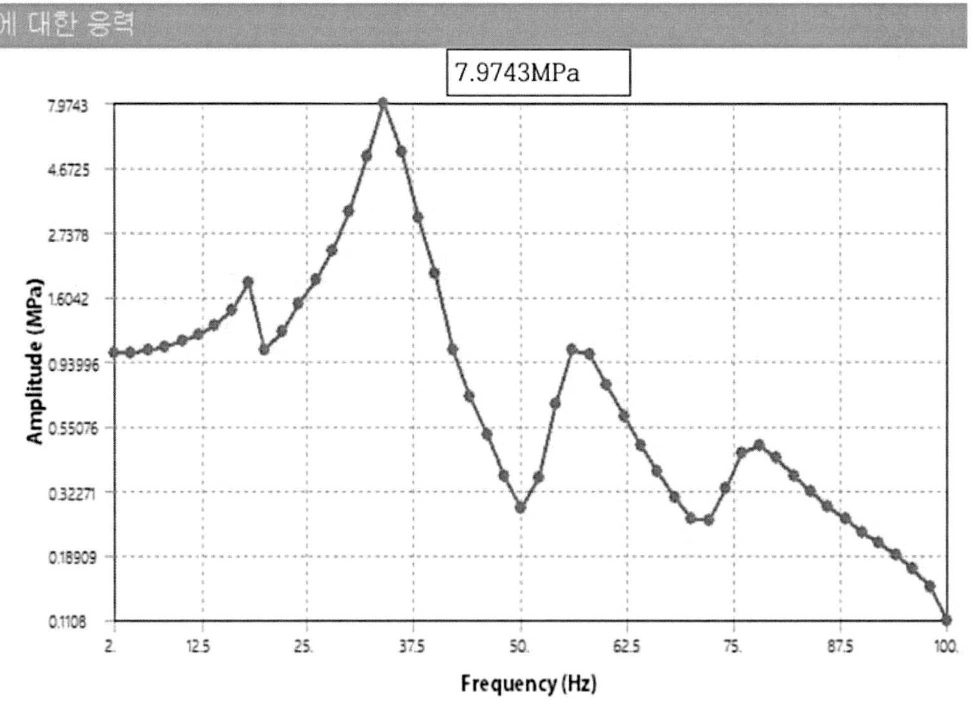

4-2 해석 프로젝트 결론

본 프로젝트에서 정수압에 대해서 댐은 안쪽으로 압축이 발생하고 바깥으로는 인장력이 발생한다. 중력댐과 아치댐의 모델을 비교하면 정수압에 대해서 중력댐의 변형량은 0.85875mm이고 아치댐의 변형량은 0.32949mm이다.

진동에 대해서는 중력댐이 18[Hz]에서 공진이 일어나고 공진이 일어날 때 최대 응력이 0.096235MPa 작용하며 아치댐은 34[Hz]에서 공진이 일어나고 공진이 일어날 때 최대 응력이 7.9743MPa 작용한다.

즉, 본 프로젝트에서 수행한 구조해석을 통해 소형 댐의 구조물이 실 구조물(댐)과 다소 차이는 있을지라도 중력댐보다 아치댐이 정수압에 대한 댐의 변형량이 적다는 것을 알 수가 있었으며, 중력댐은 아치댐보다 낮은 진동에서 진동이 오지만 공진일 때 아치댐보다 최대 응력은 낮아서 두 구조물에 공진이 발생하는 상황이라면 중력댐이 아치댐보다 더 안전하다는 것을 알 수가 있었다. 댐을 구조해석 할 때, 이처럼 진동 또한 고려한 이유는, 대한민국에서 지진의 진동수는 보통 0.5~10[Hz]이고 재해만큼 매우 위험한 지진은 없었지만 최근 들어 2016년 경주 지진(규모5.8), 2017년 포항 지진(규모5.4) 등등의 사례를 보면 지진으로부터 완전히 안전한 나라라고 말할 순 없다. 아래는 대한민국의 연도별 지진 발생 추이이다.

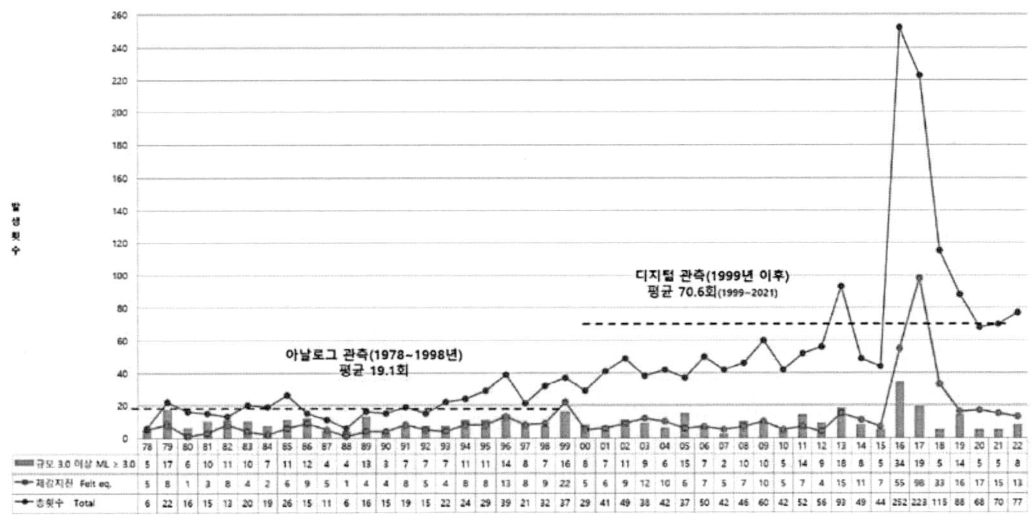

	78	79	80	81	82	83	84	85	86	87	88	89	90	91	92	93	94	95	96	97	98	99
규모 3.0 이상 ML ≥ 3.0	5	17	6	10	11	10	7	11	12	4	4	13	3	7	7	7	11	11	14	8	7	16
체감지진 Felt eq.	5	8	1	3	8	4	2	6	9	5	1	4	4	8	5	4	8	8	13	8	9	22
총횟수 Total	6	22	16	15	13	20	19	26	15	11	6	16	15	19	15	22	24	29	39	21	32	37

	00	01	02	03	04	05	06	07	08	09	10	11	12	13	14	15	16	17	18	19	20	21	22
규모 3.0 이상 ML ≥ 3.0	8	7	11	9	6	15	7	2	10	10	5	14	9	18	8	5	34	19	5	14	5	5	8
체감지진 Felt eq.	5	6	9	12	10	6	7	5	7	10	5	7	4	15	11	7	55	98	33	16	17	15	13
총횟수 Total	29	41	49	38	42	37	50	42	46	60	42	52	56	93	49	44	252	223	115	88	68	70	77

지진 발생이 현저히 높아짐을 확인할 수 있다. 물론, 과거보다 늘어난 이유가 지진 관측망의 확충과 지진 관측 기술의 발달에 따른 것일 수도 있다. 하지만, 포항지진이나 경주지진에서 보았듯이 언제든 인명, 재산피해로 이어질 수 있는 지진이 대한민국에 일어날 수 있다. 그리고 그 지진 때문에 댐이 무너지면 어마어마한 물적 재산피해가 발생하고 인명피해가 발생할 수 있으므로 댐을 설계할 때 지진을 고려한 내진설계는 필수 요소라 볼 수 있다. 따라서 해당 프로젝트에서는 중력댐과 아치댐을 비교하여 진동에 의한 해석을 진행했는데, 공진이 일어나는 크기가 아치댐이 중력댐보다 크므로 공진에 대한 위험은 적지만 진도에 의한 최대 응력은 아치댐이 중력댐보다 크므

로 내진설계를 할 때 중력댐은 공진이 발생하는 정도를 높이는 방식으로 아치댐은 진동 때문에 발생하는 최대 응력을 줄이는 방식으로 내진설계를 해야 할 것이다.

5. 참조 및 출처

(1) 프로젝트 해석 계획 부분 (사진 및 용어 정의)
[네이버 지식백과] 중력댐, 아치댐, 중공중력댐, 부벽 댐
(토목용어사전, 1997. 2. 1., 토목 관련 용어편찬위원회)

(2) 콘크리트 물성값- 건설기술정보시스템, 초 저발열 콘크리트의
개발 및 대형 매스 콘크리트 구조물의 수화열 제어 시공기술

(3) 국가건설기준센터 https://www.kcsc.re.kr/

(4) 건설교통부 (댐의 안전진단)

(5) 최근 발생지진 관측 자료를 이용한 응답 스펙트럼 분석 --- 김준경

15 완강기 구조해석

작성자 : 이근학, 감근태

1. 프로젝트 선정

1-1. 프로젝트 선정 배경 및 필요성

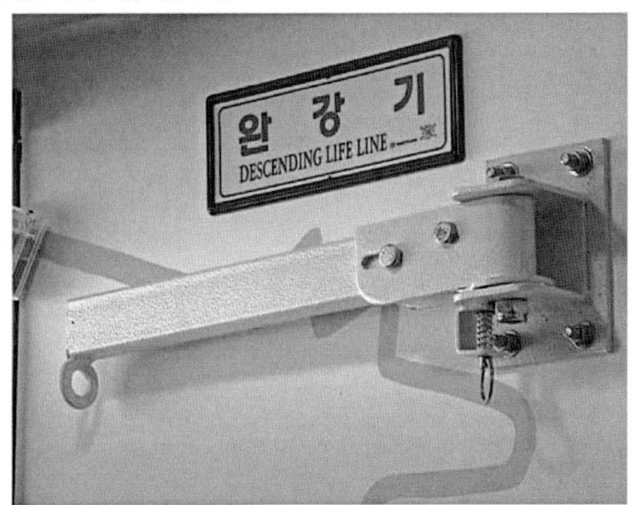

<일반적인 완강기>

완강기는 아파트 등 고층 건물에서 화재가 발생했을 때 사용하는 비상용 피난기구이다. 사용자의 몸무게에 따라 자동적으로 내려 올 수 있는 기구로, 일정한 속도로 안전하게 지상까지 내려올 수 있다.

화재 시 탈출을 돕는 완강기. 이를 고정하는 지지대가 느슨하다면 탈출하려다 오히려 더 위험한 상황이 벌어질 수 있다.

2012년 법 개정이 바뀌면서 지지대를 고정할 때 4개 이상의 볼트를 써야하는데, 개정이 바뀐 지 10년이 넘게 지났지만 여전히 볼트 하나로 버티고 있는 곳들이 있어 관리가 필요하다.

따라서 우리 팀은 볼트 하나로 버티는 완강기의 문제점을 응력해석 및 파손해석을 통해서 안전성을 평가하고, 법 개정 후 완강기와 비교 하기 위해 본 주제를 선정하였다.

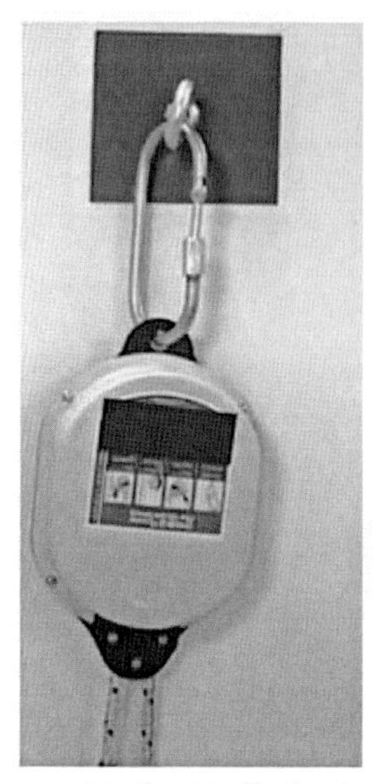

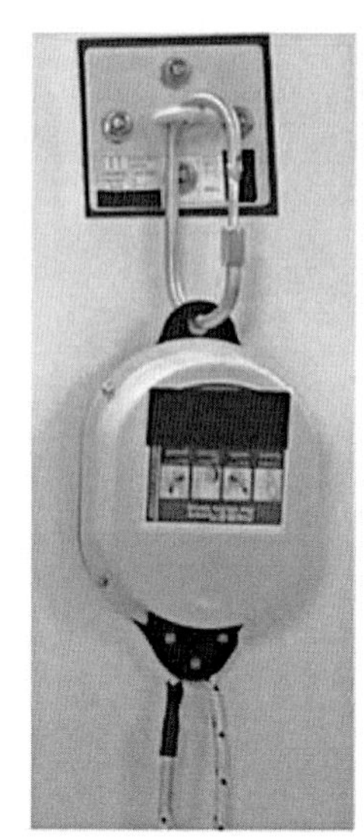

<1개의 볼트로 구성된 완강기(좌), 4개의 볼트로 구성된 완강기(우)>

위 사진에서 볼 수 있듯이 육안으로 봐도 1개의 볼트로 구성된 완강기는 불안하게 느껴진다. 지지대는 4개 이상의 앵커볼트로 고정해야 하며 150kg 이상의 하중을 버티도록 승인된 제품을 사용해야 한다.
적절한 완강기 사용 설치는 긴급상황 발생시 시민의 안전을 도모하고 생명을 지킬 수 있기에 중요하다.

1-2. 프로젝트 해석 계획

완강기는 지주 구조에 따라 크게 두 가지로 분류된다.

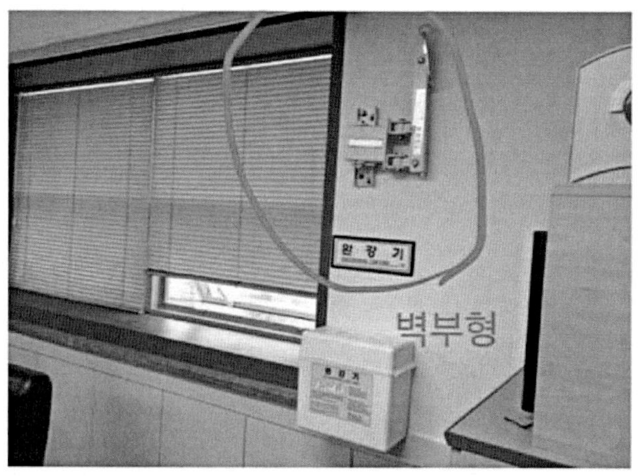

< 스탠드형 완강기(좌), 벽부형 완강기(우) >

스탠드형 완강기 : 주로 옥상이나 벽이 없는 베란다에 사용되며 벽부형 완강기보다 튼튼하다는 장점이 있지만 공간차지가 더 크다는 단점이 있다.

벽부형 완강기 : 주로 숙박시설이나 일반 가정에서 많이 사용되며 공간 차지가 적다는 장점이 있지만 스탠드형 완강기에 비해 상대적으로 덜 튼튼하다는 단점이 있다. 흔히 쓰이는 완강기 형태이다.

위와 같이 두 형태의 완강기 중, 본 프로젝트는 쉽게 접할 수 있는 **4구 형태 벽부형 완강기**를 응력해석의 대상으로 선정하였다. 4구 형태 벽부형 완강기를 SolidWorks를 통해 모델링 하고 하중에 의한 응력 및 파손을 확인할 계획이다.

2. 모델링

2-1. 재질 선정 및 물성치

완강기의 물리적 구조는 3개의 원통형 구조물과 ㄱ자형 강판으로 이루어져 있다. 콘크리트 외벽과 직접적으로 맞닿는 원통형 구조물(A), 지면과 수평하게 설계된 원통형 구조물(B), 지면과 대각선 각도를 이루고 있는 원통형 구조물(C), ㅁ자 구멍이 뚫려있는 ㄱ자형 강판, 총 3개의 원통형 구조물과 강판이 용접과 볼트체결로 이루어진 구조이다. 지지대는 금속재질을 사용하여야 하며, 비내식성 재료의 경우 내식가공 등을 하여야 한다. 다만, 외벽부착형의 경우 스테인리스 강판 및 강대(KS D 3698)를 사용하여야 한다. 본 프로젝트에서는 콘크리트 외벽에 설치된 지지대를 모델링하여 최대사용하중에 따른 지지대의 응력 및 파손 여부를 확인한다.

완강기의 형식승인 및 제품검사의 기술기준[시행 2022.12.1]에서 완강기 제작 시 사용하는 재질을 확인할 수 있다. 그 내용은 다음과 같다.

부품명	재 료
와이어로우프	KS D 3514(와이어로우프),KS D 7010(항공기용 와이어로우프)에 적합한 것으로 내식가공한 것
로우프의 외장, 벨트	면사 A급품 또는 나이론사
연결금속구, 속도조절기의 연결부	KS D 3503(일반구조용 압연강재)에 적합한 것으로 내식가공한 것
리벳트	KS D 3557(리벳용 원형강)에 적합한 것으로 내식가공한 것

분류	STS 304 (지지대)
항복강도(σ_Y)	205 MPa
인장강도(σ_u)	520 MPa
탄성계수(E)	200 GPa
푸아송비(ν)	0.3

*탄성계수 및 푸아송비는 별도의 데이터를 찾기 어려운 관계로 Structural Steel과 Aluminium Alloy의 탄성계수와 푸아송비를 사용하였음.

2-2. 모델링 과정 및 결과

지지대의 규격은 별도의 기준이 존재하지 않으므로 소방기술기준에 부합하는 실제 판매 제품의 규격을 반영하였다. 완강기의 형식승인 및 제품검사의 기술기준에서 "최대사용하중은 1500N 이상의 하중이어야 한다." 고 명시되어있다. 이에 따라 규격을 설정하여 모델링하였다.

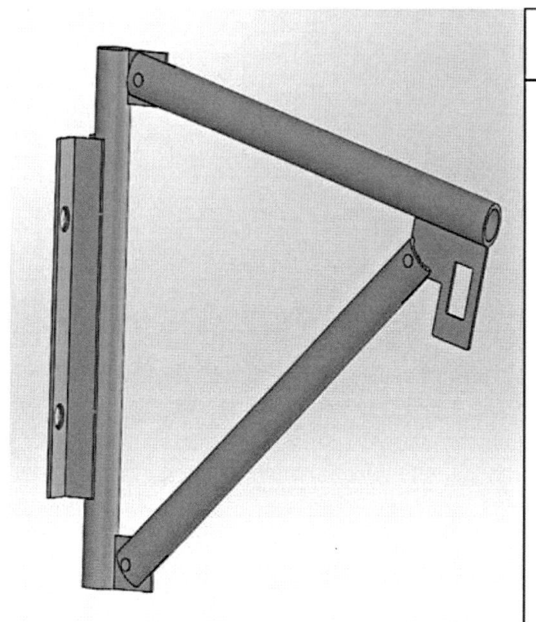

규격
A,B,C의 규격은 동일 원통길이 300mm, 두께 3.0mm 강판 60mm * 60mm, 두께 3.0mm ㅁ자 구멍 15mm * 30mm

3. 경계조건

3-1. 경계 조건

1) 하중(하중 경계조건)

하중 P=ma로 계산할 수 있다.

여기서 P는 하중, m은 질량, a는 가속도이다.

체중(kg)	하중(N)
70	686.47
90	882.6
110	1,078.73
130	1,274.86
150	1,470

본 프로젝트는 완강기가 사람의 무게를 얼마나 버틸 수 있는가를 보기 위함이다. 따라서 체중이 낮은 사람을 대상으로 하는 것은 의미가 없다고 판단하기에, 19세 이하 남성 평균 체중인 73.79kg, 약 70kg을 최소로 시작하여 완강기의 일반적 최대하중 기준으로 사용되는 150kg까지 다룰 것이다.

위 내용을 표로 나타내면 아래와 같다.

하중은 힘 단위계(N)을 가지고 있으므로 본 프로젝트에서는 구조물B에 부착된 ㄱ자형 강판의 ㅁ자 구멍, 즉 조속기 연결부가 설치되는 부분에 Force를 통해 하중 경계조건을 부여한다.

2) 구속 경계조건

구조물A의 외벽과 맞닿는 부분에 Fixed Support로 고정한다.

3-2. 최종 Mesh 및 경계조건

구조물A의 외벽과 맞닿는 부분을 Fixed Support로 고정한다.

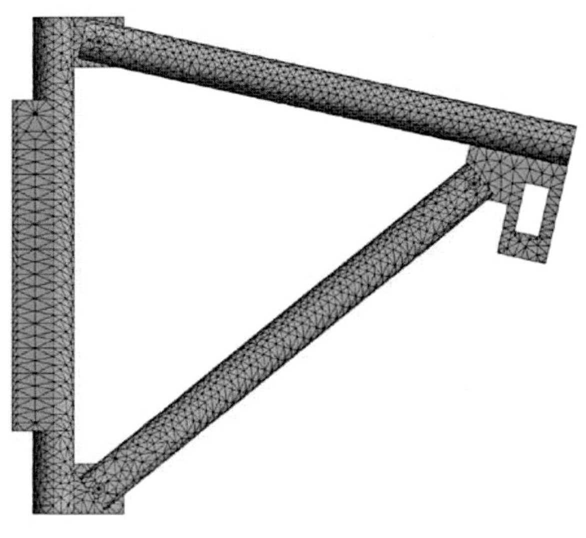

Mesh
ˎ Statics : Nodes - 36564개 Elements - 17428개 ˎ Sizing : 구조물A: 300mm 구조물B: 300mm ㅁ자 구멍 하단: 15mm

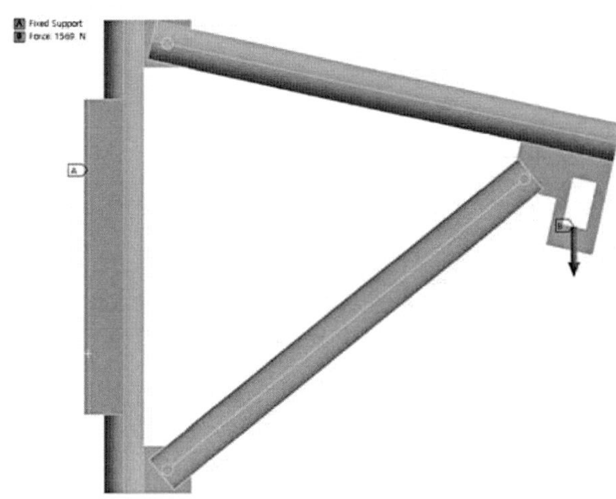

경계조건
ˎ 모델링 하면 : Fixed Support, 2 Faces ˎ ㅁ자 구멍 하단 : Force, 1 Face

4. 해석 및 결론

4-1. 모델 해석결과

· 본 프로젝트에서 구조해석을 통해 확인하고자 하는 것은 완강기의 하중에 대한 안전성이므로 Equivalent Stress와 지주 및 가로재의 Safety Factor를 도시하였다.

· 최댓값의 경우, 매우 국소적이고 모델링 과정에서 생략된 요소로 인해 과장된 경향이 있을 수 있으므로 실제와 가장 비슷할 것으로 예상되는 완강기의 거동에서 가장 취약한 부분의 값을 표기하였다.

① 체중 70kg일 때,

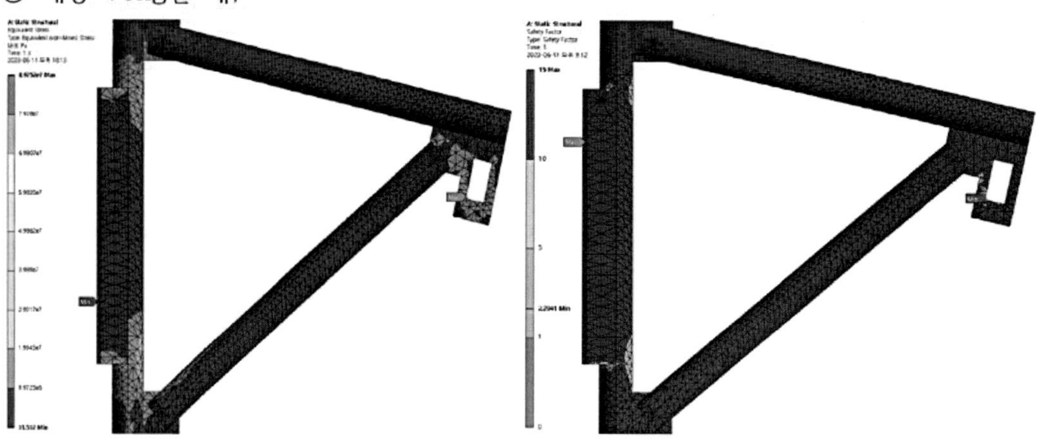

② 체중 90m/s일 때,

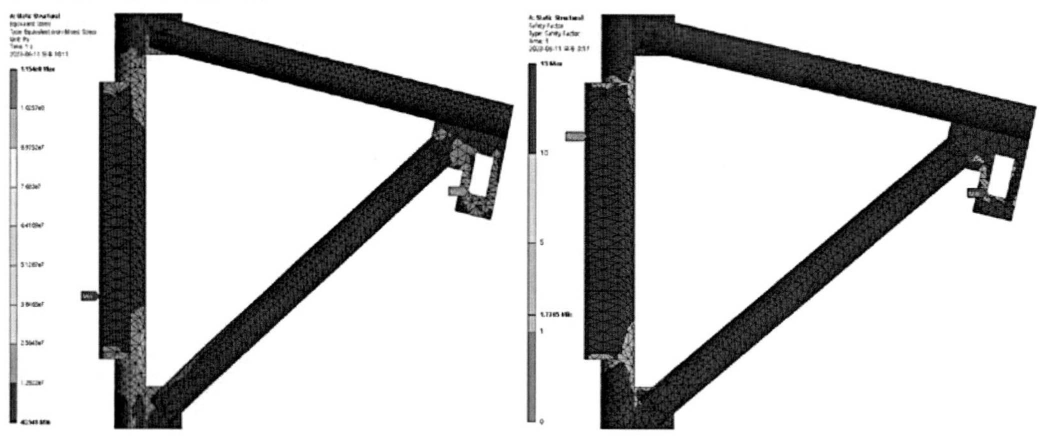

③ 체중 110kg일 때,

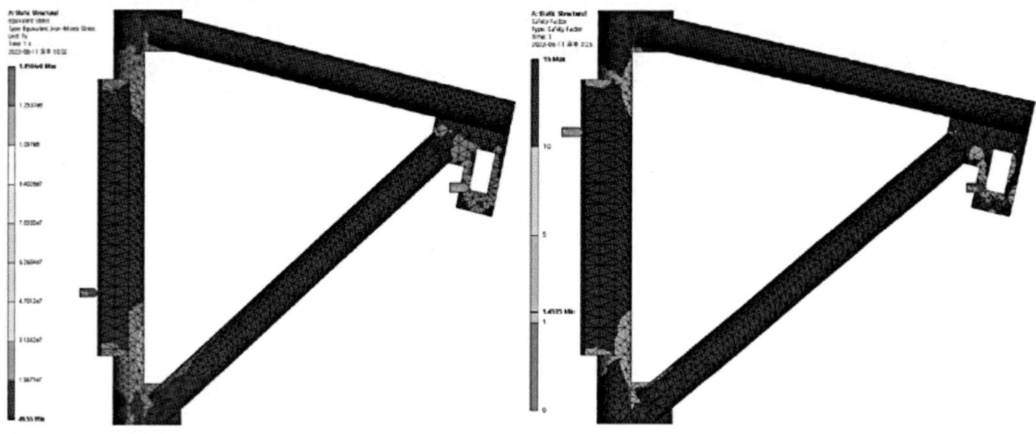

④ 체중 130kg일 때,

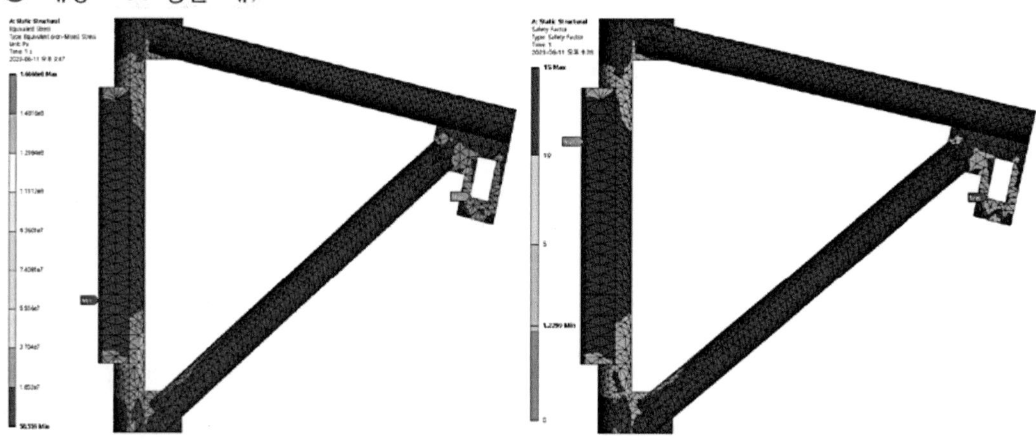

⑤ 체중 150kg일 때,

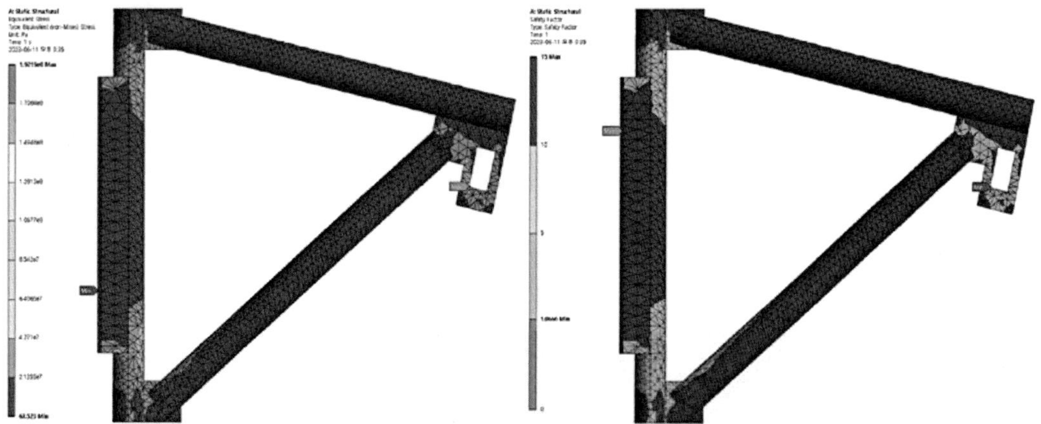

4-2. 해석 프로젝트 결론

본 프로젝트에서 사용한 벽부형 완강기 모델의 경우 규정으로 정해진 150kg, 즉 1,470N 하중까지 안전율이 1 이상임을 확인할 수 있었다. 이는 모델이 완강기 제작·설치 및 관리지침에 명시된 규격에 따라 만들어졌고, 지침에서는 설계 하중 150kg으로 설정한 만큼 본 프로젝트 해석 결과가 어느 정도의 타당성을 가진다고 할 수 있다. 다만 하중이 160kg에 이르면 하중에 의해 파손이 일어남을 확일할 수 있었는데, 모델링 과정에서 많은 요소(조속기, 후크, 릴 등)의 하중을 생략했음을 고려하면 150kg 이상의 하중은 파손 가능성이 존재함을 알 수 있다. 즉, 본 프로젝트에서 수행한 구조해석을 통해 현행 규격의 완강기 구조물이 실 제품과 다소 차이는 있을지라도 관리지침에 부합함을 다시 한 번 확인할 수 있었다.

다만 이러한 적절한 설계 및 제작을 하여도 화재 등의 사고에서 실질적인 효과를 얻지 못하는 경우가 존재한다. 그 이유는 크게 두가지가 있다. 첫번째 이유는 사용법 미숙지이다. 완강기의 사용법은 생각보다 간단한 반면 이에 대한 교육은 부족해, 위기 상황에서 완강기를 급하게 사용하려하다 되려 더 크게 부상을 입는 경우도 존재한다. 실제로 고양에서 묵던 투숙객 2명이 화재를 피하기 위해 완강기를 사용하려다 사용법을 몰라 낙사를 한 적도 있었다. 두번째 이유는 관리 미흡이다. 모든 숙박시설 3층 이상에는 의무적으로 객실마다 간이완강기를 구비해야 하고, 실제로 구비가 되어 있다. 하지만 그에 대한 관리 방법에 대해서는 숙박업주도 모르는 경우가 많고, 그렇기에 구색만 갖춘 경우가 많다. 즉, 실질적인 사용은 힘들다는 것이다.

이 외에 현행법을 기준으로 만들어진 완강기의 잠재적인 문제 또한 존재한다. 통계에 따르면 한국 남성의 몸무게 평균은 꾸준히 증가하는 추세이다. 이는 곧 체중이 150kg 이상인 인구수도 점차 늘어날 것임을 예상할 수 있기에, 아무리 적절히 설계 및 설치를 하더라도 사용이 불가능한 경우가 증가할 수 있다.

그렇기에 본 프로젝트의 결론으로 다음 3가시 방법을 제시한다.

- 완강기에 대한 안전교육 개선 및 빈도수 증가
- 숙박업체 등의 소방안전시설 점검 확대
- 항복강도가 더 높은 소재의 선정

이와 같은 방법을 이용하여 더 안전한 환경을 조성할 수 있기 바란다.

5. 참조 및 출처

1) 프로젝트 선정 배경 및 필요성 中 이미지 출처
일반적인 완강기
1개 볼트로 구성된 완강기
4개 볼트로 구성된 완강기

2) 프로젝트 해석 계획 中 이미지 출처
스탠드형 완강기(좌)
벽부형 완강기(우)

3) 완강기의 형식승인 및 제품검사의 기술기준

4) 재질 물성치
냉간 압연 스테인리스 강판 및 강대(KS D 3698)
STS 304

5) 30대 성인 남성 평균 몸무게 출처
KOSIS 시도별 연령별 성별 평균 체중 분포 현황

6) 완강기 사고 실제 사례
KBS 뉴스

7) 연도별 한국 남성 몸무게 변화
인스파일러 연도별 평균 신장과 체중 변화